高等职业教育计算机类课程
MOOC+SPOC 系列教材

Photoshop 图像处理基础（第2版）

刘万辉　韩锐 / 主编

中国教育出版传媒集团
高等教育出版社 · 北京

内容简介

本书是“十四五”职业教育国家规划教材。

本书分为 10 个任务，分别为认识 Photoshop CC、使用基本工具、使用图层、调整色彩色调、使用路径、使用蒙版、使用通道、使用滤镜、使用时间轴与动作和综合实训。任务 1～任务 9 分为任务展示、知识准备（其中包括综合案例）、任务实施、任务拓展、项目实训等模块。任务 10 为综合实训，分为 3 个项目对前面所学知识进行综合应用。

本书配有微课视频、课程标准、授课计划、教学课件 PPT、案例素材、习题答案等丰富的数字化学习资源。与本书配套的数字课程“Photoshop 图像处理基础”在“智慧职教”平台（www.icve.com.cn）上线，学习者可登录平台在线学习，授课教师可调用本课程构建符合自身教学特色的 SPOC 课程，详见“智慧职教”服务指南。教师也可发邮件至编辑邮箱 1548103297@qq.com 获取相关资源。

本书内容丰富，实用性强，可作为高等职业院校计算机应用技术、数字媒体技术、动漫制作技术等相关专业“Photoshop 图像处理基础”课程的教材，也可作为平面设计爱好者学习的参考用书。

图书在版编目（CIP）数据

Photoshop 图像处理基础 / 刘万辉，韩锐主编. --2 版. --北京：高等教育出版社，2023.12（2024.8 重印）
ISBN 978-7-04-060510-5

Ⅰ. ①P… Ⅱ. ①刘… ②韩… Ⅲ. ①图像处理软件-高等职业教育-教材 Ⅳ. ①TP391.413

中国国家版本馆 CIP 数据核字（2023）第 087844 号

Photoshop Tuxiang Chuli Jichu

策划编辑 许兴瑜 责任编辑 许兴瑜 封面设计 赵 阳 版式设计 于 婕
责任绘图 李沛蓉 责任校对 张 薇 责任印制 存 怡

出版发行	高等教育出版社	网 址	http://www.hep.edu.cn
社 址	北京市西城区德外大街 4 号		http://www.hep.com.cn
邮政编码	100120	网上订购	http://www.hepmall.com.cn
印 刷	中煤（北京）印务有限公司		http://www.hepmall.com
开 本	787 mm × 1092 mm 1/16		http://www.hepmall.cn
印 张	18.5	版 次	2018 年 11 月第 1 版
字 数	550 千字		2023 年 12 月第 2 版
购书热线	010-58581118	印 次	2024 年 8 月第 3 次印刷
咨询电话	400-810-0598	定 价	52.50 元

本书如有缺页、倒页、脱页等质量问题，请到所购图书销售部门联系调换

物 料 号 60510-00

“智慧职教”服务指南

“智慧职教”（www.icve.com.cn）是由高等教育出版社建设和运营的职业教育数字教学资源共建共享平台和在线课程教学服务平台，与教材配套课程相关的部分包括资源库平台、职教云平台和 App 等。用户通过平台注册，登录即可使用该平台。

- 资源库平台：为学习者提供本教材配套课程及资源的浏览服务。

登录“智慧职教”平台，在首页搜索框中搜索“Photoshop 图像处理基础”，找到对应作者主持的课程，加入课程参加学习，即可浏览课程资源。

- 职教云平台：帮助任课教师对本教材配套课程进行引用、修改，再发布为个性化课程（SPOC）。

1. 登录职教云平台，在首页单击“新增课程”按钮，根据提示设置要构建的个性化课程的基本信息。

2. 进入课程编辑页面设置教学班级后，在“教学管理”的“教学设计”中“导入”教材配套课程，可根据教学需要进行修改，再发布为个性化课程。

- App：帮助任课教师和学生基于新构建的个性化课程开展线上线下混合式、智能化教与学。

1. 在应用市场搜索“智慧职教 icve” App，下载安装。

2. 登录 App，任课教师指导学生加入个性化课程，并利用 App 提供的各类功能，开展课前、课中、课后的教学互动，构建智慧课堂。

“智慧职教”使用帮助及常见问题解答请访问 help.icve.com.cn。

第 2 版前言

Photoshop 作为一款优秀的图像处理软件，主要应用于插画、游戏、影视、广告、海报、Web 前端、多媒体设计、软件界面、照片处理等领域。同时，Photoshop 也是一款实战性很强的软件，学习者需要不断地实践，才能够掌握 Photoshop 中的相关技术与技巧。

本书依据界面设计职业技能等级对应的工作领域、工作任务及职业技能的相关要求，并根据 1+X 职业技能等级证书信息管理服务平台发布的《界面设计职业技能等级要求》中的具体要求，紧跟图像处理技术发展动态，采用任务式的编写思路，先从零碎的基础知识讲起，然后根据知识点分别融合为任务，最终通过综合的项目实训融会贯通，全面提高学生的综合能力。

本次改版坚持中国特色社会主义文化发展道路，增强文化自信，为了使学习目标更加明确，将教学目标分为知识目标、能力目标和素质目标，同时在各个任务加强素养提升，更好地将社会主义核心价值观、中华优秀传统文化等融入教材。例如，将国家标准、相关法律法规、名胜风景、旗袍文化、玉文化、中国画、中国书法、剪纸文化、中国结等融入到教材中，以贯彻全面建设社会主义现代化国家必须坚持中国特色社会主义文化发展道路精神，以激发全民族文化创新创造活力，增强实现中华民族伟大复兴的精神力量，使党的二十大精神自然进教材，进脑入心。

本书包括 10 个任务，分别为认识 Photoshop CC、使用基本工具、使用图层、调整色彩色调、使用路径、使用蒙版、使用通道、使用滤镜、使用时间轴与动作和综合实训。

前 9 个任务分为任务展示、知识准备、任务实施、任务拓展、项目实训等模块。

- 任务展示：简述任务目标，展示任务实施效果，提高学生的学习兴趣。
- 知识准备：详细讲解知识点，展示相关技术的使用方法与技巧，通过系列案例实践，边学边做，同时通过综合案例综合应用相关技术的使用方法与技巧。
- 任务实施：通过任务综合应用所学知识，提高综合运用知识的能力。
- 任务拓展：强调一些拓展知识，提高知识与技巧交流。
- 项目实训：在项目实施的基础上通过“学、仿、做”达到理论与实践的统一、知识的内化与应用的教学目的。

本书的主要特点如下。

- 基于“岗课赛证”融通设计教材内容，将社会主义核心价值观、中华优秀传统文化等融入案例之中，遵循学习者的认知规律，由简单到复杂，循序渐进，逐步深入，便于初学者入门。
- 案例的选取基于实际操作应用，素材的选取既注重实用性，又注重艺术性，在学习技术的同时，提高艺术修养。

- 教学资源丰富，配套了课程标准、教学大纲、授课计划、教学课件 PPT、案例素材等，以及为重点与难点、任务实施配套系列微课视频。

本书由刘万辉、韩锐主编，刘万辉负责总体设计及统稿。江苏迪达科技有限公司崔传路工程师参与了本书的编写工作和相关资料的收集工作。

由于时间仓促，书中难免存在不妥之处，请读者原谅，并提出宝贵意见。编者邮箱：149940599@qq.com。

编　者

2023 年 10 月

第 1 版前言

Adobe Photoshop 是由 Adobe 公司推出的图像处理软件，主要应用于插画、游戏、影视、广告、海报、网页设计、多媒体设计、软件界面、POP、照片处理等领域。同时，Photoshop 也是一款实战性很强的软件，学习者需要不断地实践，才能够掌握 Photoshop 中的相关技术与技巧。

本书内容采用模块化的编写思路，先从零碎的基础知识讲起，然后融合为具体任务，最终通过综合的项目实战训练融会贯通，全面提高学生的综合能力。

本书具体内容包括 10 章：Photoshop CC 基本操作、基本工具的使用、图层的使用、图像色彩色调的调整、路径与形状绘制、蒙版的应用、通道的应用、滤镜的应用、动画与动作自动化命令的应用和综合实战训练。

前 9 章中，每一章都由 5 个模块组成，分别为任务展示、知识准备（包括综合案例）、任务实施、任务拓展、项目实训等。

- 任务展示：简述任务目标，展示任务实施效果，提高学生学习兴趣。
- 知识准备：详细讲解知识点，展示相关技术的使用方法与技巧，通过系列实例实践，边学边做。同时通过综合案例综合应用相关技术的使用方法与技巧。
- 任务实施：通过任务综合应用所学知识，提高综合运用知识的能力。
- 任务拓展：强调一些拓展知识、提高知识与技巧交流。
- 项目实训：在项目实施的基础上通过“学、仿、做”达到理论与实践统一、知识的内化与应用的教学目的。

本书的主要特点如下。

- 内容设计合理，凸显学习者的认知规律，由简单到复杂，循序渐进，逐步深入，便于初学者入门。
- 案例与任务的选取基于实际操作应用，素材的选取既注重实用性，又注重艺术性，在学习技术的同时，提高艺术修养。
- 教材资源丰富，配套建设了电子教学课件、项目案例与源文件，以及重点与难点的系列微课视频等。

本书由刘万辉、韩锐任主编，刘万辉负责教材总体设计及统稿。常村红、郑丽萍、支立勋、章早立等老师参与了本书的编写工作或相关资料的收集工作。

由于时间仓促，书中难免存在不妥之处，请读者谅解，并提出宝贵意见。编者邮箱：149940599@qq.com。

编　者

2018 年 10 月

目录

任务1

认识 Photoshop CC

Adobe Photoshop 是由 Adobe 公司推出的图像处理软件。Photoshop 主要处理以像素所构成的数字图像。使用其众多的编修与绘图工具，可以有效地进行图片编辑工作。Photoshop 主要应用在图像、图形、文字、视频、广告、出版等方面。

教学导航

知识目标	● 了解像素和分辨率的相关概念 ● 区分位图与矢量图 ● 了解色彩模式、图像格式
能力目标	● 掌握 Photoshop CC 的基本操作 ● 掌握 Photoshop CC 常用快捷键的应用 ● 掌握常用工具的参数设置 ● 能够根据需求，参考作品进行初步的模仿设计
素质目标	● 传承中国服饰文化，加强文化自信 ● 养成主动学习、独立思考、主动探究的意识
本单元重点	● 图像处理理论基础 ● Photoshop CC 的基本操作 ● Photoshop CC 常用快捷键的应用
本单元难点	● 参考线的使用 ● 常用工具的参数设置
教学方法	任务驱动法、讲授法、演示法、案例教学法
建议课时	4 课时

任务展示：传统旗袍网页广告制作

本任务主要实现一家旗袍服饰旗舰店的海报首焦设计，整体设计效果如图 1-1 所示。

图 1-1
传统旗袍旗舰店
海报首焦效果

素养小贴士　中国传统文化之一——旗袍文化

旗袍是中国和世界华人女性的传统服装，被誉为中国国粹和女性国服。旗袍的文化内涵就在于它是中国文化的一个浓缩符号，传达着女性含蓄的美感和个性魅力；低调中有张扬，唯美中有亲和，表达着东方女性的神秘和温婉。

知识准备

1.1 图像处理理论基础

1.1.1 像素和分辨率

1. 像素

像素是构成图像的最小单位，它的形态是一个小方点。很多个像素组合在一起就构成了一幅图像，组合成图像的每一像素只显示一种颜色。由于图像能记录每一像素的数据信息，因而可以精确地记录色调丰富的图像，逼真地表现自然界的景观。图 1-2 所示为金黄色的秋天的风景照片。

图 1-2
像素构成的风景图片

2. 分辨率

分辨率是图像处理中一个非常重要的概念，它是指位图图像在每英寸上所包含的像素数量，日常主要使用两种分辨率单位：像素每英寸（Pixels Per Inch，PPI）和点数每英寸（Dots Per Inch，DPI），计算机显示领域使用 PPI，打印领域使用 DPI。分辨率决定了位图图像细节的精细程度，图像分辨率的高低直接影响图像的质量，分辨率越高，文件也就越大，图像也会越清晰。图 1-3 所示为一张蜜蜂采花粉的图片，整个画面非常清晰，但处理速度也会变慢。反之，分辨率越低，图像就越模糊，同样的图片但分辨率降低的效果如图 1-4 所示，这时文件也会越小。

图 1-3
分辨率高的图像
（300 PPI）

图 1-4
分辨率低的图像
（72 PPI）

1.1.2　位图和矢量图

在计算机设计领域，图形图像分为两种类型：位图和矢量图。

1. 位图

位图又称为点阵图，由许多点组成，这些点为像素（Pixel）。当许多不同颜色的点（即像素）组合在一起后，便构成了一幅完整的图像。

位图可以记录每一点的数据信息，因而可以精确地制作出色彩和色调变化丰富的图像，可以逼真地表现自然界的景象，达到照片般的品质。但是，由于所包含的图像像素数目是一定的，若将图像放大到一定程度后，图像就会失真，边缘会出现锯齿，如图 1-5 所示。

图 1-5
位图的原效果与放大后的效果

2. 矢量图

矢量图也称为向量图，它用数学的矢量方式来记录图像内容，以线条和色块为主，这类对象的线条非常光滑、流畅，可以进行无限的放大、缩小或旋转等操作，并且不会失真，如图 1-6 所示。矢量图不宜制作色调丰富或者色彩变化太多的图形，而且绘制出来的图形无法像位图那样精确地描绘各种绚丽的景象。

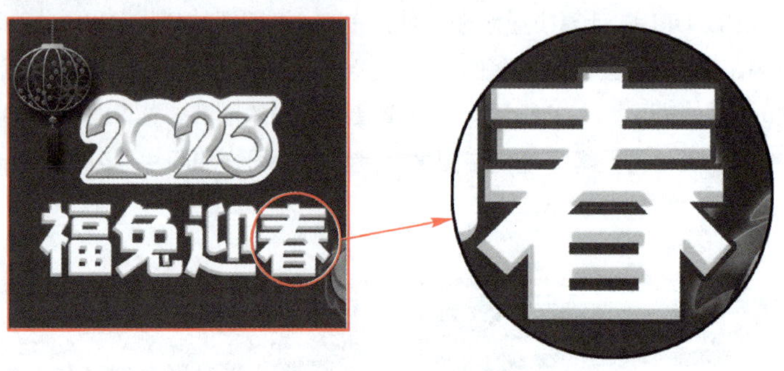

图 1-6
矢量图的原图与放大后的效果

1.1.3　色彩模式

色彩模式决定了图像显示颜色的数量，也影响图像通道数和图像文件的大小。Photoshop 中能以多种色彩模式显示图像，常用的有 RGB、CMYK、灰度和位图等模式。

在 Photoshop CC 软件中，打开“图像”→“模式”菜单，可以尝试 10 余种色彩模式。

1. RGB 模式

RGB 模式是由 R（Red，红色）、G（Green，绿色）、B（Blue，蓝色）合成颜色的模式，是 Photoshop 默认的色彩模式，是图形图像设计中最常用的色彩模式。它代表了可视光线的 3 种基本色，即红、绿、蓝，也称为“光学三原色”，每一种颜色存在着 256 个等级的强度变化。当三原色重叠时，由不同的混色比例和强度会产生其他间色，三原色相加会产生白色，如图 1-7 所示。

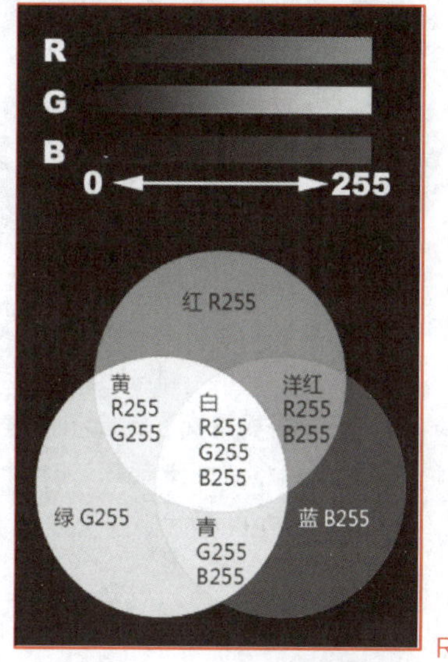

图 1-7 RGB 色彩模式示意图

RGB 模式在屏幕显示中色彩丰富，所有滤镜都可以使用，各软件之间文件兼容性高，但在印刷输出时偏色情况较重。

2. CMYK 模式

CMYK 模式是由 C（Cyan，青色）、M（Magenta，洋红）、Y（Yellow，黄色）、K（Black，黑色）合成颜色的模式，这是印刷中主要使用的色彩模式。由这 4 种颜色的油墨合成可生成千变万化的颜色，因此被称为四色印刷。

由青色、洋红、黄色叠加即生成红色、绿色、蓝色及黑色，如图 1-8 所示，黑色用来增加对比度，以补偿 CMY 产生黑度不足之用。由于印刷使用的油墨都包含一些杂质，单纯由 C、M、Y 这 3 种油墨混合不能产生真正的黑色，因此需要加一种黑色（K）。CMYK 模式是一种减色模式，每一种颜色所占的百分比范围为 0～100%，百分比越大，颜色越深。

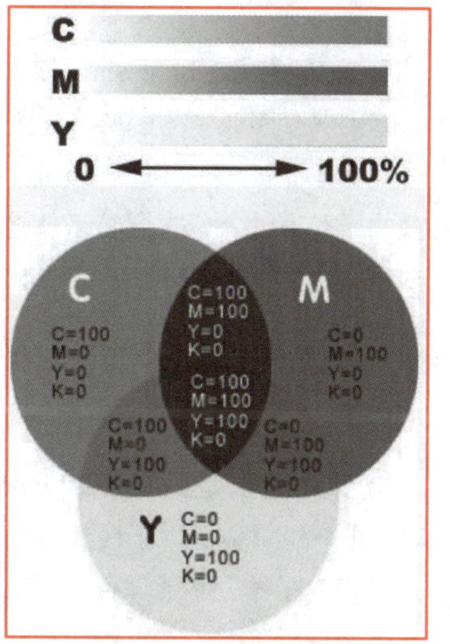

图 1-8 CMYK 色彩模式示意图

3. 灰度模式

灰度模式可以将图片转换成黑白相片的效果，它是图像处理中被广泛运用的模式，采用 256 级不同浓度的灰度来描述图像，每一像素都有 0～255 之间的亮度值。例如，将图 1-2 中的“金黄色的秋.jpg”，在 Photoshop 中执行“图像”→“模式”→“灰度模式”菜单命令，该图像就会转换为灰度模式，效果如图 1-9 所示。

将彩色图像转换为灰度模式时，所有的颜色信息都将被删除。虽然 Photoshop 允许将灰度模式的图像再转换为彩色模式，但是原来已丢失的颜色信息不能再恢复。

4. 位图模式

位图模式也称为黑白模式，使用黑、白双色来描述图像中的像素，黑白之间没有过

渡色，该类图像占用的内存空间非常小。当一幅彩色图像转换为黑白模式时，不能直接转换，必须先将图像转换为灰度模式，然后再转换为位图模式。例如，将图 1-9 所示的灰度模式，再次执行“图像”→“模式”→“灰度模式”菜单命令，该图像就会转换为位图模式，效果如图 1-10 所示。

图 1-9
转换为灰度模式的图像

图 1-10
转换为位图模式的图像

1.1.4　图像格式

笔 记

图像格式是指在计算机中表示、存储图像信息的文件格式。面对不同工作时，选择不同的文件格式非常重要。例如，在彩色印刷领域，图像的文件格式要求为 TIFF 格式，而 GIF 和 JPEG 格式则广泛应用于互联网中，因其独特的图像压缩方式，所占用的内存空间十分小。

Photoshop 软件支持 20 多种文件格式，下面介绍 8 种常用的图像文件格式。

1. PSD/PSB 文件格式

PSD 格式是 Photoshop 软件的默认格式，也是唯一支持所有图像模式的文件格式，可以分别保存图像中的图层、通道、辅助线和路径信息。

PSB 格式是 Photoshop 中新建的一种文件格式，它属于大型文件，除了具有 PSD 格式的所有属性外，主要特点就是支持宽度和高度最大为 30 万像素的文件。但是，PSB 格式也有缺点，就是存储的图像文件较大，占用磁盘空间较多。由于在一些图形程序中没有得到很好的支持，所以通用性不强。

2. BMP 文件格式

BMP 格式是 DOS 和 Windows 兼容的计算机中的标准图像文件格式，是英文 Bitmap（位图）的简写。BMP 格式支持 1～24 位颜色深度，使用的色彩模式有 RGB、索引颜色、灰度和位图等，不能保存 Alpha 通道。BMP 格式的特点是包含图像信息较丰富，几乎不对图像进行压缩，其占用磁盘空间较大。

3. JPEG 格式

JPEG 格式是一种高压缩比、有损压缩真彩色的图像文件格式，其主要特点是文件比较小，可以进行高倍率压缩，因而在注重文件大小的领域应用广泛，如网络上绝大部分要求高颜色深度的图像都使用 JPEG 格式。JPEG 格式支持 RGB、CMYK 和灰度模式，主要用于图像预览和制作 HTML 网页。

JPEG 格式是压缩率最高的图像文件格式之一，这是由于 JPEG 格式在压缩保存的过程中会以失真最小的方式丢掉一些肉眼不易察觉的图像信息，因此保存后的图像与

原图会有差别。该格式的图像没有原图像的质量好，所以不宜在印刷、出版等高要求的场合中使用。

笔 记

4. AI 格式

AI 格式是 Illustrator 软件所特有的矢量图形存储格式。在 Photoshop 软件中，将保存了路径的图像文件输出为 AI 格式，可以在 Illustrator 和 Corel DRAW 等矢量图形软件中直接打开，并且可以进行任意修改和处理。

5. TIFF 格式

TIFF 格式用于在不同的应用程序和不同的计算机平台之间交换文件。TIFF 格式是一种通用的图像文件格式，几乎所有的绘画、图像编辑和平面设计软件均支持该文件格式。

TIFF 格式能够保存通道、图层和路径信息，由此来看，它与 PSD 格式没有什么区别。但实际上，如果在其他应用程序中打开该文件格式所保存的图像，则所有图层将被合并，因此只有使用 Photoshop 打开保存了图层的 TIFF 文件，才能修改其中的图层。

6. GIF 格式

GIF 格式也是一种通用的图像文件格式，由于最多只能保存 256 种颜色，且使用 LZW 压缩方式压缩文件，因此 GIF 格式保存的文件不会占用太多的磁盘空间，非常适合在互联网上传输。GIF 格式还可以保存动画。

7. EPS 格式

EPS 格式是一种通用的行业标准图像文件格式，可同时包含像素信息和矢量信息。除了多通道模式的图像之外，其他模式都可以存储为 EPS 文件格式，但是它不支持 Alpha 通道。EPS 文件格式支持剪贴路径，在排版软件中可以产生镂空或蒙版效果。

8. WebP 格式

WebP 格式是一种旨在加快图片加载速度的图片格式。其目的就是为 Web 上的图片资源提供卓越的有损、无损压缩。在与其他格式同等质量指数下提供更小、更丰富的图片资源，以便资源在互联网上访问传输。

1.2 Photoshop CC 基本操作

微课 1-1
认识 Photoshop CC 的界面

1.2.1 认识 Photoshop CC 的界面

Photoshop CC 是一款功能强大的图形图像处理软件。下面认识一下 Photoshop CC 2023 的工作界面，熟悉各个模块以及功能。界面主要由菜单栏、工具选项栏、工具箱、面板栏、文件窗口和状态栏等组成，如图 1-11 所示。这些功能项的含义如下。

图 1-11
Photoshop CC 2023 软件界面

- 菜单栏：从左至右依次为“文件”“编辑”“图像”“图层”“文字”“选择”“滤镜”“3D”“视图”“窗口”“帮助”菜单项，这些菜单集合了 Photoshop 中的所有命令。
- 工具选项栏：在工具箱中选择某个工具后，菜单栏下方的选项栏就会显示当前工具对应的属性和参数，用户可以通过设置这些参数来调整工具的属性。
- 工具箱：工具箱集合了图像处理过程中使用最频繁的工具，使用它们可以绘制图像、修饰图像、创建选区以及调整图像显示比例等活动。它的默认位置在工作界面左侧，拖动其顶部可以将它移到工作界面的任意位置。工具箱顶部有个折叠按钮，单击该按钮可以将工具箱中的工具排列紧凑。
- 面板栏：面板栏是 Photoshop 软件中进行颜色选择、图层编辑、路径编辑等操作的主要功能面板，单击面板栏左上角的扩展按钮，可打开隐藏的面板组。如果想尽可能多地显示工作区，单击面板栏右上角的折叠按钮可以用最简洁的方式显示面板组。
- 文件窗口：文件窗口是对图像进行浏览和编辑的主要场所，窗口标题栏主要显示当前图像文件的文件名、文件格式、显示比例及图像色彩模式等信息。
- 状态栏：状态栏位于窗口底部，左端显示当前图像窗口的显示比例，在其中输入数值后按<Enter>键可以改变图像的显示比例；右端显示当前图像文件的大小；单击扩展按钮，可以根据需要显示文档配置文件、文档尺寸、暂存盘大小等状态信息。

微课 1-2
图像文件的创建、保存与关闭

1.2.2　图像文件的创建、保存与关闭

1. 图像文件的创建

执行“文件”→“新建”菜单命令，打开“新建文档”对话框，如图 1-12 所示，进行宽度、高度、分辨率等的设置后，单击“确定”按钮，即可完成图像文件的创建。

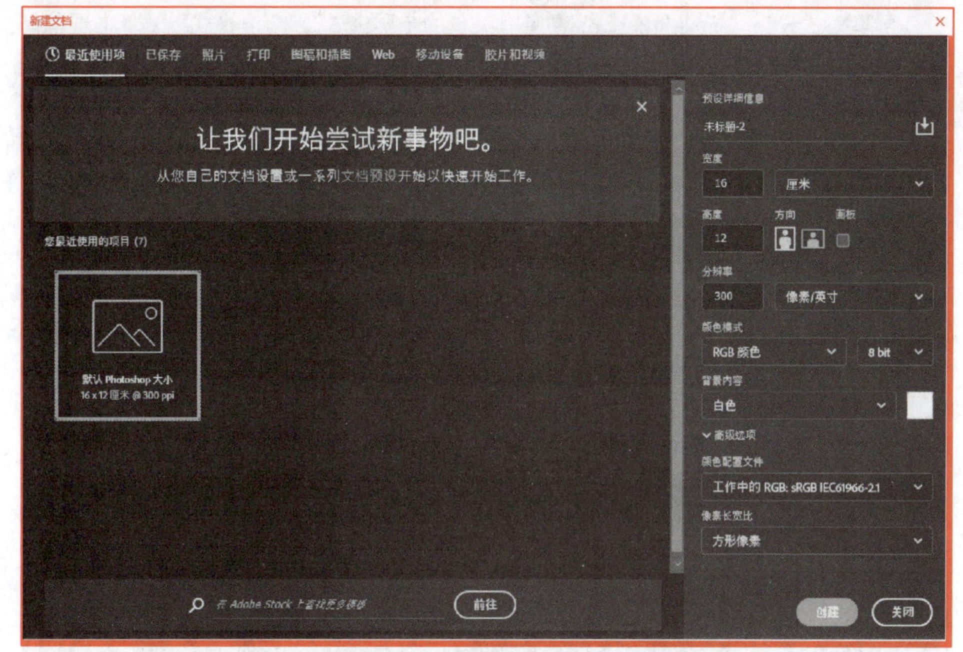

图 1-12
“新建文档”对话框

“新建文档”对话框中包含“最近使用项”“已保存”“照片”“打印”“图稿和插图”“Web”“移动设备”“胶片和视频”这些选项卡，可以新建与之相关的各种图像文件，其中“最近使用项”选项卡中各参数的含义如下。

- “名称”：设置图像的文件名。
- “预设详细信息”：指定新图像的预定义设置，包括宽度、分辨率等相关信息。
- “宽度”和“高度”：用于指定图像的宽度和高度值，在其下拉列表框中可以设置计量单位（如“像素”“厘米”“英寸”等）。例如，数字媒体、软件与网页界面设计一般用“像素”作为单位，应用于印刷的设计一般用“毫米”作为单位。同时，还可以借助“方向”按钮完成“宽度”与“高度”的互换。
- “分辨率”：主要指图像分辨率，一般用“像素/英寸”为单位，指每英寸图像含有多少像素。
- “色彩模式”：该项有“位图”“灰度”“RGB 颜色”“CMYK 颜色”和“Lab 颜色”5 个选项。
- “背景内容”：该项有“白色”“黑色”“背景色”“透明”和“自定义”5 个选项。

2. 保存与关闭

执行“文件”→“关闭”菜单命令即可关闭图像，或者直接单击窗口右上角的“关闭”按钮，也可以关闭文件并退出 Photoshop 软件。

1.2.3　图像文件的打开与屏幕模式

微课 1-3
图像文件的打开与屏幕模式

图像的打开：执行“文件”→“打开”菜单命令，弹出“打开”窗口，选择图片的路径，即可打开图像。

在 Photoshop 中有 3 种不同的显示模式，这 3 种显示模式可以通过执行“视图”→“屏幕模式”菜单下的命令进行切换。

屏幕模式分为“标准屏幕模式”“带有菜单的全屏模式”“全屏模式”。“标准屏幕模式”的效果如图 1-11 所示，“带有菜单的全屏模式”的效果如图 1-13 所示，“全屏模式”的效果如图 1-14 所示。

图 1-13
带有菜单的全屏模式

图 1-14
全屏模式

3 种模式的切换也可以通过快捷键<F>来实现，连续按快捷键<F>，可以在这 3 种模式之间快速切换。为了获得更好的显示效果，可以通过快捷键<Tab>来隐藏工具箱和面板组。在全屏模式下，可以通过快捷键<F>或<Esc>返回标准屏幕模式。

微课 1-4
图像大小与画布大小的操作

1.2.4　图像大小与画布大小的操作

像素作为数字图像的一种度量单位，只存在于计算机中，它是一种虚拟单位。打开一幅图片“中国结.jpg”，执行“图像”→“图像大小”菜单命令，在打开的“图像大小”对话框中可以看到图像的基本信息，如图 1-15 所示。

这时可以看到该图片的图像大小，其中，宽度为 1280 像素，高度为 954 像素，分辨率为 300 像素/英寸（1 英寸=2.54 厘米）。通过修改宽度和高度值修改图像大小。例如，将图 1-15 中的宽度 1280 修改为 1024，由于默认情况为长宽比约束，所以高度会自动修改为 763，此时，单击“确定”按钮，即可修改图像大小。

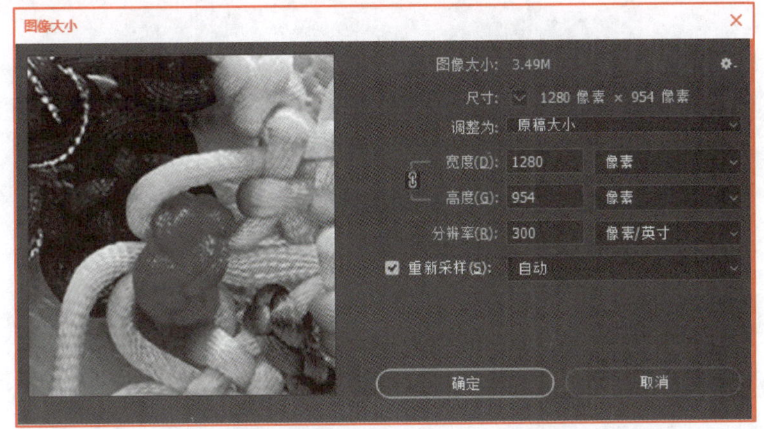

图 1-15
“图像大小”对话框

修改画布大小的方法是执行“图像”→“画布大小”菜单命令，即可打开如图 1-16 所示的“画布大小”对话框。它可用于添加现有图像周围的工作区域，或通过减小画布区域来裁切图像。

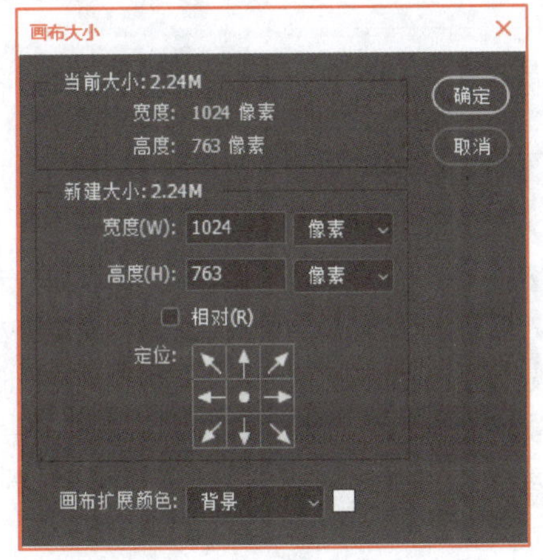

图 1-16
“画布大小”对话框

在“宽度”和“高度”数值框中输入所需的画布尺寸，从“宽度”和“高度”数值框右侧的下拉列表框中可以选择度量单位。

如果选中“相对”复选框，在输入数值时，则画布的大小相对于原尺寸进行相应增加与减少。输入的数值如果为负数表示减小画布。对于“定位”，可以通过单击某个方块以指示现有图像在新画布上的位置。从“画布扩展颜色”下拉列表框中可以选择画布的颜色。

在“画布大小”对话框中设置好参数后，单击“确定”按钮，修改就完成了。

1.2.5 基本选区的使用

选区就是用来编辑的区域，所有的命令只对选区有效，对选区外的区域无效。选区用黑白相间的“蚂蚁线”表示。

使用“矩形选框工具”可以方便地在图像中绘制长宽随意的矩形选区。操作时，在图像窗口中按住鼠标左键进行拖动，即可建立一个简单的矩形选区(可以复制、粘贴选区)，如图 1-17 所示。

微课 1-5
基本选区的使用

图 1-17
建立矩形选区

在选择“矩形选区工具”后，Photoshop 的工具选项栏会自动变换为“矩形选框工具”参数设置状态，该选项栏主要分为选择方式、羽化、消除锯齿和样式 4 部分，如图 1-18 所示。

图 1-18
“矩形选框工具”选项栏

取消蚂蚁线的方式是执行“选择”→“取消选择”菜单命令。

选择方式又分为以下几种功能。

- “新选区”按钮：能清除原有选区，直接新建选区。这是 Photoshop 中默认的选择方式。
- “添加到选区”按钮：能在原有选区的基础上，添加新选区。
- “从选区减去”按钮：能在原有选区中，减去与新选区交叉的部分。
- “与选区交叉”按钮：使原有选区和新选区相交的部分成为最终的选择范围。

羽化：设置羽化参数可以有效地消除选择区域中的硬边界并将它们柔化，使选区的边界产生朦胧的渐隐效果。对图 1-19 中的选区内容进行羽化（羽化值为 50 像素）后的对比效果如图 1-20 所示。

图 1-19
未进行羽化的矩形选区

图 1-20
羽化后的矩形选区

样式：当需要得到精确的选区长宽特性时，可通过选区的“样式”选项来完成。样式分为 3 种：正常、固定长宽比、固定大小。

微课 1-6
前景色与背景色设置

1.2.6　前景色与背景色的设置

Photoshop 使用前景色绘图、填充和描边选区，使用背景色来生成渐变和填充图像中

被擦除的区域。前景色与背景色的设置按钮都在工具箱中，如图 1-21 所示。

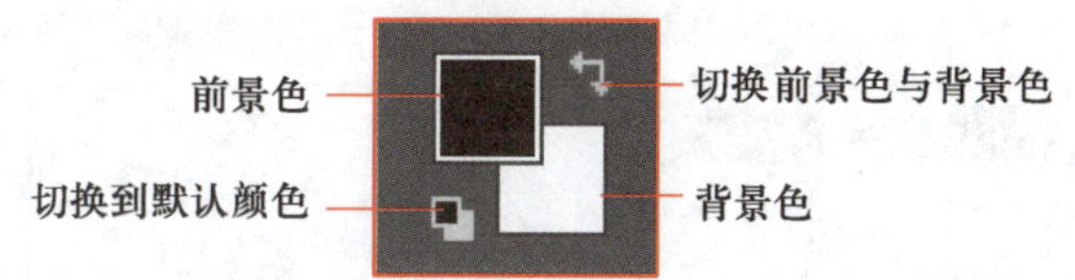

图 1-21
设置前景色与背景色

单击前景色或背景色颜色框，即可打开“拾色器”对话框，如图 1-22 所示。

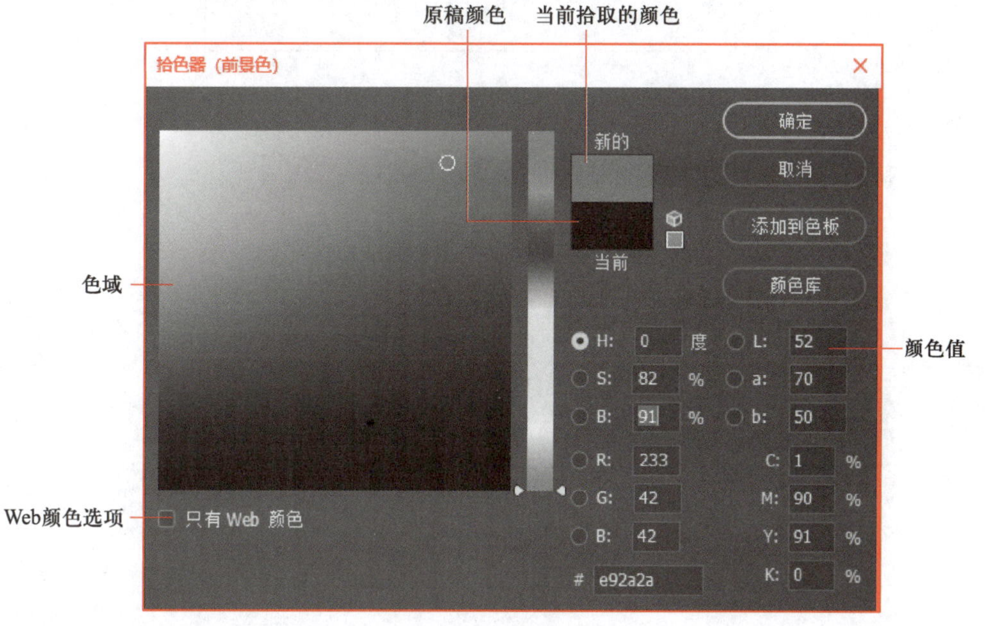

图 1-22
“拾色器”对话框

在左侧色域中单击所需颜色，或者在选区中输入其中一种色彩模式的数值均可得到所需的颜色。

选择工具箱中的“吸管工具”，然后单击所需颜色，即可将该颜色设置为当前的前景色，当拖动“吸管工具”在图像中取色时，前景色选择框会动态地发生相应的变化。

1.3 Photoshop CC 专业快捷键的应用

1.3.1 快捷键指法应用

1. 指法介绍

下面举例说明快捷键的使用方法与技巧。

快捷键<Ctrl+A>功能意义：选择全部。

操作要点：按住<Ctrl>键，然后按一下<A>键，最后同时松开所有按键。

操作指法（以左手操作键盘，右手操作鼠标为例），如图 1–23 所示。

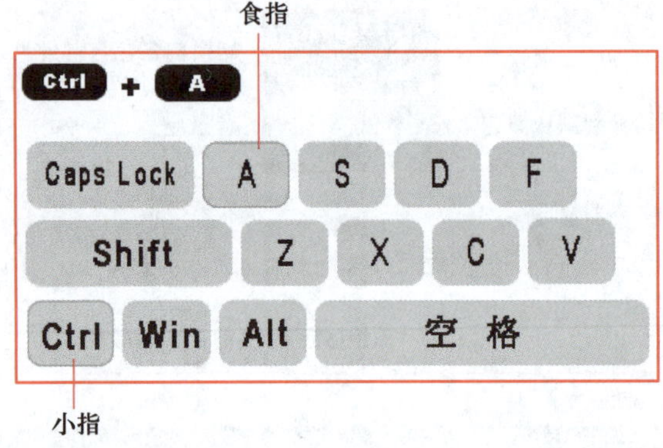

图 1–23
快捷键<Ctrl+A>的指法操作技巧

快捷键<Ctrl+P>功能意义：打印。

操作指法如图 1–24 所示。

图 1–24
快捷键<Ctrl+P>的指法操作技巧

快捷键<Ctrl+Alt+空格>功能意义：切换至“缩小工具”。

操作指法如图 1–25 所示。

图 1–25
快捷键<Ctrl+Alt+空格>的指法操作技巧

快捷键<Ctrl+Shift+Alt+T>功能意义：再次变换复制的像素数据并建立一个副本。

操作指法如图 1–26 所示。

图 1-26
快捷键<Ctrl+Shift+Alt+T>
的指法操作技巧

2. 常见问题

问题 1：许多快捷键在中文输入法状态下无效。

解决办法：切换至英文输入状态。

问题 2：按组合快捷键时，先按下的按键不小心松开了，使整个组合快捷键无效（初期会出现）。

解决办法：不要松开第一个按键。

问题 3：快捷键与鼠标协同操作时，先松开键盘，后松开鼠标，导致鼠标操作无效。

解决办法：先松开鼠标，再松开键盘。

1.3.2 常用快捷键

Photoshop 常用工具快捷键一览表见表 1-1。

表 1-1 Photoshop 常用工具快捷键一览表

快捷键	对应工具或功能	快捷键	对应工具或功能
M	选框工具组	L	套索工具组
V	移动工具	W	快速选择工具
J	修复画笔工具组	B	画笔工具组
I	吸管、标尺工具组	S	图章工具组
Y	历史记录画笔工具组	E	橡皮擦工具组
R	旋转视图工具	O	减淡、加深、海绵工具
P	钢笔工具组	T	文字工具组
U	矢量形状工具组	G	渐变工具、油漆桶工具
H	抓手工具	Z	缩放工具
C	裁剪工具	A	路径选取工具、直接选择工具
D	默认前景和背景色	X	切换前景和背景色
Q	编辑模式切换	F	显示模式切换
Ctrl	临时使用移动工具	空格	临时使用抓手工具

注意：

按<Shift>键的同时按快捷工具键，可以切换工具组中的工具。

Photoshop 常用快捷键一览表见表 1-2。

表 1-2　Photoshop 常用快捷键一览表

快捷键	功能与作用	快捷键	功能与作用
Ctrl+N	新建图形文件	Tab	切换显示或隐藏所有的控制板
Ctrl+O	打开已有图像	Shift+Tab	隐藏其他面板（除工具箱）
Ctrl+W	关闭当前图像	Ctrl+A	全部选择
Ctrl+D	取消选区	Ctrl+G	与前一图层编组
Ctrl+Shift+I	反选	Ctrl++	放大视图
Ctrl+S	保存当前图像	Ctrl+–	缩小视图
Ctrl+X	剪切选取的图像或路径	Ctrl+0	满画布显示
Ctrl+C	复制选取的图像或路径	Ctrl+L	打开“色阶”对话框
Ctrl+V	将剪贴板的内容粘贴到当前图像中	Ctrl+M	打开曲线调整对话框
Ctrl+K	打开“首选项”对话框	Ctrl+U	打开“色相/饱和度”对话框
Ctrl+Z	还原前一步操作	Ctrl+Shift+U	去色
Ctrl+Shift+Z	重做上一操作	Ctrl+I	反相
Ctrl+T	自由变换	Ctrl+J	通过复制建立一个图层
Ctrl+Shift+E	合并可见图层	Ctrl+E	向下合并或合并连接图层
Ctrl+Shift+Alt+T	再次变换复制的像素数据并建立一个副本	Ctrl+[	将当前层下移一层
Delete	删除选框中的图案或选取的路径	Ctrl+]	将当前层上移一层
Ctrl+BackSpace 或 Ctrl+Del	用背景色填充所选区域或整个图层	Ctrl+Shift+[	将当前层移到最下面
Alt+BackSpace 或 Alt+Delete	用前景色填充所选区域或整个图层	Ctrl+Shift+]	将当前层移到最上面

1.4　综合案例：制作冰雪运动商品网页展示栏

1.4.1　效果展示

传承冬奥遗产，推广普及冰雪运动，让全民健身走向纵深。本案例主要使用大小不同的框架，运用不同的色块展示冰雪运动等相关产品，通过不同的色块避免了视觉疲劳，借助矩形选框工具和文字工具实现页面效果。

网站广告位展示如图 1-27 所示。

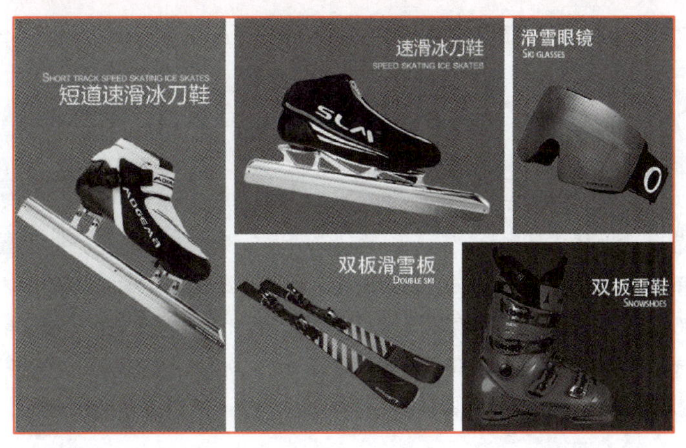

图 1-27
冰雪运动商品网页展示效果

素养小贴士　北京成为全球首个“双奥之城”

“双奥之城”指既举办过夏季奥运会又举办过冬季奥运会的城市。继 2008 年夏奥会之后，2022 年冬奥会花落北京，北京成为世界上首座“双奥之城”。

1.4.2　实现过程

微课 1-7
制作冰雪运动商品网页展示栏

① 打开 Photoshop 软件，执行“文件”→“新建”菜单命令（或者按<Ctrl+N>快捷键），创建一个宽为 800 像素、高为 500 像素、分辨率为 72 像素/英寸的文档。

② 按快捷键<Ctl+R>显示标尺，在显示的标尺上右击，弹出标尺单位，设置单位为像素。

注意：
修改标尺单位时，也可以执行“编辑”→“首选项”→“单位与标尺”菜单命令，在“首选项”对话框中设置“标尺单位”为“像素”。

③ 执行“视图”→“新建参考线”菜单命令，分别添加 4 条水平辅助线（依次为 10 像素、260 像素、270 像素、490 像素），添加 8 条垂直辅助线（依次为 10 像素、260 像素、270 像素、530 像素、540 像素、590 像素、600 像素、790 像素），如图 1-28 所示。

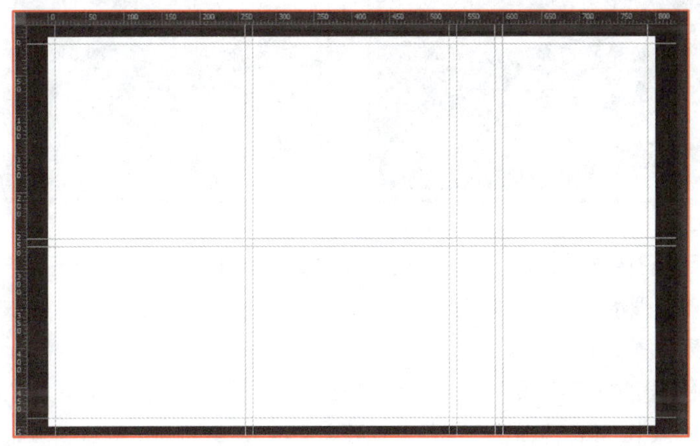

图 1-28
添加辅助线后的页面效果

④ 使用“矩形选框工具”选择从坐标（10 px，10 px）到（260 px，490 px）的矩形，设置前景色为橙色（#ff7f02），使用“油漆桶工具”填充该区域，页面效果如图 1-29 所示。

⑤ 采用同样的方法，依次使用“矩形选框工具”选择从坐标（270 px，10 px）到（590 px，260 px）的矩形，设置前景色为天蓝色（#2a9dff），使用“油漆桶工具”填充该区域。选择从坐标（600 px，10 px）到（790 px，260 px）的矩形，设置前景色为深绿色（#24af6c），使用“油漆桶工具”填充该区域。选择从坐标（270 px，270 px）到（530 px，490 px）的矩形，设置前景色为草绿色（#7dba1c），使用“油漆桶工具”填充该区域。选择从坐标（540 px，270 px）到（790 px，490 px）的矩形，设置前景色为深蓝色（#0753bc），使用“油漆桶工具”填充该区域。页面效果如图 1-30 所示。

图 1-29
填充第一个矩形框的效果

图 1-30
填充所有的矩形选区的效果

⑥ 执行“视图”→“显示”→“参考线”菜单命令，或者使用快捷键<Ctrl+;>将参考线隐藏。

⑦ 执行“文件”→“置入嵌入对象”菜单命令，选择“素材”文件夹中的图片“1 短道速滑冰刀鞋.png”，将其置入当前文档中，效果如图 1-31 所示。

⑧ 执行“编辑”→“自由变换”菜单命令，将鼠标指针放置在图片四角的任一个顶点上，然后向内拖动，可以将置入图片等比例缩小，将鼠标指针放置在图片四角的任一个顶点外，可以将图片旋转角度，页面效果如图 1-32 所示。

图 1-31
置入第一幅图片后的效果

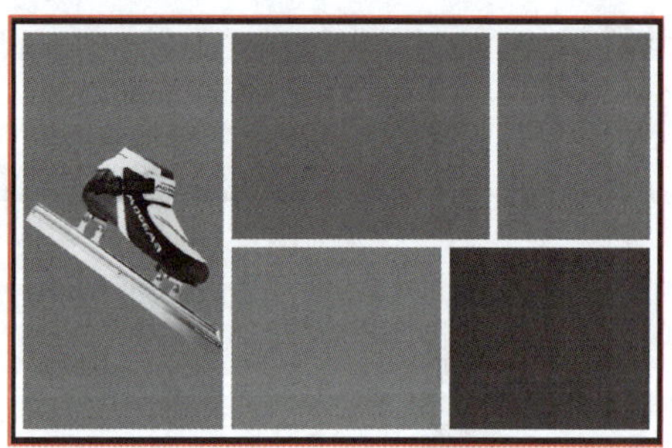

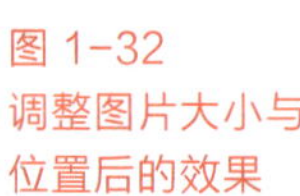

图 1-32
调整图片大小与位置后的效果

⑨ 采用同样的方法，依次将“网站广告位展示素材”文件夹中的图片“2 速滑冰刀鞋.png”“3 滑雪眼镜.png”“4 双板滑雪板.png”“5 双板雪鞋.png”置入当前文档并调整位置，页面效果如图 1-33 所示。

⑩ 使用“横向文字工具”输入文本“短道速滑冰刀鞋”，设置字体为“黑体”、文字大小为“26 像素”、颜色为白色，同样添加英文文本“Short track speed skating ice skates”，设置文字大小为“12 像素”、颜色为白色，调整它们的位置，页面效果如图 1-34 所示。

图 1-33
添加所有图片后的效果

图 1-34
填充所有矩形
选区的效果

⑪ 依次添加其他产品的文字说明，最终的页面效果如图 1-27 所示。

任务实施：传统旗袍网页广告制作

1. 任务分析

微课 1-8
传统旗袍网页 banner
广告展示实现

本任务为一家旗袍服饰旗舰店的首焦设计，整体效果风格简洁明快，主题鲜明，折扣和主打文案紧密相连，突出显示高性价比，吸引客户的眼球。在设计过程中先设定背景色，再绘制文案区域的底图，然后分别设计模特素材和细节亮点展示，最后通过文字和图形工具设计中间的文案区域，完成设计。

2. 技能要点

核心技能要点：参考线、渐变工具、矩形工具、横排文字工具、直线工具、椭圆工具等。

3. 实现过程

① 打开 Photoshop 软件，按快捷键<Ctrl+N>执行“新建”菜单命令，创建一个宽为 1200 像素、高为 320 像素、分辨率为 72 像素/英寸的文档。

② 按快捷键<Ctrl+R>显示标尺，右击标尺，设置标尺显示方式为像素。设置前景色为浅卡其色（#f9dcc7），按快捷键<Alt+Delete>填充前景色。

③ 执行“视图” → “新建参考线”菜单命令，添加一条垂直辅助线，位置在 300 像素处，如图 1-35 所示。

图 1-35
填充颜色后的效果

④ 执行“文件” → “置入嵌入对象”菜单命令，选择“传统旗袍网页广告展示”文件夹中的图片“祥云.jpg”，将图片置入项目中，调整位置，设置图层的不透明度为 40%，效果如图 1-36 所示。

图 1-36
添加祥云背景后的效果

⑤ 执行“文件”→“置入嵌入对象”菜单命令，选择“传统旗袍网页广告展示”文件夹中的图片“红色旗袍.png”，将图片置入当前文档中，将领带的水平中心位置对准垂直的 300 像素辅助线，按快捷键<Ctrl+T>，将鼠标指针放置在图像顶角处，调整大小后的效果如图 1-37 所示。

图 1-37
置入旗袍图片后的效果

⑥ 使用“椭圆选框工具”，在“工具选项栏”中设置“样式”为“固定大小”、宽度为“230 像素”、高度为“230 像素”，如图 1-38 所示。

样式：固定大小　宽度：230 像素　高度：230 像素

图 1-38
设置工具选项栏

⑦ 执行“图层”→“新建”→“图层”菜单命令，创建一个新的“图层 1”。

⑧ 使用“椭圆选框工具”绘制一个圆形，设置前景为白色，按快捷键<Alt+Delete>填充前景色，页面效果如图 1-39 所示。

⑨ 设置前景色为深红色（#95021f），执行“编辑”→“描边”菜单命令，弹出“描边”对话框，设置宽度为 2 像素，颜色默认为前景色深红色（#95021f），位置为“内部”，如图 1-40 所示，描边后的页面效果如图 1-41 所示。

图 1-39
绘制圆形后的效果

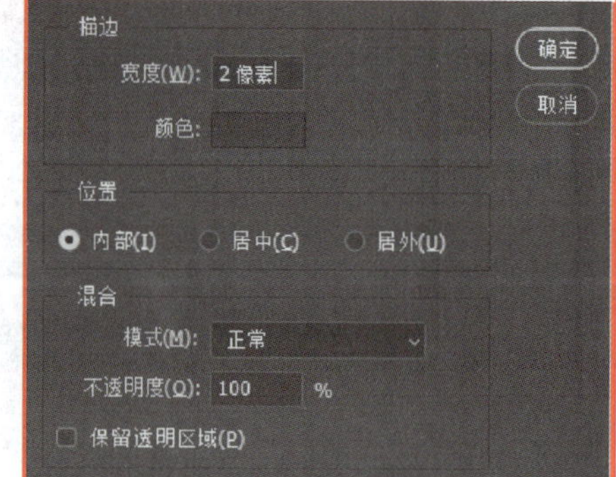

图 1-40
“描边”对话框

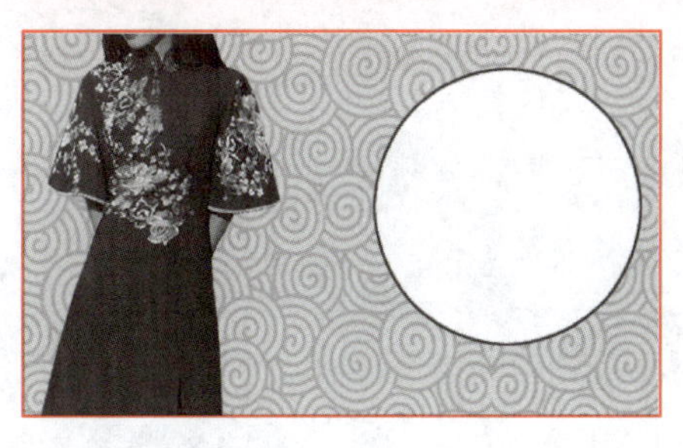

图 1-41
描边后的效果

⑩ 执行“文件”→“置入嵌入对象”菜单命令，选择“素材”文件夹中的图片“花纹设计.png”，将图片置入项目中，用同样的方法导入“领口设计.png”，按快捷键<Ctrl+T>，将鼠标指针放置在图像顶角处，拖动鼠标调整大小，效果如图 1-42 所示。

图 1-42
置入素材图片后的效果

⑪ 使用“横向文字工具”输入“Woman”首字母（大写的“W”），设置字体为“Impact”、文字大小为“100 像素”、文字颜色为深红色（#95021f），调整其位置，在“横向文字工具”的工具选项栏中设置“切换字符和段落”面板，在“字符”面板中设置文字为“仿斜体”，设置界面如图 1-43 所示。用同样的方法输入英文“oman　charm”，设置文字大小为 24 像素、文字为“仿斜体”，效果如图 1-44 所示。

图 1-43
“字符”面板

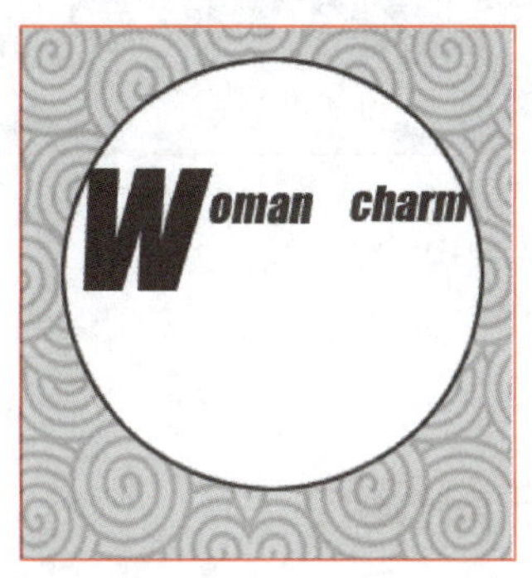

图 1-44
设置文字后的效果

⑫ 使用“横向文字工具”输入“立体裁剪”，设置字体为“黑体”、文字大小为“38 像素”、文字颜色为深红色（#95021f），设置文字为“仿斜体”，调整位置。用同样的方法输入数字“1”，设置字体为“Impact”、文字大小为“70 像素”、文字颜色为橙色（# fbb307），设置文字为“仿斜体”，调整其位置。用同样的方法输入“折”字，设置字体为“黑体”、文字大小为“28 像素”、文字颜色为橙色（# fbb307），设置文字为“仿斜体”，效果如图 1-45 所示。

⑬ 使用“横向文字工具”输入“简约的轮廓 展现优雅的气质”，设置字体为“黑体”、文字大小为“30 像素”、文字颜色为深红色（#95021f），设置文字为“仿斜体”，调整其

位置，效果如图 1-46 所示。

图 1-45
输入“立体裁剪”文字后的效果

图 1-46
输入辅助文字后的效果

⑭ 执行“图层”→“新建”→“图层”菜单命令，创建一个新图层，使用“矩形选框工具”绘制一个长方形，设置前景色为深红色（#95021f），按快捷键<Alt+Delete>填充前景色，效果如图 1-47 所示。

⑮ 执行“编辑”→“自由变换”菜单命令，右键切换到“斜切”命令，将矩形框水平倾斜平移“-30”度；使用“横向文字工具”输入“精致优雅 彰显中华民族特色”，设置字体为“黑体”、文字大小为“48 像素”、文字颜色为白色，设置文字为“仿斜体”，调整其位置，效果如图 1-48 所示。

图 1-47
添加矩形框

图 1-48
矩形框斜切并输入文字

⑯ 采用同样的方法，在圆形的“花纹设计”图像下方绘制矩形框，添加文本“花纹设计”；在圆形的“领口设计”图像下方绘制矩形框，添加文本“领口设计”，效果如图 1-1 所示。

任务拓展

1. 字体的选择与使用

西文字体分为两类：衬线字体和无衬线字体。实际上，这种分类方法对于汉字的字体也是适用的。

（1）衬线字体

衬线字体在笔画开始和结束的地方有额外的修饰，而且笔画的粗细有所不同。文字细节较复杂，较注重文字与文字的搭配和区分，在纯文字的演示文稿中使用较好。

常用的衬线字体有宋体、楷书、隶书、粗倩、粗宋、舒体、姚体、仿宋体等，如图 1-49 所示。使用衬线字体作为页面标题时，有优雅、精致的效果。

宋体　楷体　隶书　粗倩　粗宋　舒体　姚体　仿宋体

图 1-49
衬线字体

（2）无衬线字体

无衬线字体笔画没有修饰，笔画粗细接近，文字细节简洁，字与字的区分不明显。相对衬线字体的手写感，无衬线字体人工设计感比较强，时尚而有力量，稳重又不失现代感。无衬线字体更注重段落与段落、文字与图片的配合区分，在图表类排版中表现较好。

常用的无衬线体有黑体、微软雅黑、幼圆、综艺简体、汉真广标、细黑等，如图 1-50 所示。使用无衬线字体作为页面标题时，有简练、明快、爽朗的效果。

黑体　微软雅黑　幼圆　综艺简体　汉真广标　细黑

图 1-50
无衬线字体

（3）书法体

书法体就是书法风格的字体。传统书法体主要有行书字体、草书字体、隶书字体、篆书字体和楷书字体 5 种，即五个大类。在每一大类中又细分若干小门类，例如，篆书又分大篆、小篆，楷书又有魏碑、唐楷之分，草书又有章草、今草、狂草之分。

在传统风格的设计中常用书法体，如苏新诗柳楷、迷你简启体、迷你简祥隶、叶根友毛笔行书等，如图 1-51 所示。

苏新诗柳楷　迷你简启体　迷你简祥隶　叶根友毛笔行书

图 1-51
书法字体

2. CRAP 设计原则

CRAP 是平面设计的四大基本原则，可指引读者快速掌握设计技巧。

（1）对比（Contrast）

在不同元素之间建立层级结构，让页面元素具有截然不同的字体、颜色、大小、线宽、形状、空间等，从而增加版面的视觉效果。

目的：增强页面效果，有助于信息的组织。

（2）重复（Repetition）

让设计中的视觉要素在整个作品中重复出现，可以重复颜色、形状、空间关系、线宽、字体、大小和图片，既可增加条理性，又可加强统一性。

目的：统一并增强视觉效果，更易于阅读。

（3）对齐（Alignment）

对齐就是使两个以上事物配合或排列整齐。任何东西都不能在页面上随意摆放，每个素材都与页面上的另一个元素有某种视觉联系（如并列关系），利用对齐可建立一种清

晰、精巧且清爽的外观。

目的：使页面统一且有条理，不论创建精美的、正式的、有趣的还是严肃的外观，通常都可以利用一种明确的对齐。

（4）亲密性（Proximity）

彼此相关的项应当靠近，归组在一起，如果多个项相互之间存在很近的亲密性，它们就会成为一个视觉单元，而不是多个孤立的元素，这有助于组织信息，减少混乱。要有意识地注意读者（自己）怎样阅读的，视线怎样移动，有确定的开始和结束。

目的：实现组织性，使空白更美观。

以“大规模在线开放课程”平台介绍为主要载体来实践一下界面设计 CRAP 原则的运用，原效果如图 1-52 所示。运用 CRAP 原则后的布局效果如图 1-53 所示。

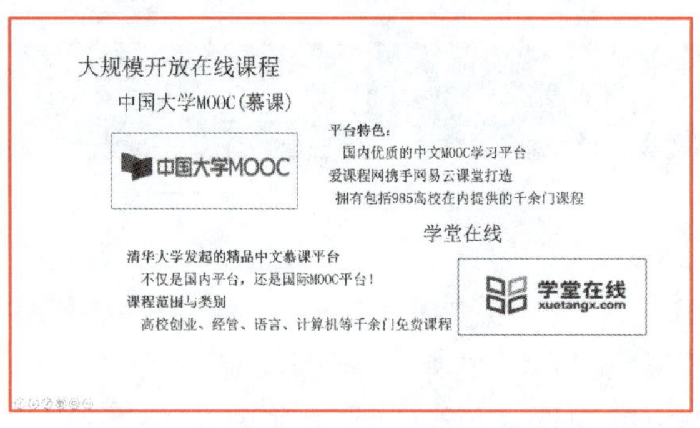

图 1-52
原页面效果

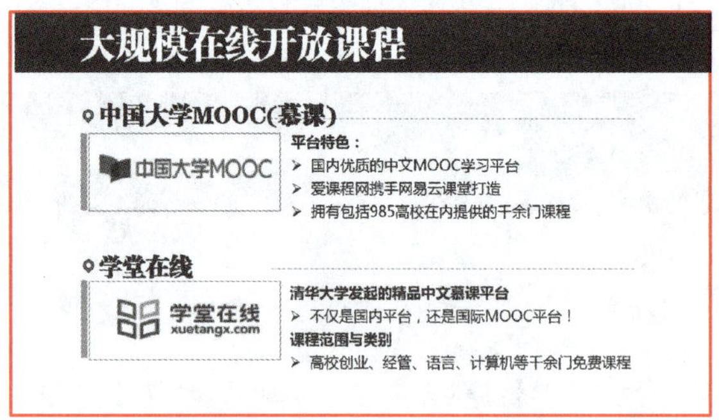

图 1-53
运用 CRAP 原则后的效果

项目实训：名片的设计与制作

名片的作用就是要表现自己或自己的行业，从而来推销自己或自己的公司，让对方留下深刻的印象，以增加将来的商机。名片是个人或公司基本信息的展示，由于名片的面积较小，所容纳的内容有限，所以一张名片想要达到良好的宣传和展示效果，需要将名片的主要信息设计完整。尤其是对于公司而言，名片是极其重要的介绍和宣传手段。在进行广告公司名片设计时需要包含姓名、公司名称、个人的头衔或职称、公司的商标或服务标志、广告公司的业务项目或产品、公司的地址、广告公司的联系方式等基本信息。

下面根据现有的名片信息（如图 1-54 和图 1-55 所示），设计并制作新名片。

某某博物馆
姓名
金牌讲解员
地址：某某某市北京北路66号
电话：0000-00000000
手机：186-0000-0000
网址：https://www.******.com

图 1-54
名片正面

你在承载记忆

我在焕发活力

图 1-55
名片背面

任务 2

使用基本工具

Photoshop 软件中的工具主要分为 20 多个工具组，包括移动工具、套索工具组、魔棒工具、油漆桶工具、裁剪工具、仿制图章工具、渐变工具、模糊工具组、文字工具组、画笔工具、橡皮擦工具等。掌握并应用这些工具是应用 Photoshop 设计制作图像的基础。

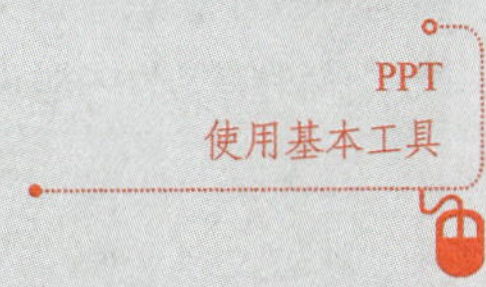

教学导航

知识目标	● 了解常用工具的作用 ● 了解常用工具的使用场景
能力目标	● 掌握常用工具的实用方法与技巧 ● 掌握常用工具的参数设置
素质目标	● 具备社会责任感和法律意识，积极践行社会责任 ● 借助诚信公益广告制作，坚定诚信的社会主义核心价值观
本单元重点	● 选区与颜色填充等工具的使用方法 ● 移动工具、裁剪工具、仿制图章工具、橡皮擦工具、渐变工具等的使用方法 ● 模糊工具组、文字工具组的使用方法
本单元难点	● 常用工具的参数设置 ● 常用工具的使用技巧与使用场景
教学方法	任务驱动法、讲授法、演示法、案例教学法
建议课时	8 课时

任务展示："诚信"公益海报的制作

公益广告是为公益行动、公益事业提供服务的，它是以推广有利于社会的道德观念、行为规范和思想意识为目的的广告传播活动。本例以社会主义核心价值观公民层面的价值准则"诚信"为主题设计公益广告，整体设计效果如图 2-1 所示。

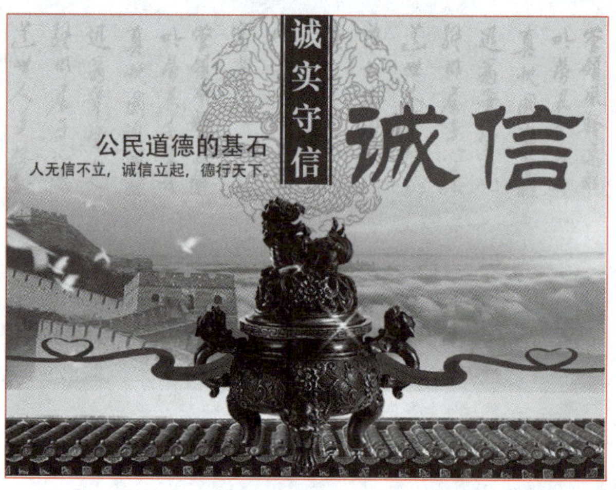

图 2-1
诚信公益广告效果

素养小贴士　社会主义核心价值观之一——诚信

社会主义核心价值观中"爱国、敬业、诚信、友善"，是公民基本道德规范，是从个人行为层面对社会主义核心价值观基本理念的凝练。它覆盖社会道德生活的各个领域，是公民必须恪守的基本道德准则，也是评价公民道德行为选择的基本价值标准。其中，诚信即诚实守信，是人类社会千百年传承下来的道德传统，也是社会主义道德建设的重点内容。它强调诚实劳动、信守承诺、诚恳待人。诚信是个人、社会和国家得以存续发展的基础。

知识准备

2.1 图像选区的调整与编辑

2.1.1 选框工具组

选框工具组包含有矩形选框工具、椭圆形选框工具、单行选框工具及单列选框工具 4 种不同的工具。

微课 2-1
使用选框工具组

- 矩形选框工具可以方便地在画布中绘制长宽随意的矩形选区。操作时，只要在图像窗口中按住鼠标左键拖动到合适大小，松开鼠标便可建立矩形选区。

注意：

按住<Shift>键可以创建正方形选区，按住<Shift+Alt>键可以以单击点为中心创建一个正方形选区。

- 椭圆形选框工具可以绘制半径随意的椭圆形选区，按住<Shift>键可以绘制圆形选区。
- 单行选框工具可以在图像中绘制高度为 1 像素的单行选区。
- 单列选框工具可以在图像中绘制宽度为 1 像素的单列选区。

在“选框工具”选项栏中依次是选区建立方式、羽化、消除锯齿、样式及宽度和高度等选项，如图 2-2 所示。各工具的选框工具栏功能相似，但也各有特点。

选区建立方式　设置羽化　设置消除锯齿　设置样式　选择并遮住

羽化：0 像素　消除锯齿　样式：正常　宽度：　高度：　选择并遮住...

图 2-2
“选框工具”选项栏

- 选区建立方式：包括新选区、添加到选区、从选区中减去、与选区交叉 4 个选项。
- 羽化：该选项用于设置各选区的羽化属性。羽化选项可以模糊选区边缘的像素，产生过渡效果。羽化宽度越大，选区的边缘越模糊，选区的直角部分也将变得圆滑，这种模糊会使选定范围边缘上的一些细节丢失。在“羽化”文本框中可以输入羽化数值（取值范围为 0～1000 像素）。
- 消除锯齿：选中该复选框后，选区边缘锯齿将消除，该选项在椭圆选框工具中才能使用。
- 样式：该选项用于设置各选区的形状。单击右侧的三角按钮，在其下拉列表中可以选取不同的样式。其中，选择“正常”选项表示可以创建不同大小和形状的选区；选择“固定长宽比”选项可以设置选区宽度和高度之间的比例，并可在其右侧的“宽度”和“高度”文本框中输入具体的比例数值；选择“固定大小”选项，表示将锁定选区的宽度与高度，并可在右侧的文本框中输入一个数值。

2.1.2 套索工具组

微课 2-2
使用套索工具组

套索工具组中主要包含套索工具、多边形套索工具和磁性套索工具，它们也是经常使用的创建选区的工具，可以用来制作折线轮廓选区或者不规则选区。

1. 套索工具

套索工具可以在图像中建立任意形状的选区，主要采用手绘方式实现。它的随意性很大，要求对鼠标指针具有较好的控制能力。因为它绘制的是任意形状的选区，如果想绘制精确的选区，则不宜使用该工具。“套索工具”选项栏，主要包括建立选区的方式、羽化、消除锯齿等选项，各选项的含义与矩形选框工具选项栏中相应选项的含义一致。

套索工具的操作方法是按住鼠标左键进行拖动，随着鼠标指针的移动可形成任意形状的选择范围，松开鼠标后就会自动形成封闭选区，如图 2-3 所示，羽化值设置为 10 像素。

2. 多边形套索工具

多边形套索工具主要用来绘制边框为直线的多边形选区。选项栏与套索工具相似。

操作方法是在形成直线的起点单击，移动鼠标拖出直线，在该条直线结束的位置再次单击，两个单击点之间就会形成直线，依此类推。当终点和起点重合时，工具图标的右下角有圆圈出现，单击即可形成封闭选区。如果终点与起点未重合时，想完成该选区的创建，需要双击。多边形选区如图 2-4 所示。

图 2-3
套索工具的使用

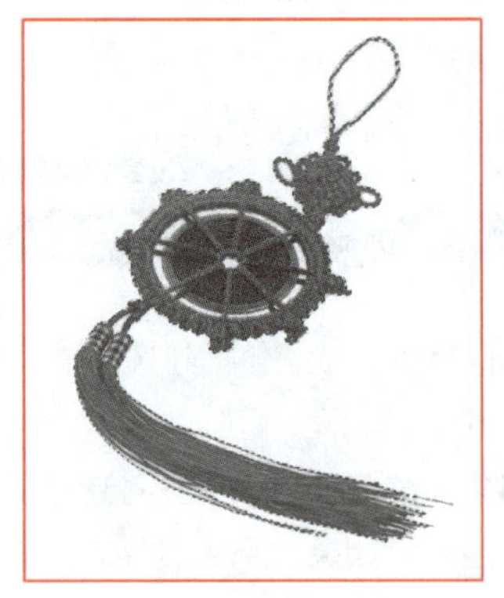

图 2-4
多边形套索工具的使用

在绘制过程中按住<Shift>键可绘制角度为 45 度倍数的直线，若要使用手绘模式则需要按住<Alt>键，即在绘制过程中完成套索工具与多边形套索工具之间的切换。要删掉最近绘制的线段，直接按<Delete>键即可。

3. 磁性套索工具

磁性套索工具是一种自动选择边缘的套索工具，适用于快速选择与背景对比强烈且边缘复杂的对象。当拖动磁性套索工具时，它将分离前景和背景，在前景图像边缘上设置节点，直到形成选择域。当所选轮廓与背景有明显对比时，磁性套索工具可以自动分辨出图像上物体的轮廓并加以选择。磁性套索工具能自动选择出轮廓，是因为它可以判断颜色的对比度，当颜色对比度的数值在其判断范围内时，就可以轻松地选中轮廓；而当轮廓与背景颜色接近时，则不宜使用。

2.1.3 魔棒工具

微课 2-3
魔棒工具

魔棒工具用来选择图片中着色相近的区域。当单击工具箱中的魔棒工具时，“魔棒工具”选项栏将显示在菜单栏下方，如图 2-5 所示。选项栏中依次是选区建立方式、取样大小、容差、消除锯齿、连续、对所有图层取样等选项。

取样大小: 取样点 容差: 32 消除锯齿 连续 对所有图层取样 选择主体 选择并遮住...

图 2-5
“魔棒工具”选项栏

使用魔棒建立的选区有 4 种方式，分别为新选区、添加到选区、从选区中减去、与选区交叉。

新选区功能就是去掉旧选区，选择新区域。每次单击都将是一个独立的、新的选区，在选区的边缘位置会出现运动的虚线，虚线内部的区域为已选中区域，如图 2-6 所示。添加到选区就是在旧选区的基础上，增加新选区，形成最终的选区，即可选择多个区域，如图 2-7 所示。

图 2-6
魔棒工具新选区的使用

图 2-7
魔棒工具添加到新选区

- 容差：数值越小，选取的颜色范围越接近；数值越大，选取的颜色范围越大。容差的取值范围为 0～255，默认值为 32。
- 消除锯齿：选中后，所选择的区域更加圆滑。
- 连续：如果不选中该项，则得到的选区是整个图层中色彩符合条件的所有区域，但这些区域并不一定是连续的。
- 对所有图层取样：如果选中该项，则色彩选取范围可跨所有可见图层。如果不选中该项，则魔棒工具只对当前图层起作用。

注意：

与魔棒工具相似的还有对象选择工具和快速选择工具。其中，对象选择工具可用于自动选择图像中的对象或区域；快速选择工具能够自动查找颜色接近的区域，并创建出这部分区域的选区。

2.1.4 选区的修改

微课 2-4
选区修改

除了通过工具选项栏中的添加到选区、从选区中减去、与选区交叉等选项修改选区外，还可以通过“扩大选取”“选取相似”“变换选区”等命令来修改选区。

1. 反向选区

在使用魔棒工具时，主要选择图片中着色相近的区域。如果使用魔棒工具选择图像的白色选区，如图 2-8 所示，那么相反的区域就是图像中的百合花部分，执行“选择”→“反选”菜单命令（或按快捷键<Ctrl+Shift+I>），即可得到百合花图像选区，如图 2-9 所示。

图 2-8
魔棒工具选择白色选区

图 2-9
反选命令获得“百合花”的图像选区

2. 扩大选取

“选择”→“扩大选取”菜单命令，主要功能是在已有选区中，在指定容差范围内的相邻像素建立选区。

其操作方式为：先在图像中确定一个小块选区，如图 2-10 所示，根据需要设置魔棒工具的容差范围（默认容差为 10 像素），然后再执行“选择”→“扩大选取”菜单命令，即可创建相应的选区，如图 2-11 所示。

图 2-10
建立一小块选区

图 2-11
“扩大选取”后的效果

3. 选取相似

使用“选取相似”命令亦是扩大选区的一种方法，它针对的是图像中所有颜色相近的像素，使用时也是以“魔棒工具”选项中指定容差范围内的相邻像素建立选区，所不同的是“扩大选区”创建的是与原选区相邻的选区。使用“选取相似”命令可以创建不连续的选区。

4. 变换选区

使用“变换选区”命令可对已建立的选区进行任意变形，其方法是执行“选择”→“变换选区”菜单命令。当使用该命令时，选区四周会出现矩形边框，拖动矩形边框可以任意调整选区的形状，如图 2-12 所示。

此时，可以通过选项栏右上角的“在自由变换和变形模式下切换”按钮对选区自由变形。使用鼠标拖动变形框内任一点都可以调整选区的形状，拖动灰色实心点可以调整

选区的弧度。这一功能和“自由变换”命令的功能类似，所不同的是此处调整的是选区的形状，而“自由变换”调整的是图像的形状，如图 2-13 所示。

图 2-12
选区的变换

图 2-13
变形模式

5. 修改选区

当选区建立后可通过“修改选区”命令对选区做一些调整。“修改选区”命令仍然在“选择”菜单中，包括“边界”“扩展”“平滑”“收缩”和“羽化”等。

- 边界：可选择在现有选区边界的内部和外部的像素宽度。新选区将为原选区创建框架，该框架位于原选区边界的中间。以图 2-14 所示的选区为例，若边框宽度设置为 20 像素，则会创建一个新的柔和边缘选区，如图 2-15 所示。

图 2-14
原始选区

图 2-15
选区的“边界”设置

- 扩展：按指定数量的像素扩展选区，以图 2-14 为例，若扩展选区设置为“20 像素”，效果如图 2-16 所示。
- 收缩：按指定数量的像素收缩选区，以图 2-14 为例，若收缩选区设置为“20 像素”，效果如图 2-17 所示。

图 2-16
选区的“扩展”设置

图 2-17
选区的“收缩”设置

在对图像的边缘处理时经常使用选区的“扩展”与“收缩”操作。

- 平滑：主要用来清除基于颜色选区中的杂散像素，整体效果是减少选区中的斑迹以及平滑尖角和锯齿线。
- 羽化：为现有选区定义羽化边缘。

微课 2-5
使用色彩范围命令

2.1.5　色彩范围

“色彩范围”命令的作用是选择现有选区或整个图像内指定的颜色或色彩范围，或者说是按照指定的颜色或颜色范围来创建选区，主要用来创建不规则选区。它像一个功能强大的魔棒工具，除了以颜色差别来确定选区范围外，它还综合了选区的相加、相减、相似命令，以及根据基准色选择等多项功能。

打开图像“雏菊.jpg”文件，执行“选择”→“色彩范围”菜单命令，弹出“色彩范围”对话框，如图 2-18 所示。

- 选择：其作用是选择颜色或色调范围，但是不能调整选区。默认为“取样颜色”，即自行选取颜色。如果在图像中选取多个颜色范围，则勾选“本地化颜色簇”复选框，以构建更加精确的选区。
- 颜色容差：拖动滑块或输入一个数值可调整选定颜色的范围。“颜色容差”设置可以控制选择范围内色彩范围的广度，并增加或减少部分选定像素的数量。设置较低的“颜色容差”值可以缩小色彩范围，设置较高的“颜色容差”值可以增大色彩范围。
- 范围：如果已勾选“本地化颜色簇”复选框，则使用“范围”滑块可以控制要包含在蒙版中的颜色与取样点的最大和最小距离。例如，图像在前景和背景中都包含一束紫色的花，如果只想选择前景中的花，这时可对前景中的花进行颜色取样，并缩小范围，以避免选中背景中有相似颜色的花。
- 预览：位于对话框中的中心黑色位置为图像预览区。当鼠标指针离开该对话框时，指针变成吸管形状，单击画布中图像的某一种颜色，表示吸取了该颜色，即选择了颜色的范围。
- 选择范围：当选中“选择范围”单选按钮时，默认情况下，白色区域是选定的像素，黑色区域是未选定的像素，而灰色区域则是部分选定的像素，如图 2-19 所示。

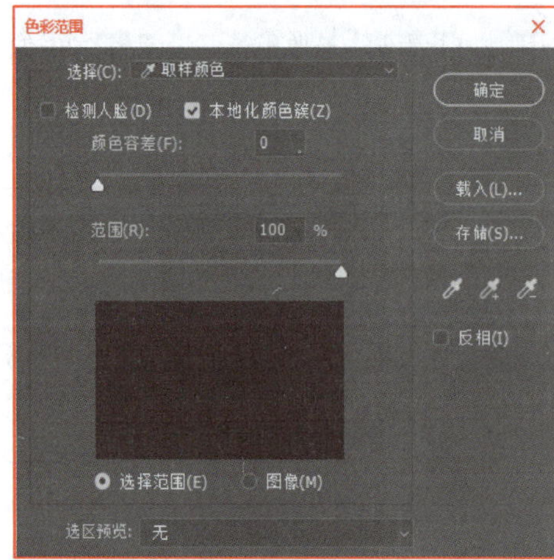

图 2-18
“色彩范围”对话框

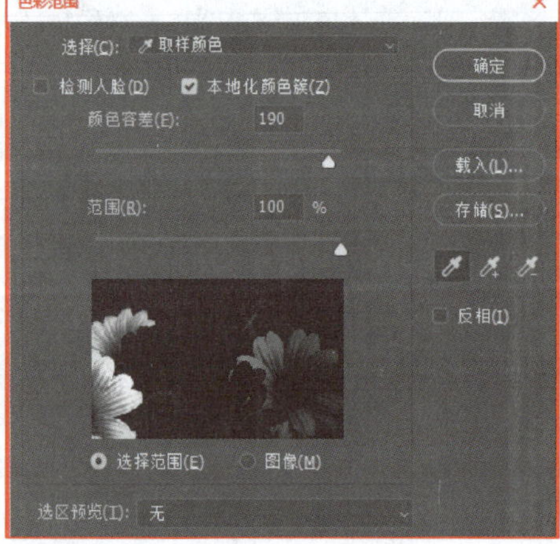

图 2-19
“选择范围”预览图

- 图像：选中“图像”单选按钮表示预览整个图像，如图 2-20 所示。单击“确定”按钮后，即可看到图像中沿着紫色花朵的选区已建立，如图 2-21 所示。

图 2-20
“图像”预览图

图 2-21
使用色彩范围建立选区

- 吸管工具组：在对话框的右侧区域有 3 个吸管工具，第 1 个为“吸管”工具，主要用来吸取一次颜色；第 2 个为“添加到取样”工具，如图 2-22 所示，作用是保留原先的取样颜色，继续增加新的取样颜色，扩大选区后的效果如图 2-23 所示；第 3 个为“从取样中减去”工具，将新吸取颜色的选区从原选区中减掉。

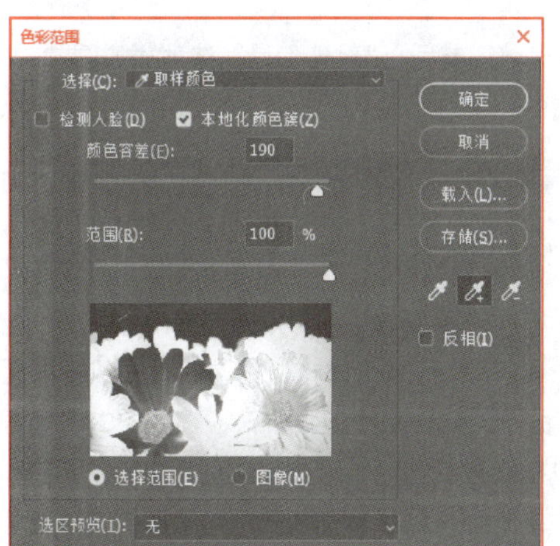

图 2-22
“添加到取样”工具使用

图 2-23
使用“添加到取样”工具后的新选区

2.2　图像编辑常用工具

微课 2-6
移动工具

2.2.1　移动工具

移动工具用于移动图层中的整个画面或选区。当单击移动工具时，“移动工具”选项栏将显示在菜单栏下方，如图 2-24 所示。

自动选择： 图层 显示变换控件 ••• 3D 模式：

图 2-24
“移动工具”选项栏

在“移动工具”选项栏中，“自动选择”复选框被选中时，单击画布中的图像，图像便会自动被选择，否则需要通过单击“图层”面板中的相应图层，图像才会被选中。“显示变换控件”复选框被选中时，单击画布中的图像，便会在图像四周出现黑色矩形边框，如图 2-25 所示，通过矩形框可对图像进行大小调整、旋转等操作，如图 2-26 所示。在“显示变换控件”后面的多种工具可对多个图形进行对齐、排列等操作。操作结束后，可单击选项栏中的按钮，或者双击该图片，即可确认操作。

图 2-25
“显示变换控件”复选框被选中

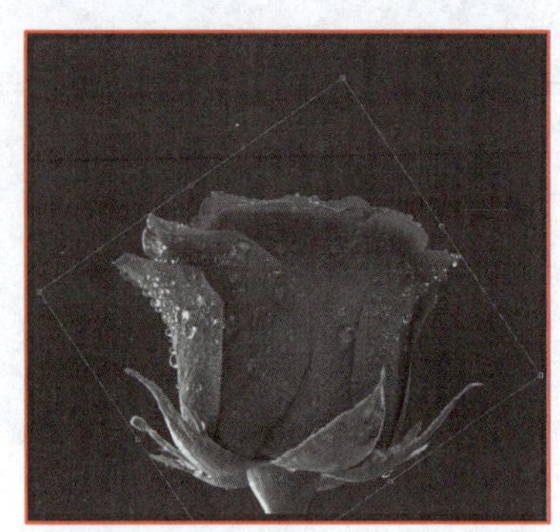

图 2-26
图像旋转后的效果

微课 2-7
使用裁剪与透视裁剪工具

2.2.2 裁剪与透视裁剪工具

1. 裁剪工具

裁剪工具用于裁剪图像的大小。单击裁剪工具后，“裁剪工具”选项栏如图 2-27 所示。可以通过“比例”下拉列表选择所需要的比例进行裁切。

比例 清除 拉直 删除裁剪的像素 内容识别

图 2-27
“裁剪工具”选项栏

默认情况下，裁剪区域自动显示为整个图像的编辑区域，如图 2-28 所示。当裁剪区域向内压缩时可以缩小画布的大小，当裁剪区域向外延伸时可以扩大画布的大小。

要调整裁剪区域的尺寸，可首先将鼠标指针定位在裁剪区域，拖动鼠标；或者将指针移至四周的控制点上，待指针变为形状后，拖动鼠标即可。在裁切区域的中心有一个标记，该标记被称为旋转支点，即用户在旋转裁剪区域时将以该点为中心。要移动旋转支点，可首先将指针移至支点附近，待指针变为形状后拖动鼠标即可。要旋转裁剪区域，可首先将指针定位在裁剪区域外侧，待指针形状变为后拖动鼠标即可，旋转到位后，按<Enter>键确认，如图 2-29 所示。

图 2-28
裁剪工具的使用

图 2-29
裁剪后的图片效果

2. 使用透视裁剪工具

透视裁剪工具用于裁剪出不规则形状的图片，可以使图像修正为正面的透视效果。

例如，在图 2-30 中，使用透视裁剪工具选择图像中户外广告牌中的“长津湖”电影海报区域，然后分别调整裁剪区域的 4 个角到画外广告牌的 4 个顶点的位置，按<Enter>键确认，即可得到正面修正的“长津湖”电影海报，如图 2-31 所示。

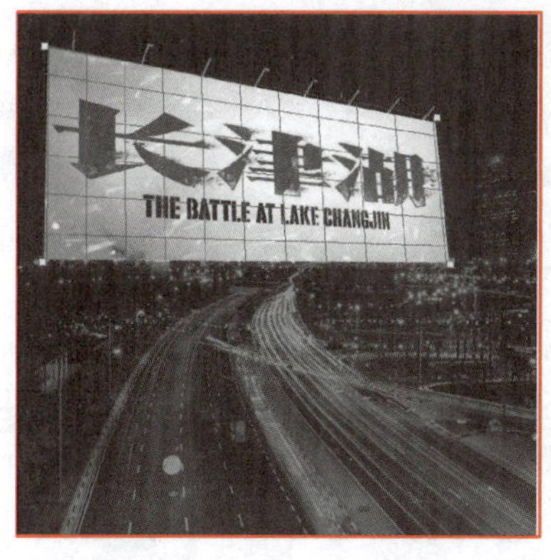

图 2-30 使用透视裁剪工具选择海报的 4 个顶点

图 2-31 透视裁剪工具修正后的正面透视效果

2.2.3 缩放工具

选择工具箱中的缩放工具，在当前图像文件中单击，即可放大图像；按住<Alt>键，利用缩放工具在当前图像文件中单击，即可缩小图像。

微课 2-8 使用缩放工具

在“缩放工具”选项栏上勾选“细微缩放”复选框，此时使用缩放工具在画布中向右拖动即可放大显示比例，向左拖动即可缩小比例，这是一项非常方便的功能。

执行“视图”→“放大”菜单命令（或按快捷键< Ctrl++ >），可以放大图像。

执行“视图”→“缩小”菜单命令（或按快捷键< Ctrl+- >），可以缩小图像。

执行“视图”→“按屏幕大小缩放”菜单命令，可满屏显示当前图像。

2.2.4 橡皮擦工具

微课 2-9 使用橡皮擦工具

橡皮擦工具组包括橡皮擦、背景橡皮擦、魔术橡皮擦 3 种不同擦除工具。

当橡皮擦工具作用于背景层时，相当于使用背景颜色的画笔；当作用于图层时，擦除后变为透明；背景橡皮擦能将背景层擦成普通层，把画面完全擦除；魔术橡皮擦依据画面颜色擦除画面。“橡皮擦工具”选项栏如图 2-32 所示。

模式： 画笔 不透明度： 100% 流量： 100% 平滑： 0% 抹到历史记录

图 2-32 “橡皮擦工具”选项栏

- 模式：用于设置擦除的方式及形状。
- 不透明度：用于设置擦除效果的不透明度。
- 流量：用于设置擦除效果的深浅。

选择橡皮擦工具，并选择相应的模式及不透明度等选项，在图像上拖动即可擦除橡皮擦经过的部分。

2.2.5　抓手工具

如果放大后的图像大于画布，或者图像超出了屏幕的显示范围，则可以使用抓手工具在画布中进行拖动，用以观察图像的各个位置。

在其他工具为当前操作工具时，按住空格键，可以暂时切换为抓手工具。

2.2.6　旋转视图工具

旋转视图工具的功能是将素材图片进行视角转换，旋转视图工具的快捷键是<R>，应用该快捷键时，必须将输入法切换为英文模式。

2.2.7　应用案例：碗中的红樱桃

微课 2-10
碗中的红樱桃

本例将通过常用工具与选区工具的运用制作碗中的红樱桃，操作步骤如下。

① 打开 Photoshop，执行“文件”→“打开”菜单命令，在弹出的对话框中找到“餐具.jpg”文件并打开，如图 2-33 所示。用同样的方法打开“红樱桃.jpg”文件，如图 2-34 所示。

图 2-33
“餐具”图像素材

图 2-34
“红樱桃”图像素材

② 在打开的餐具原始效果图中，使用裁剪工具对其进行裁剪，保留画布右侧的餐具。将鼠标指针置于边框右上角矩形框的外侧，待指针变成形状后，对裁剪部分进行调整，以使调整后的餐具摆正位置，而不是倾斜的，效果如图 2-35 所示。调整后，双击裁剪区域或者单击“裁剪工具”选项栏右侧的按钮确认该次操作，效果如图 2-36 所示。

图 2-35
裁剪原始图片

图 2-36
裁剪调整后的效果图

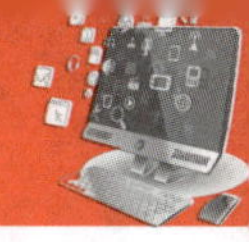

③ 打开红樱桃原始效果图，单击“魔棒工具”，并选择“魔棒工具”选项栏中“添加到选区”选项，单击除樱桃外的所有白色区域，这时所有白色区域将会被选中，如图 2-37 所示。

本案例的目的是将樱桃放置在餐碗中，因此需要选中樱桃，而不是白色区域。下面执行“选择”→“反选”菜单命令（或按快捷键<Ctrl+Shift+I>）来选中樱桃，如图 2-38 所示。

图 2-37
白色区域被选中

图 2-38
红樱桃被选中

④ 执行“编辑”→“拷贝”菜单命令（或按快捷键<Ctrl+C>），复制被选中的樱桃。进入到裁剪后的餐具效果图中，执行“编辑”→“粘贴”菜单命令（或按快捷键<Ctrl+V>），将已复制的樱桃图像粘贴到该文件中，效果如图 2-39 所示。

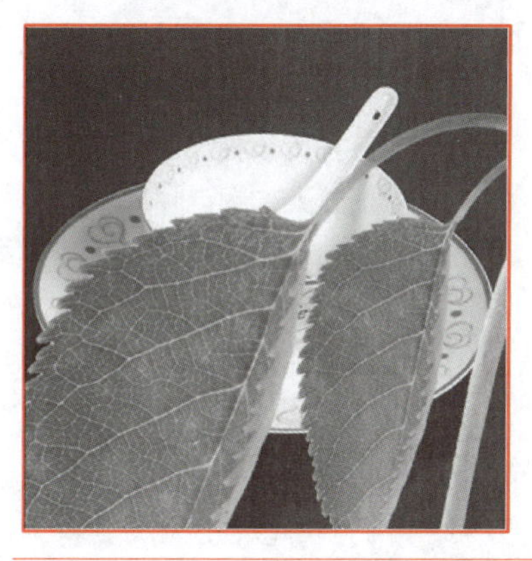

图 2-39
粘贴后的樱桃效果图

粘贴后的樱桃图像较大，执行“编辑”→“变换”→“自由变换”菜单命令（或按快捷键<Ctrl+T>），使用移动工具对其大小及摆放的角度进行调整，如图 2-40 所示。调整后，双击樱桃以确认该次操作。

⑤ 为使樱桃放置在碗中的效果更加逼真，使用橡皮擦工具沿着碗的边缘将餐具外边沿的樱桃部分擦除，以达到将樱桃放置在碗中的效果。为使擦除边缘更精细，可以使用放大镜工具对图像进行放大操作，擦除后的效果如图 2-41 所示。

图 2-40
樱桃调整效果图

图 2-41
碗中的红樱桃最终效果

2.3　图像绘制与修饰工具

Photoshop 软件中的绘图工具包括画笔、铅笔、历史记录画笔、艺术历史记录画笔、仿制图章、图案图章、橡皮擦、背景橡皮擦、魔术橡皮擦、模糊、锐化、涂抹、加深、减淡和海绵等工具。

微课 2-11
使用画笔工具

2.3.1　画笔工具

1. 认识画笔

使用画笔工具可以绘制比较柔和的线条。该工具在绘图工作中使用最为频繁。“画笔工具”选项栏如图 2-42 所示。

图 2-42
“画笔工具”选项栏

- 画笔：在该下拉列表中可选择合适的画笔大小。
- 模式：用于设置绘图的前景色与作为画纸的背景色之间的混合效果。
- 不透明度：用于设置绘图颜色的不透明度，数值越大，绘制效果越明显；数值越小，绘制效果越不清晰。
- 流量：用于控制颜色的浓淡，如真实画笔中墨水的多少，数值越小，颜色越淡；数值越大，颜色越浓。
- 启用喷枪样式的建立效果：单击图标，将画笔工具设置为喷枪工具，在该工具下得到的画笔边缘更加柔和，而且只要按住鼠标左键，前景色就会在当前位置淤集，直到鼠标释放为止。
- 平滑：设置画笔绘制的线条的光滑程度。
- 设置绘画的对称选项：用于设置绘制内容的水平、垂直、双轴、对角、螺旋形、平行线等多种对称方式。

设置好画笔后，可以直接绘制内容，通过鼠标右键可以选择画笔形状、画笔大小、硬度等。

2. 认识“画笔”面板

在 Photoshop 软件中，“画笔”面板的使用非常重要。“画笔”面板主要用于设置笔刷的详细属性，除了调整画笔的直径、硬度等属性外，Photoshop 针对笔刷还提供了非常详细的设置选项。

执行“窗口”→“画笔”菜单命令，可弹出“画笔”面板，如图 2-43 所示。也可以在绘制区域右击弹出“画笔”设置选项面板，如图 2-44 所示。在这两个面板中都可以选择所需的画笔样式和画笔的大小。

常用的画笔主要分为常规画笔、干介质画笔、湿介质画笔、特殊效果画笔、旧版画笔。

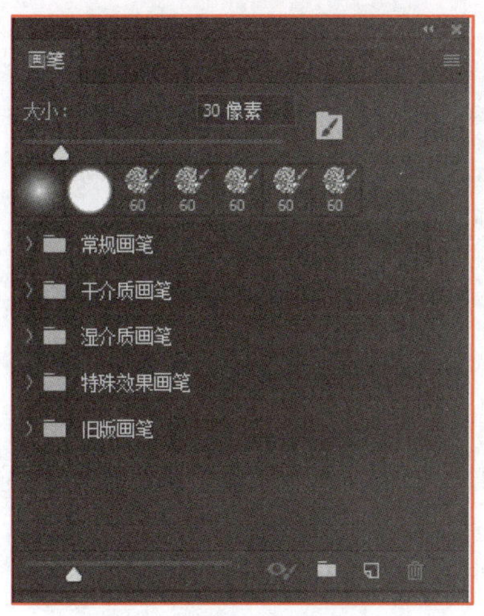

图 2-43
“画笔”面板

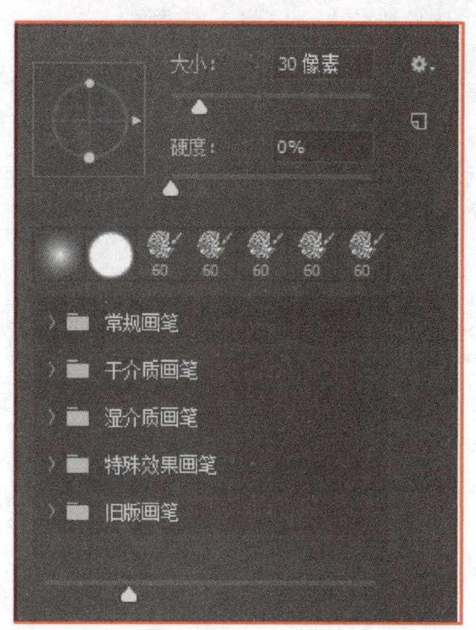

图 2-44
鼠标右键“画笔”设置选项面板

如果要进行更为精细的画笔设置，可执行“窗口”→“画笔设置”菜单命令（或按快捷键<F5>），可弹出“画笔设置”面板，如图 2-45 所示。

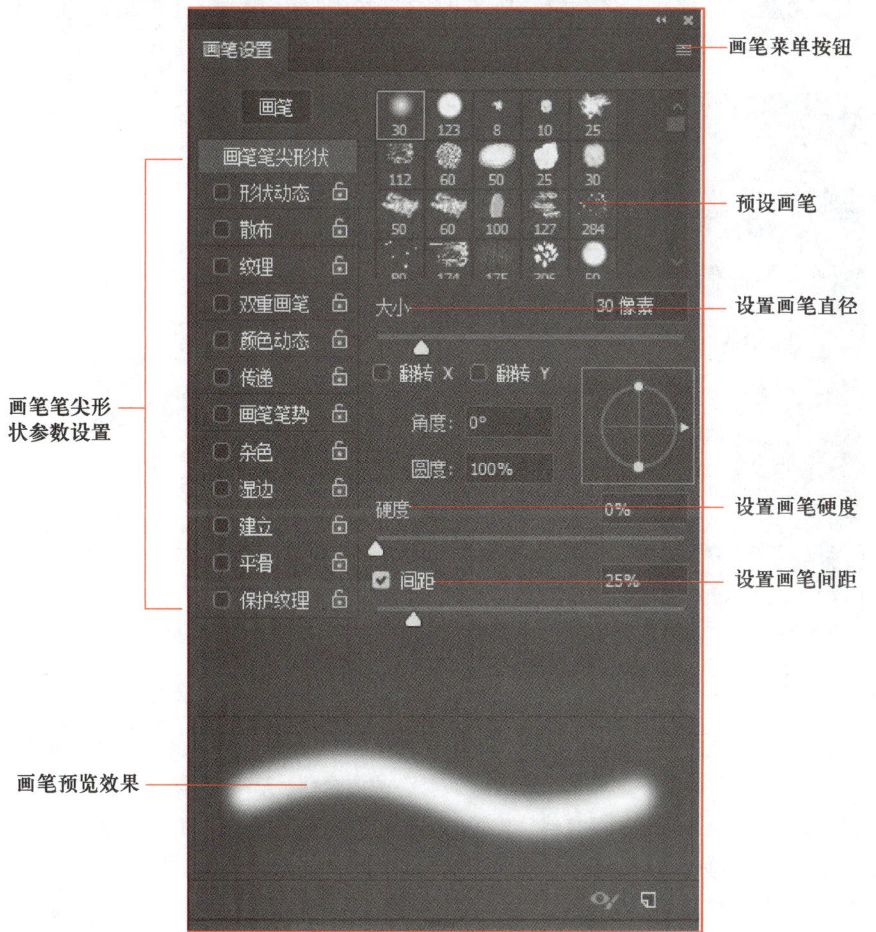

图 2-45
“画笔设置”面板

“画笔设置”面板中默认提供了画笔笔尖形状的详细设置，利用各选项可以改变画笔

的大小、角度、粗糙程度等属性。

- 大小：控制画笔大小，通过输入以像素为单位的值或拖动滑块来设置。
- 调整样本大小：将画笔复位到它的原始直径，只有在画笔笔尖形状是通过采集图像中的像素样本创建的情况下，该选项才可设置“翻转 X”和“翻转 Y”，即改变画笔笔尖在其 X、Y 轴上的方向。
- 角度：指定椭圆画笔或样本画笔的长轴从水平方向旋转的角度。可直接输入数值或在预览框中拖动水平轴进行设置。
- 圆度：指定画笔短轴和长轴的比率，输入百分比值，或在预览框中拖动点进行设置。其中，100%表示圆形画笔，0%表示线形画笔，两者之间的值表示椭圆画笔。
- 硬度：控制画笔硬度中心的大小，输入数值，或使用滑块输入画笔直径的百分比值进行设置。
- 间距：控制描边中两个画笔笔迹之间的距离，如果要更改间距可以输入数值，或使用滑块输入画笔直径的百分比值。

“画笔”面板中的画笔预设提供了形状动态、散布、纹理、双重画笔等 12 个功能，可以改变画笔的大小和整体形态，这里不再赘述。

如果想绘制一些秋天红叶的效果，在图 2-43 所示的“旧版画笔”中选择“散布枫叶”预设画笔，如图 2-46 所示，在文档中拖动鼠标即可绘制，效果如图 2-47 所示。

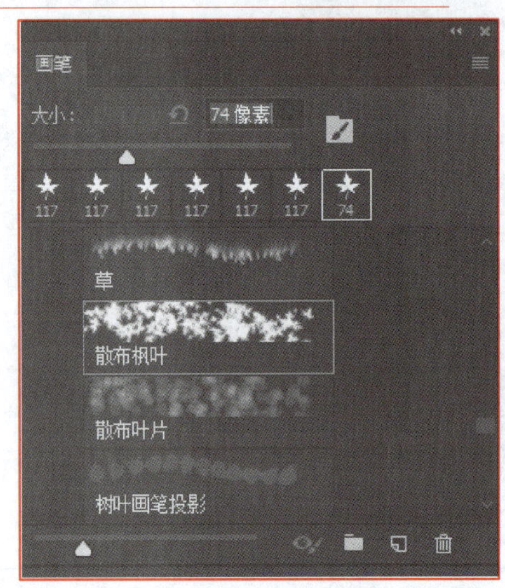

图 2-46
选择“散布枫叶”预设画笔

图 2-47
绘制散布枫叶效果

2.3.2　渐变工具

微课 2-12
使用渐变工具

渐变工具用来填充渐变颜色，如果不创建选区，渐变工具将作用于整个图像。所谓渐变，就是在图像某一区域填入多种过渡颜色的混合色。渐变工具的使用方法是：按住鼠标左键进行拖动，绘制一条直线，直线的长度和方向决定了渐变填充的区域和方向。在拖动鼠标的同时按住<Shift>键，可保证鼠标移动的方向是水平、竖直或 45 度方向。拖动距离越长，其渐变越柔和。单击工具箱中的相应按钮，在菜单栏下方会出现“渐变工具”选项栏，如图 2-48 所示。

模式：正常　不透明度：100%　反向　仿色　透明区域

图 2-48
“渐变工具”选项栏

“渐变工具”选项栏主要包括编辑渐变效果、选择渐变类型、模式、不透明度、反向等选项。

1. 编辑渐变效果

单击“编辑渐变效果”图标，会弹出“渐变编辑器”窗口，如图 2-49 所示。

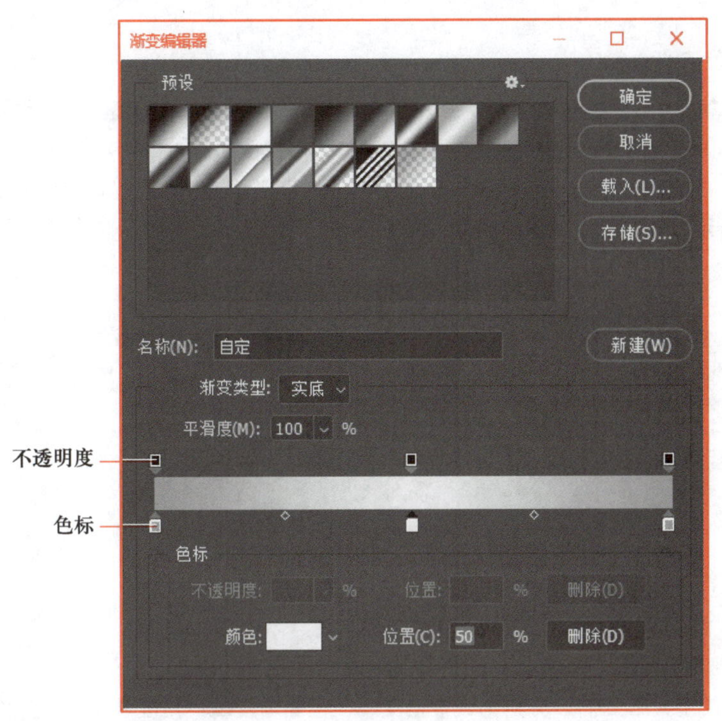

图 2-49
“渐变编辑器”窗口

单击任意一个预设渐变，在“名称”文本框中就会显示其对应的名称，在窗口下部的渐变效果预览条显示渐变效果，并可进行渐变调节。在预设的渐变样式中，选择一种渐变作为编辑的基础，在渐变效果预览条中调节任何一个色标后，“名称”文本框中自动变成“自定”，用户可以自行输入名称。

在渐变效果预览条下端有颜色标记点，其上半部分的小三角是白色，表示没有选中，单击颜色标记点，上半部分的小三角变黑，表示已选中。在下方的“色标”选项区域中（如图 2-50 所示），“颜色”后面的色块会显示当前选中标记点的颜色，单击该色块，在弹出的“拾色器”对话框中可修改颜色。在渐变效果预览条下端边缘单击，可增加颜色标记点。

渐变效果预览条上端有不透明度标记点，其下半部分的小三角是白色，表示没有选中，单击不透明度标记点，下半部分的小三角变黑，表示已选中。在渐变效果预览条上端边缘单击可增加不透明度标记点，用于标记渐变过程中该位置的透明度设置。在下方的“色标”选项区域中（如图 2-51 所示），“不透明度”文本框中会显示当前选中标记点的不透明度，“位置”文本框中会显示其位置，单击右侧的“删除”按钮可将该不透明度标记点删除。

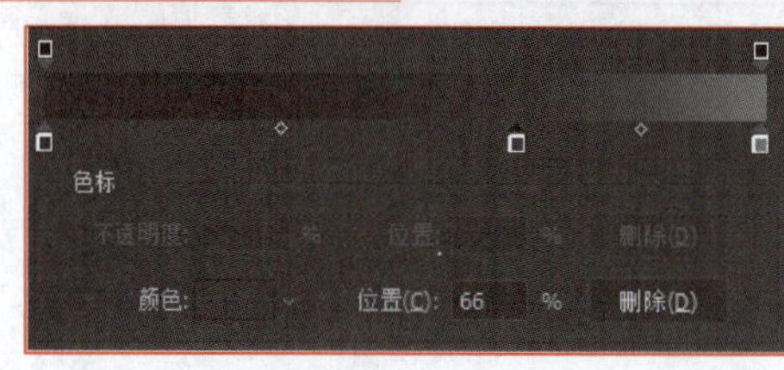

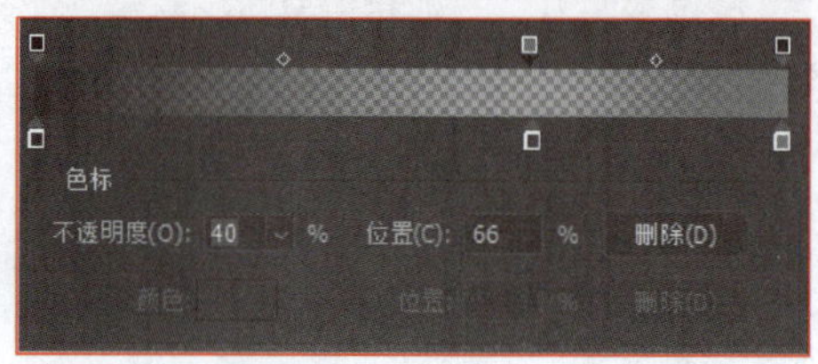

图 2-50
颜色标记点设置

图 2-51
不透明度标记点设置

2. 选择渐变效果

单击编辑点按可编辑渐变效果图标后面的小三角按钮，会出现弹出式的渐变调板，如图 2-49 所示，其中已保存多种默认的渐变效果，可以选择任一种渐变效果。

单击“编辑渐变效果”图标后面的小三角按钮，会出现预设渐变列表，如图 2-52 所示，其中已保存多种预设的渐变效果，可以选择任一种渐变效果。

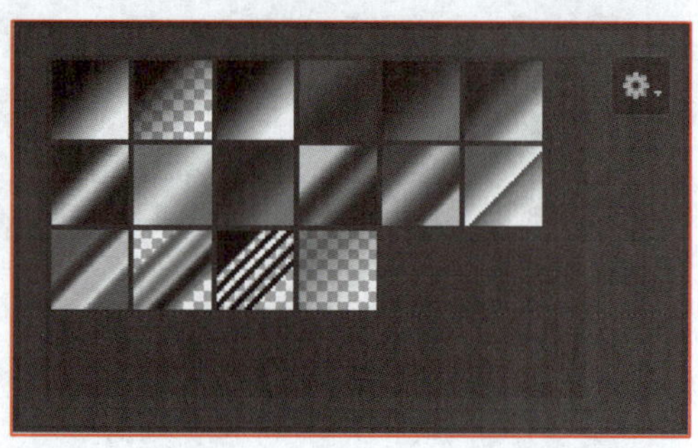

图 2-52
选择渐变效果

3. 选择渐变类型

渐变类型共有 5 种，分别为线性渐变、径向渐变、角度渐变、对称渐变和菱形渐变。单击各小图标可选择不同的渐变类型。

- 线性渐变：可以创建直线渐变效果。
- 径向渐变：可以创建从圆心向外扩展的渐变效果。
- 角度渐变：可以创建颜色围绕起点，并随着角度改变的渐变效果。
- 对称渐变：可以创建从中心向两侧的渐变效果。
- 菱形渐变：可以创建菱形渐变效果。

4. 其他选项

在“模式”下拉列表框中可选择渐变色和底图的混合模式。“不透明度”后面的数值用于改变整个渐变的透明度。勾选“反向”复选框，使渐变沿着相反的方向进行。勾选“仿色”复选框，可使用减色法填充中间色调，从而使渐变效果更平缓。勾选“透明区域”复选框对渐变填充使用透明蒙版。

微课 2-13
模糊工具组

2.3.3　模糊工具组

模糊工具组包括模糊工具、锐化工具和涂抹工具，分别将画面局部变成模糊效果、锐利清晰效果及涂抹效果。

1. 模糊工具

模糊工具使颜色值相近的颜色融为一体，使其看起来平滑柔和，将较硬的边缘软化，“模糊工具”选项栏如图 2-53 所示。

图 2-53
“模糊工具”选项栏

“模糊工具”选项栏共包括画笔预设、模式、强度、对所有图层取样等选项。

- 画笔预设：用于设置模糊工具的形状、大小等。
- 模式：用于设定工具和底图不同的作用模式。
- 强度：通过调节“强度”的大小，使工具产生不同的效果，强度越大，效果越明显。
- 对所有图层取样：使用模糊工具时，不会受不同图层的影响，不管当前是哪个活动层，模糊工具将对所有图层取样。

运用模糊工具后的图像效果如图 2-54 所示。

(a) 原始图像

(b) 局部模糊效果

图 2-54
模糊工具的使用

2. 锐化工具

锐化工具可增加相邻像素的对比度，使较模糊的边缘更加清晰，使图像聚焦。锐化工具并不适合过度使用，因为将会导致图像严重失真，如图 2-55 所示。

(a) 原始图像

(b) 多次使用锐化工具后的效果图

图 2-55
锐化工具的使用

3. 涂抹工具

涂抹工具模拟用手指涂抹油墨的效果，用涂抹工具在颜色的交界处涂抹，会有一种相邻颜色互相挤入而产生的模糊感。涂抹工具不能在“位图”和“索引颜色”模式的图

像上使用。图 2-56 所示为使用涂抹工具后使书法作品的动感更强，富有虚实的对比。

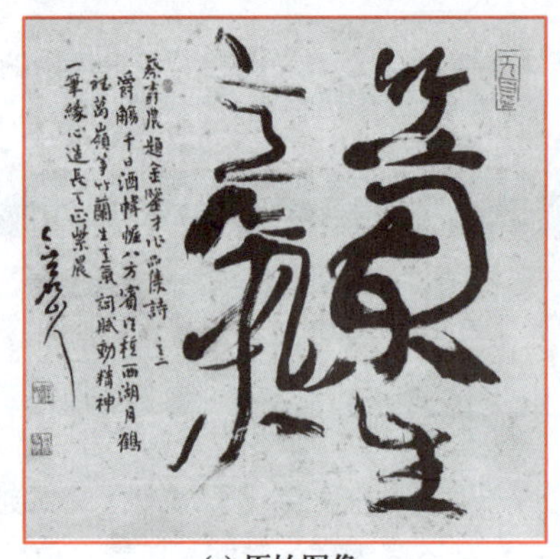

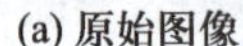

(a) 原始图像

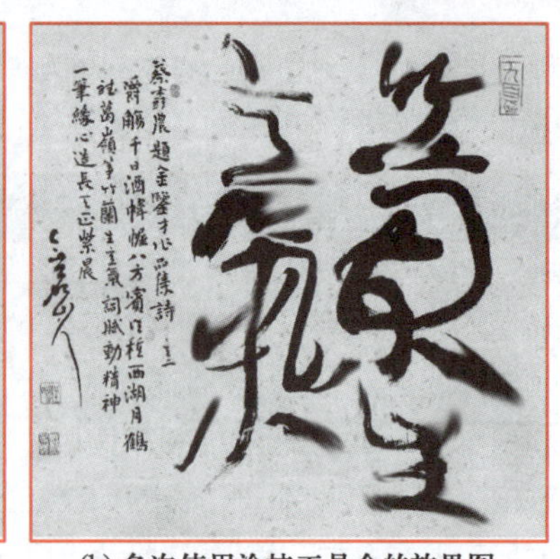

(b) 多次使用涂抹工具合的效果图

图 2-56
涂抹工具的使用

微课 2-14
减淡工具组

2.3.4　减淡工具组

减淡工具组包括减淡工具、加深工具和海绵工具，分别用于将画面局部变亮、变暗及调整色彩饱和度。

1. 减淡工具

减淡工具主要用于改变图像部分区域的曝光度，使图像变亮，效果如图 2-57 所示。

(a) 原始图像

(b) 多次使用减淡工具后的效果图

图 2-57
减淡工具的使用

2. 加深工具

加深工具主要用于改变图像部分区域的曝光度，使图像变暗，如图 2-58 所示。

(a) 原始图像

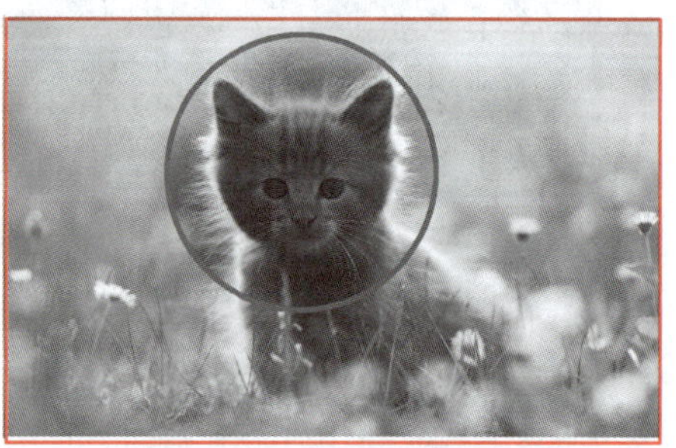

(b) 多次使用加深工具后的效果图

图 2-58
加深工具的使用

3. 海绵工具

海绵工具可以精确地改变图像局部的色彩饱和度。“海绵工具”选项栏如图 2-59 所示。

图 2-59
“海绵工具”选项栏

模式：可以减少或增加图像的饱和度。如果“模式”设置为“去色”，可以减少图像的饱和度，甚至使图像变成灰色。如果“模式”设置为“加色”，可以增加颜色的饱和度。

2.4 修复图像工具

2.4.1 仿制图章工具

仿制图章工具用于准确复制图像的一部分或全部，从而产生某部分或全部的副本，它是修补图像时常用的工具。例如，若原始图像有折痕，可用该工具选择折痕附近颜色相近的像素点来进行修复。

微课 2-15
使用仿制图章与图案图章工具

仿制图章工具的使用方法：将鼠标指针移到想要复制的图像上，如图 2-60（a）所示，按住<Alt>键，选中复制起点，起点处指针为十字形⊕，然后松开<Alt>键。这时就可以拖动鼠标，在图像的任意位置开始复制，十字指针表示复制时的取样点。仿制图章工具的使用效果如图 2-60（b）所示。

(a) 原始图像

(b) 仿制效果

图 2-60
仿制图章工具的使用

2.4.2 图案图章工具

图案图章工具可以快速实现图案的填充与复制效果。

图案图章工具的使用方法：首先要定义图案，如在图 2-61 中使用矩形选框工具选择一朵祥云，然后执行“编辑”→“定义图案”菜单命令，弹出“图案名称”对话框，将图案命名为“金色祥云”，如图 2-62 所示，按<Enter>键确认，即可完成图案图章的定义。

新建一个文档，然后选择图案图章工具，在“图案图章工具”选项栏中选择刚创建的“金色祥云”图案，如图 2-63 所示。

图 2-61
选择需要定义为图章的图案

图 2-62
定义图案图章名称

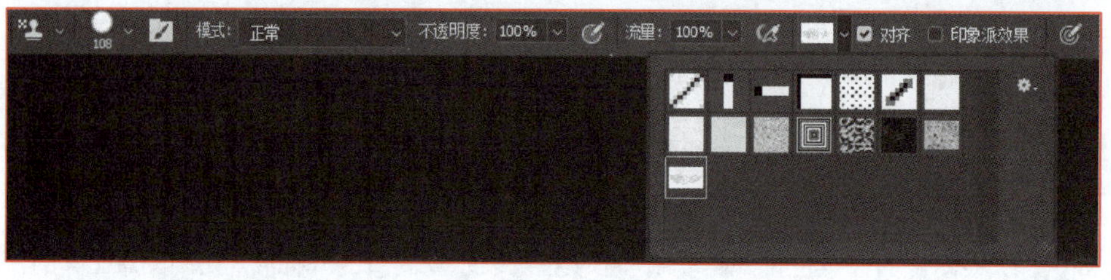

图 2-63
选择所需的图案图章

最后，在文档中拖动鼠标左键即可将图案图章平铺整个文档，如图 2-64 所示。

图 2-64
图案图章工具绘制后的效果

微课 2-16
使用修复图像工具

2.4.3　修复画笔工具

修复画笔工具主要用于对具有污点、划痕、皱纹等的图像进行修复，该工具能够根据要修改点周围的像素及色彩进行完美的修复，而且不留痕迹。“修复画笔工具”选项栏，如图 2-65 所示。

图 2-65
“修复画笔工具”选项栏

- 取样：表示用取样区域的图像修复需要改变的区域。
- 图案：表示用图案修复需要改变的区域。

修复画笔工具的使用方法：将鼠标指针移到想要复制的图像上，按住<Alt>键，选中取样点如图 2-66（a）所示，然后释放<Alt>键，并将指针放置在复制图像的目标区域。按住鼠标左键拖动此工具，即可修改此区域，如图 2-66（b）所示。

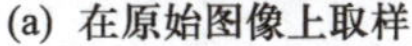

(a) 在原始图像上取样

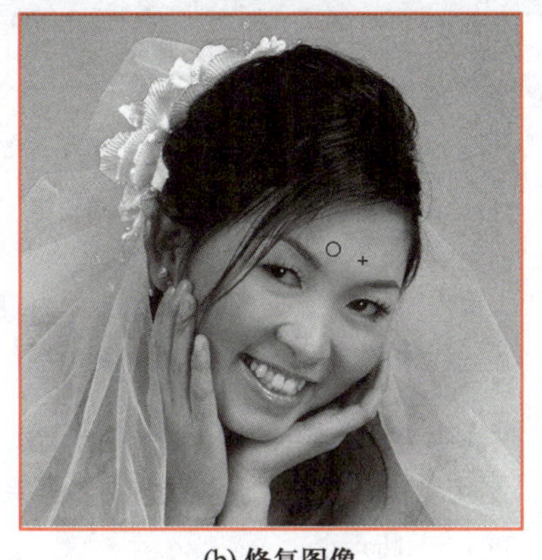

(b) 修复图像

图 2-66
修复画笔工具使用

修复画笔工具在修复过程中有一个运算的过程，在涂抹过程中它会将取样处的图像与目标位置的背景相融合，自动适应周围环境。而仿制图章工具是无损仿制，取样图像是什么样，仿制到目标位置时还是什么样。这两个工具使用时都要细心、耐心，操作过程中注意：一是要选好取样点，在涂抹过程中要边观察边涂抹，同时在涂抹过程中注意纹理走向、明暗过渡等，选取相适应的取样点。在修复某个图像时究竟使用哪个工具，要视具体情况而定，总之，修复画笔工具涂抹后会融到背景中，而仿制工具涂抹后效果比较清晰，不会和背景融合。

> **技巧：** 修复之前先建一个新层，选中“所有图层”选项，在新层中对图像进行修复，这样可以保护图像，便于以后的编辑和修改。

2.4.4 污点修复画笔工具

污点修复画笔工具主要用于除去图像中的杂色或者斑点。功能与修复画笔工具相似，使用方法比修复画笔工具更简单。使用该工具时，不需要取样，只需要在图像中有需要的位置单击即可除掉此处的杂色或者污斑。“污点修复画笔工具”选项栏如图 2-67 所示。

82 模式: 正常 类型: 内容识别 创建纹理 近似匹配 对所有图层取样

图 2-67
“污点修复画笔工具”
选项栏

污点修复画笔工具的作用是针对小面积或小范围的污点修复，如痘痘就可以用该工具进行完美的修复。以图 2-66（a）为例，人物脸上的小痘痘，使用污点修复画笔工具，鼠标右键调节画笔大小，单击人物脸上的“痘痘”即可将其清除，效果如图 2-66（b）所示。

2.4.5 修补工具

修补工具也主要用于恢复图像中不满意的区域，与修复画笔工具相似，不同之处

在于，修复画笔工具着眼于具体点的处理，而修补工具着眼于面的处理，能够修补较大面积的区域。“修补工具”选项栏如图 2-68 所示。

图 2-68
“修补工具”选项栏

- 源：默认选中“源”单选按钮，表示拖动选区并释放鼠标后，选区内的图像将被选区释放时所在的区域所代替。
- 目标：选中“目标”单选按钮，表示拖动选区并释放鼠标后，选区内的图像将替换目标区域的图像。
- 透明：勾选“透明”复选框，被修饰的图像区域内的图像将呈现为半透明效果。

修补工具的具体使用方法：在图 2-69（a）中，对鼠标指针所在位置中的“热气球”，使用修补工具，鼠标右键调节画笔大小，单击“热气球”即可将其清除，效果如图 2-69（b）所示。

(a) 选择需要修补的区域

(b) 拖动选区后的效果

图 2-69
修补工具的使用

2.4.6　内容感知移动工具

内容感知移动工具可以在不需要精确选择选区的情况下，将图像中某个区域的像素移动或复制到另一个区域，使整个画面重构，让重构后的画面在视觉上几乎没有违和感。“内容感知移动工具”选项栏如图 2-70 所示。

图 2-70
“内容感知移动工具”选项栏

内容感知移动工具的模式包括“移动”或“扩展”。“移动”是将选择后的像素区域移动到另一个位置，“扩展”是将选择后的像素区域复制一份到另一个位置。

内容感知移动工具的使用方法：当选项栏中的“模式”为“移动”时，以图 2-71（a）中的“露珠”为例，在目标区域绘制“露珠”选区，然后将鼠标指针放置在选区上，按住鼠标左键进行移动，此时会将选中的区域移动到另一边，并和周围的图像融为一体，如图 2-71（b）所示。如果选项栏中的“模式”为“扩展”时，在目标区域绘制选区，然后将指针放置在选区中，按住鼠标左键进行移动，此时会将选中的区域复制一份到另一边，如图 2-71（c）所示。

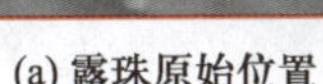

(a) 露珠原始位置

(b) 移动模式

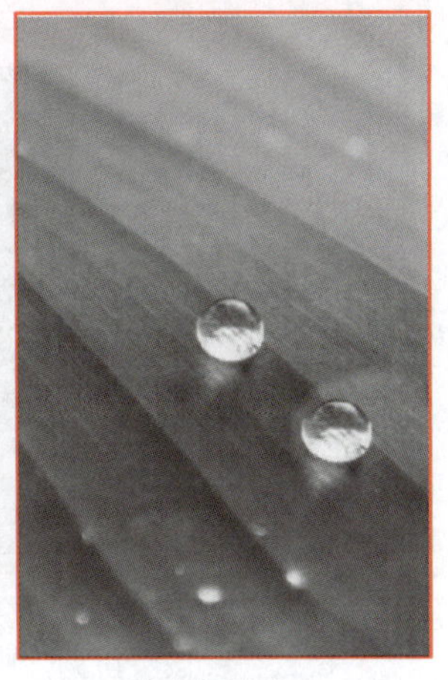

(c) 扩展模式

图 2-71
内容感知移动工具的使用

2.5 填充与描边图像

2.5.1 填充图像

通常的填充图像包括颜色填充与图案填充。

填充颜色时经常使用快捷键来完成，填充前景色的快捷键为<Alt+Delete>，填充背景色的快捷键为<Ctrl+Delete>。

微课 2-17
填充与描边图像

如果要进行复杂的图案填充，则需要执行“编辑”→“填充”菜单命令（或按快捷键<Shift+F5>），调出“填充”对话框，默认为“前景色”填充，如图 2-72 所示。如果要修改填充内容，在“内容”下拉列表框中可以选择不同的填充内容，如前景色、背景色、颜色、内容识别、图案、历史记录、黑色、50%灰色、白色等。如果要填充图案，可选择“图案”选项，如图 2-73 所示，然后选择所需的图案即可完成图案填充。

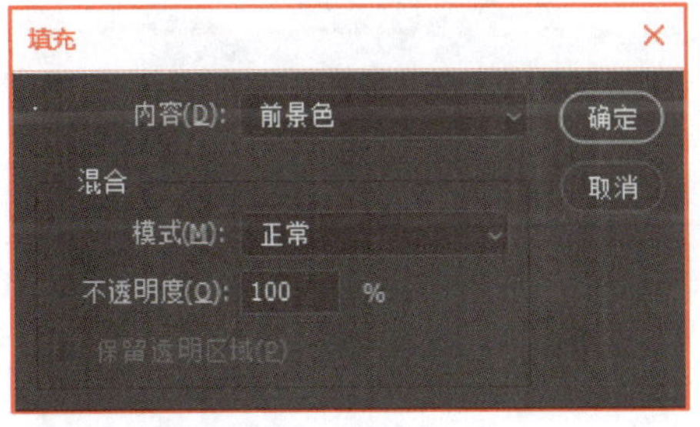

图 2-72
“填充”对话框

前景色
背景色
颜色...
内容识别
图案
历史记录
黑色
50% 灰色
白色

图 2-73
“内容”下拉列表框

2.5.2 描边图像

在选区状态下，执行“编辑”→“描边”菜单命令，可调出“描边”对话框，如图 2-74 所示。

- 宽度：用于设置描边的宽度，数值越大，线条越宽。
- 颜色：单击该色块，可以弹出“拾色器”对话框，选择合适的颜色。
- 位置：设置描边的线条在选区的内部、居中或居外。

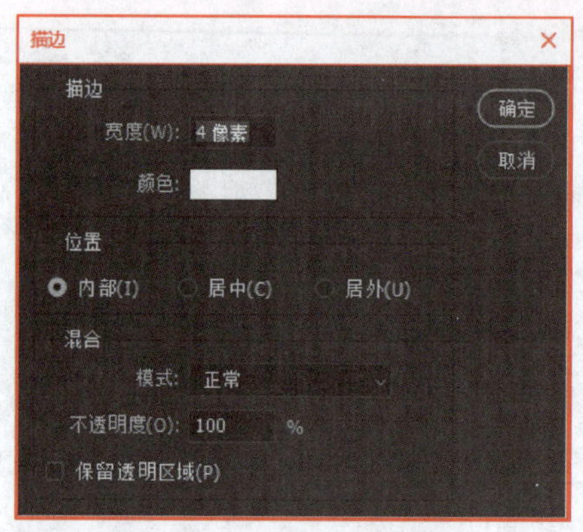

图 2-74
"描边"对话框

- 模式：在该下拉列表中可以选择所填充的图像与下层图像之间的混合方法。
- 不透明度：描边边框的透明程度。
- 保留透明区域：如果当前描边区域内存在透明区域，那么选中该复选框后，将不对透明区域进行描边。

使用 Photoshop 软件打开素材文件"中国梦.psd"，按住<Ctrl>键单击"梦"图层，"梦"字被选择，如图 2-75 所示，执行"编辑"→"描边"菜单命令，可调出"描边"对话框，设置宽度为"4 像素"、颜色为"红色"、位置为"居外"，单击"确定"按钮，效果如图 2-76 所示。

图 2-75
选择需描边选区

图 2-76
描边效果

微课 2-18
文字工具组

2.6　文字工具组

2.6.1　认识文字工具

文字工具组主要包括横排文字工具和竖排文字工具，它们分别可以输入横排的文字和竖排的文字，这里选择横排文字工具介绍其使用方法。两种文字工具选项栏中的选项都是相同的，如图 2-77 所示。

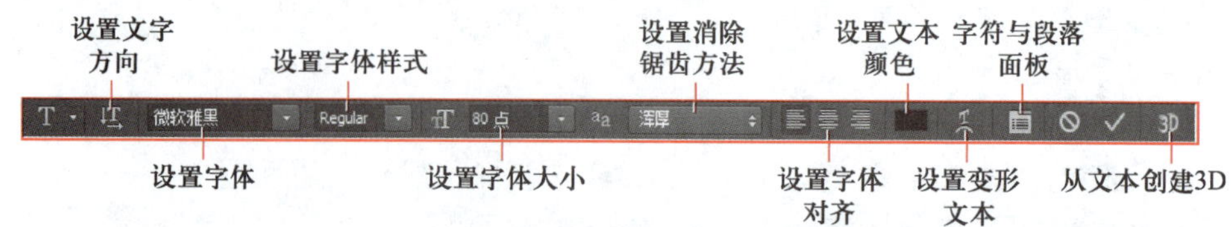

图 2-77
文字工具选项栏

直排文字的输入方法：选择文字工具，单击画面中的合适位置，直接输入文字即可。段落文本是一类以段落文字边框来确定文字的位置与换行的文字，边框中的文字会自动换行。单击文字工具，在页面中拖动鼠标，可以创建一个文本框。文本框四周有 8 个控制点，可以缩放文本框，但不影响其中的各项设定，创建文本框后，可在其中输入段落文字，效果如图 2-78 所示。

(a) 输入段落文字

(b) 调整后效果

图 2-78
段落文字输入

2.6.2　格式化文字

文字的字体是否得当，字号是否合适，段落排列是否整齐、美观，将直接影响整个作品的效果。如果对输入的文字字体、段落等方式不满意，可单击选项栏中最后一个选项进行细微调整。当单击最后一个选项时，会弹出“字符”与“段落”面板，如图 2-79 所示。

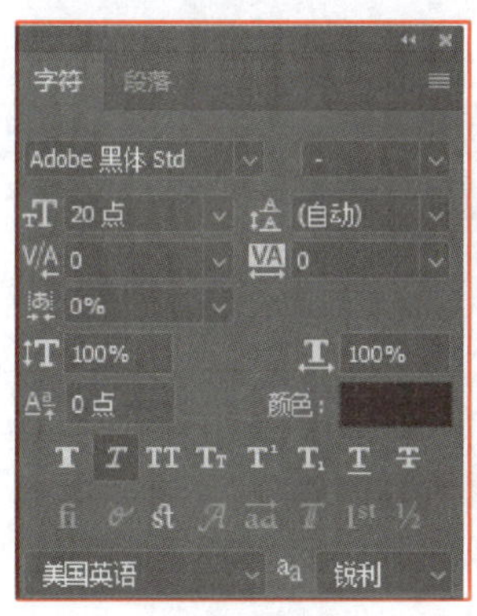

(a) “字符”面板

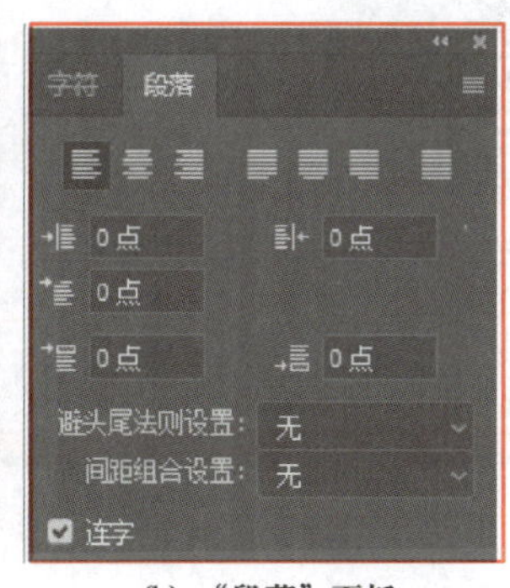

(b) “段落”面板

图 2-79
文字调整面板

在“字符”面板中除了设置文字的字体、大小、颜色、消除锯齿等基本选项外，还可以设置行距、水平比例、垂直比例等选项。

- 设置行距：行距指两行文字基线之间的距离。在数值框中输入数值或在下拉列表中选择一个数值，可以设置行距，数值越大，行距越大。
- 垂直缩放和水平缩放：在数值框中输入百分比，可分别调整文字在垂直方向和水平方向的放大比例。
- 设置所选字符比例间距：按指定的百分比值减少字符周围的空间。当向字符添加比例间距时，字符两侧的间距按相同的百分比减少，字符本身不会被伸展或挤压。
- 设置两个字符间的字距微调：用于控制所选文字的间距，数值越大，间距越大。

- 设置基线偏移 ：控制文字与文字基线之间的距离，正数为向上移，负数为往下移。在基线偏移的下方为文字的加粗、倾斜、全部大写、全部小写、上标、下标等基本设置。

在“段落”面板中可设置段落中文本的对齐方式，左缩进、右缩进及首行缩进的大小等。另外，还有段前添加空格、段后添加空格等方面的设置。

- 段前添加空格 和段后添加空格 ：用于设置当前段落与上一段落或下一段落之间的垂直间距。
- 避头尾法则设置：确定日文文字中的换行。不能出现在一行的开头或结尾的字符称为避头尾字符。
- 间距组合设置：确定日文文字中标点、符号、数字及其他字符类别之间的间距。
- 连字：设置手动和自动断字，仅适用于 Roman 字符。

2.6.3　创建 3D 文字效果

图 2-77 所示文字工具选项栏中最后一个选项为“从文本创建 3D”选项，在原有文字基础上可以借助该选项直接创建文字的 3D 效果。

在图 2-80 中输入文本“大展宏图”，单击“从文本创建 3D”选项 ，弹出“您即将创建一个 3D 图层。是否要切换到 3D 工作区”提示窗口，如图 2-81 所示，单击“是”按钮即可进入 3D 工作区，如图 2-82 所示，调节参数后即可实现 3D 模型，3D 文字效果如图 2-83 所示。

图 2-80
输入“大展宏图”文本

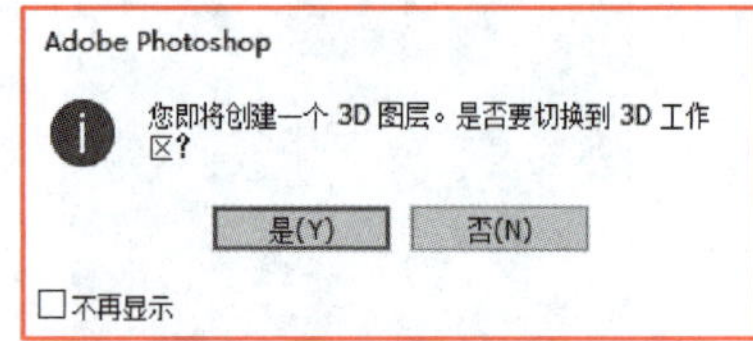

图 2-81
切换 3D 工作区

图 2-82
在 3D 工作区
编辑 3D 文字

图 2-83
3D 文字效果

2.7 调整变换图像

2.7.1 图像的基本变换

微课 2-19
调整变换图像

图像处理时，可以对图像、选区、选区中的图像，还包括路径进行变换操作。变换操作具体包括缩放、旋转、斜切、扭曲、透视、变形、精准变换、再次变换、翻转操作、操控变形等。

下面以图像变换为例，讲解变换对象的操作方法。

使用 Photoshop 软件打开“和美.psd”素材，选择“荷花”图层，执行“编辑”→“自由变换”菜单命令（或按快捷键<Ctrl+T>），即可调出变换控制框。把鼠标指针放置在变换控制框内部，右击可以调出其他变换命令，如图 2-84 所示。变换控制框周围的 8 个点为控制手柄，按住鼠标左键拖动这些控制手柄，可以得到多种变换和扭曲的效果。变换控制框中的中心点为变换中心点，按住鼠标左键拖动变换中心点的位置，可以根据需要进行调整。

- 缩放：用于变换图像大小，拖动 4 个角上的控制手柄可以等比例缩放图像，直接拖动中间的 4 个控制手柄可以实现以对边为基础的等比例缩放。按住<Shift>键拖动，可以实现任意比例缩放。按住<Alt>键拖动 8 个控制手柄，可以变换中心点为中心放大或缩小图像。
- 旋转：用于旋转图像，拖动 4 个角上的控制手柄可以实现图像的旋转。
- 斜切：基于变换控制中心点，在水平方向和垂直方向进行变形。快捷键为<Ctrl+Shift+鼠标拖动>，主要拖动中间的 4 个控制手柄。
- 扭曲：可以对图像进行任何角度的变形，快捷键为<Ctrl+鼠标拖动>，拖动 8 个控制手柄可以实现不同需求的扭曲。
- 透视：可以对图像进行“梯形”或“顶端对齐三角形”的变化。
- 变形：把图像边缘变为路径，对图像进行调整。矩形空白点为锚点，实心圆点为控制手柄，通过描点和控制柄可以完成对图像的变形，变形过程如图 2-85 所示。

图 2-84
调出变换控制框及变换命令

图 2-85
使用变形命令后的效果

此外，还可以完成对选取对象的旋转 180 度、顺时针旋转 90 度、逆时针旋转 90 度、水平翻转和垂直翻转等。

2.7.2　图像的精确变换

实现图像的精确变换主要借助于“变换工具”选项栏，如图 2-86 所示，主要通过其中的各个参数实现精确变换。

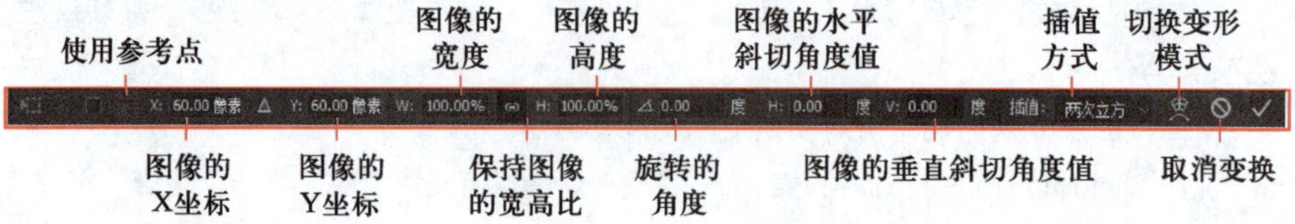

使用参考点　图像的宽度　图像的高度　图像的水平斜切角度值　插值方式　切换变形模式

X: 60.00 像素　Y: 60.00 像素　W: 100.00%　H: 100.00%　0.00 度　H: 0.00 度　V: 0.00 度　插值: 两次立方

图像的X坐标　图像的Y坐标　保持图像的宽高比　旋转的角度　图像的垂直斜切角度值　取消变换

图 2-86
“变换工具”选项栏

2.7.3　再次变换

如果需要对元素进行两次同样的变换，则可以使用再次变换。通常，使用快捷键来复制和自由变换图像。

- 自由变换：使用快捷键<Ctrl+T>对图像进行缩放和旋转。
- 复制并变换：使用快捷键<Ctrl+Alt+T>实现。
- 复制并再次变换：使用快捷键<Ctrl+Alt+Shift+T>实现。
- 任意比例缩放：使用快捷键<Shift+鼠标拖动>实现。
- 中心等比例缩放：使用快捷键<Alt +鼠标拖动>实现。

注意：

以上命令适用于在同一幅图像中，重复使用率较高的图像元素，且该图像元素使用的图像调整及变形命令一致。

下面举例演示重复再次变换的使用方法。

① 打开 Photoshop 软件，执行“文件”→“新建”菜单命令，创建一个宽为 800 像素、高为 800 像素、分辨率为 72 像素/英寸的文档，将文件保存为“图像变换图案.psd”。

② 执行“视图”→“新建参考线”菜单命令，弹出“新建参考线”对话框，设置水平参考线的位置为 400 像素，使用同样方法新建垂直参考线，位置为 400 像素。使用渐变工具，设置前景色为浅黄色（#fee77c）、背景色为绿色（#4fa410），运用“径向渐变”方式，将背景绘制为如图 2-87 所示的效果。

③ 新建一个图层，选择椭圆选框工具，鼠标指针置于两条辅助线交会的位置（图像中心），按<Alt>键，绘制一个椭圆形选区，如图 2-88 所示。

④ 执行“编辑”→“描边”菜单命令，弹出“描边”对话框，设置描边宽度为“4 像素”、颜色为白色、位置为“内部”，如图 2-89 所示，单击“确定”按钮，效果如图 2-90 所示。

⑤ 执行“图层”→“复制”菜单命令，复制新的图层。

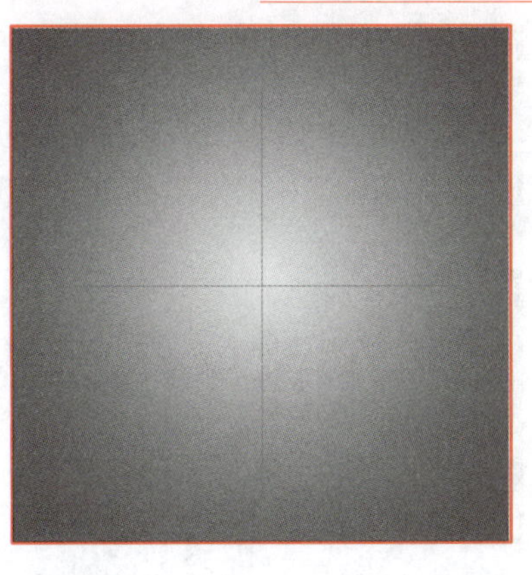

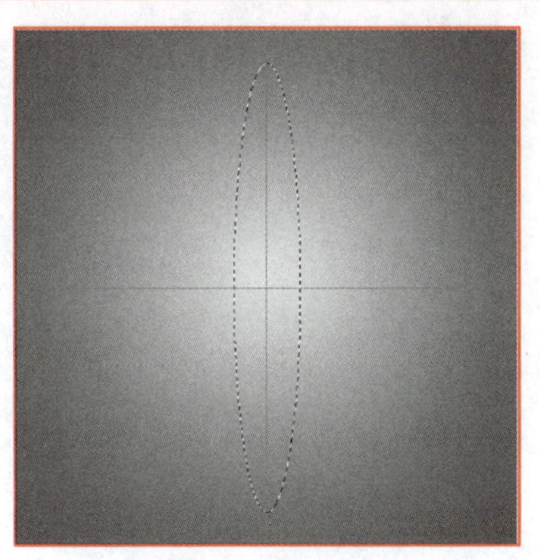

图 2-87
设置渐变背景色

图 2-88
选择椭圆形选区

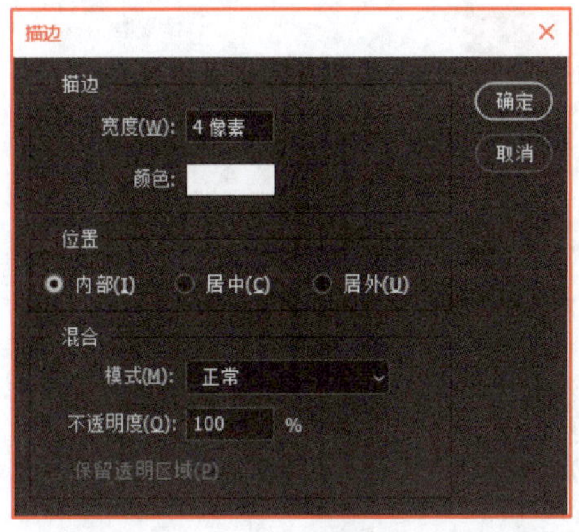

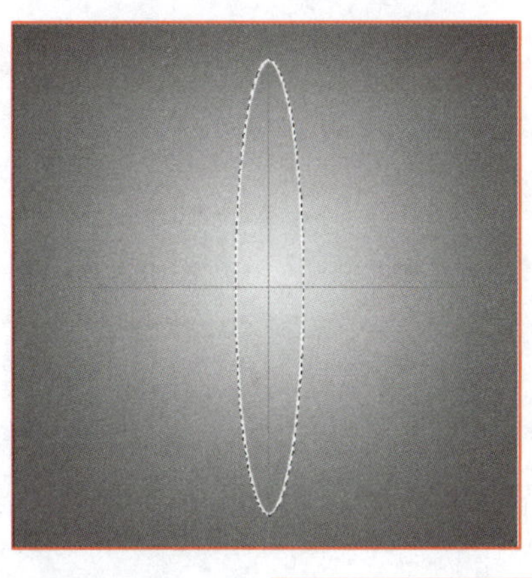

图 2-89
设置渐变背景色

图 2-90
描边选区后的效果

⑥ 执行“编辑”→“变换”→“自由变换”菜单命令（或按快捷键<Ctrl+T>），调出变换控制框，如图 2-91 所示。如果设置旋转角度为 10 度，效果如图 2-92 所示。

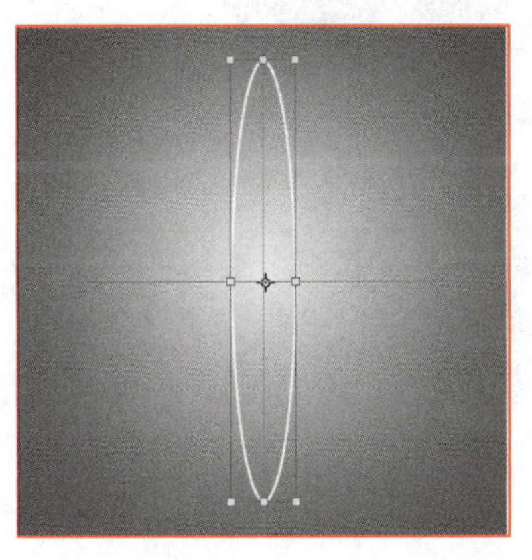

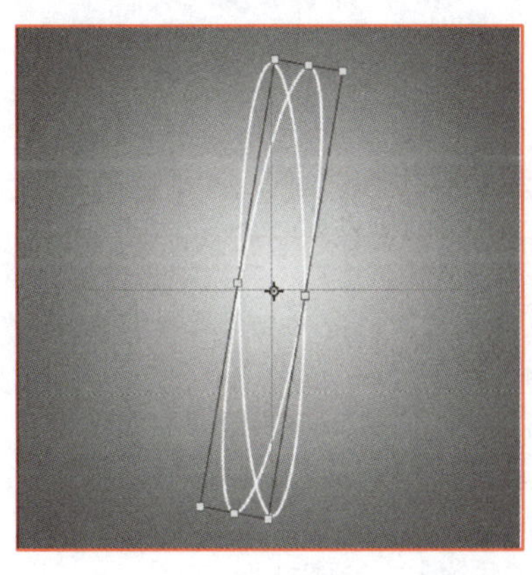

图 2-91
调出变换控制框

图 2-92
旋转图形

⑦ 使用复制并再次变换，按快捷键<Ctrl+Alt+Shift+T>实现图案的连续复制，最终效果如图 2-93 所示。如果在第 6 步中，再设置图像高度和图像宽度缩小比例为 95%，则会实现图像边缩小边旋转的效果，如图 2-94 所示。

图 2-93
变换后的图案效果

图 2-94
调整参数后的变换效果

2.8　综合案例：动物保护杂志书页设计

2.8.1　效果展示

本案例完成动物保护杂志宣传页设计，效果如图 2-95 所示。

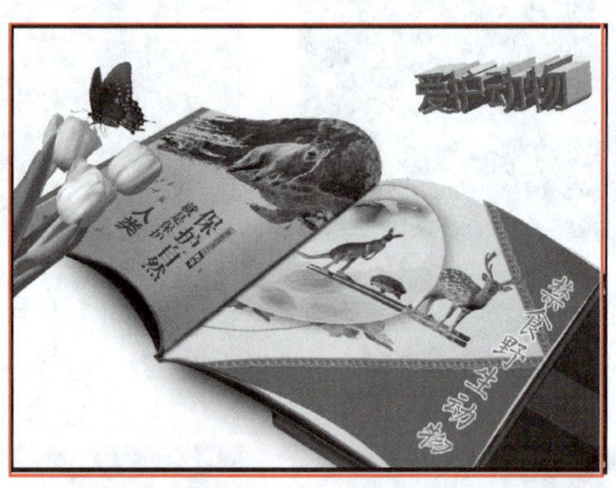

图 2-95
动物保护杂志书页设计效果

素养小贴士　了解《中华人民共和国野生动物保护法》

《中华人民共和国野生动物保护法》是为了保护野生动物，拯救珍贵、濒危野生动物，维护生物多样性和生态平衡，推进生态文明建设，促进人与自然和谐共生，制定的法规。该法由中华人民共和国第十三届全国人民代表大会常务委员会第三十八次会议于 2022 年 12 月 30 日修订通过，自 2023 年 5 月 1 日起施行。

2.8.2　实现过程

微课 2-20
动物保护杂志内页展示效果制作

具体的实施步骤如下。

① 在 Photoshop 中打开“杂志素材.jpg”图片，双击“图层”面板中的“背景”图层，在弹出的“新建图层”对话框中单击“确定”按钮，将素材的背景图层转换为普通图层。使用裁剪工具对杂志素材进行裁剪，把边缘的白边裁掉。执行“文件”→“另存为”菜单命令，将文件命名为“动物保护杂志书页设计.psd”。

② 执行“文件”→“置入嵌入对象”菜单命令，将“保护羚牛”图片置入画布中，

在“图层”面板中右击“保护羚牛”图层，在弹出的快捷菜单中选择“栅格化图层”命令，将该图层转换为普通图层。

③ 使用移动工具，单击“保护羚牛”图层，执行“编辑”→“自由变换”菜单命令，对图像角度进行调整，使之与书页的角度一致，拖动边框上的正方形框以调整其大小，使其覆盖左侧书页，效果如图 2–96 所示。

④ 单击选项栏右侧的“在自由变换和变形模式下切换”按钮，或者执行“编辑”→“变换”→“变形”菜单命令，还可以选择右键快捷菜单中的“变形”命令，使图像处于变形模式，以对图像进行形状调整。使用移动工具，移动图像的 4 个角以及每个角上的手柄，以调整图像的形状，使形状大致符合画册整体页面的形状，如图 2–97 所示，双击图片确认该次操作。

图 2–96
保护羚牛素材自由变换后效果

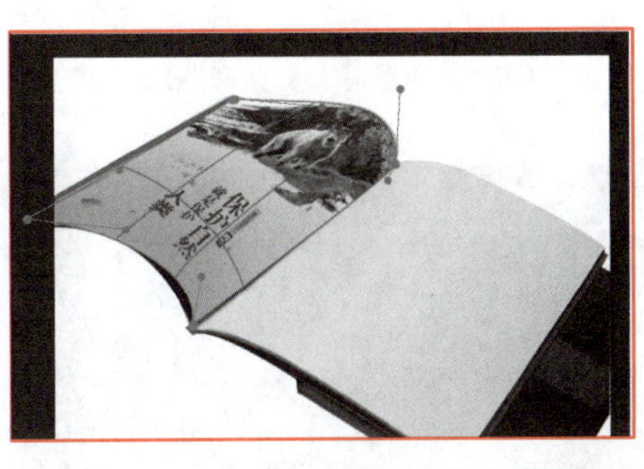

图 2–97
保护羚牛素材变形后效果

⑤ 执行“文件”→“置入嵌入对象”菜单命令，选择素材文件夹中的图片“禁食野生动物.jpg”，如图 2–98 所示，使用第 4 步同样的方法实现同样的效果，如图 2–99 所示。

图 2–98
嵌入“禁食野生动物”素材效果

图 2–99
“禁食野生动物”素材变形后效果

⑥ 单击“图层”面板中的“保护羚牛”和“禁食野生动物”两个图层前面的指示图层可见性图标，使之消失，让两个素材隐藏起来，并单击书页所在的图层，使之处于蓝色的选中状态。

⑦ 选择工具栏中的磁性套索工具，设置羽化效果为 0 像素，沿着书页的形状建立闭合选区，如图 2–100 所示，闭合后的选区效果如图 2–101 所示。

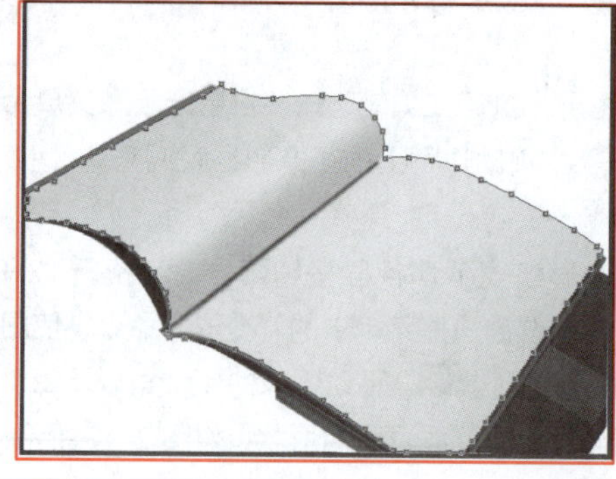

图 2-100
磁性套索工具建立的描点

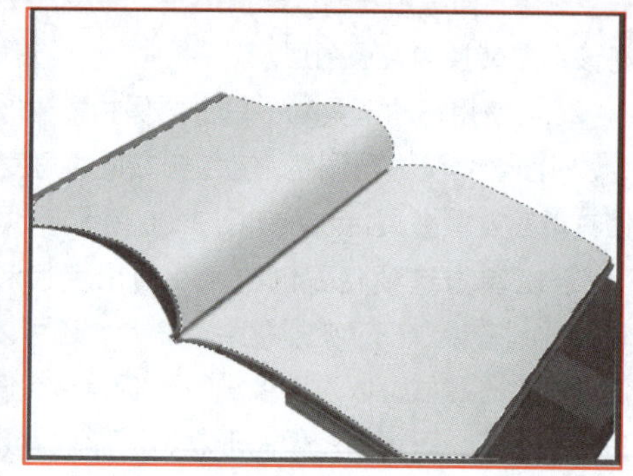

图 2-101
建立的选区效果

⑧ 单击"图层"面板中的"保护羚牛"图层前面的指示图层可见性图标，使之显示出来，并单击该图层，使之处于深灰色的选中状态，如图 2-102 所示。

⑨ 执行"选择"→"反选"菜单命令，对书页素材图层进行反选，并按<Delete>键将选区内的图像删除，效果如图 2-103 所示。

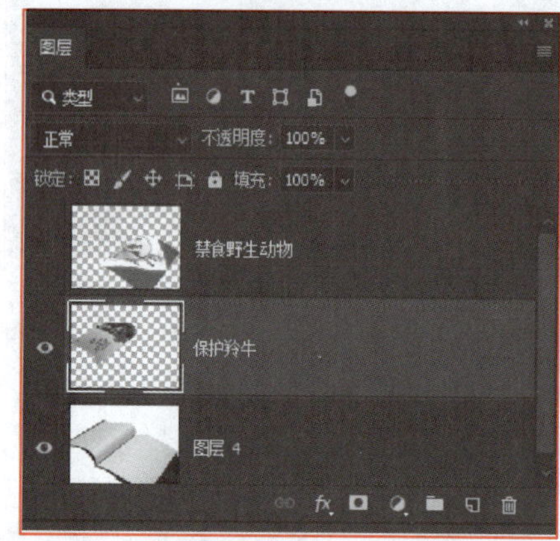

图 2-102
选中并显示"保护羚牛"图层

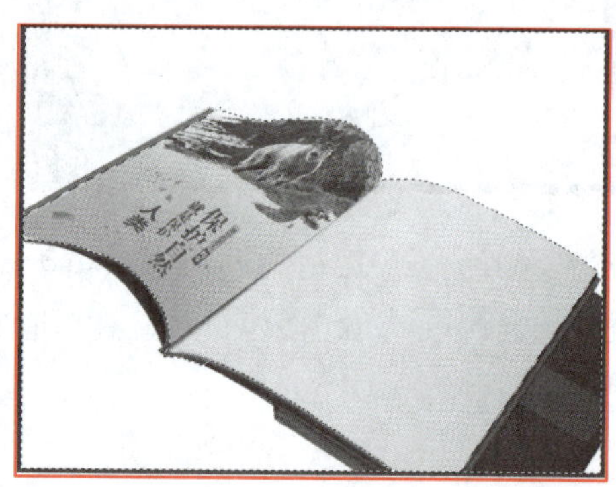

图 2-103
反选并删除后的效果

⑩ 采用同样的方法，选中并显示"禁食野生动物"图层，按<Delete>键将选区内的图像删除，按快捷键<Ctrl+D>取消选区。分别选择"保护羚牛"和"禁食野生动物"两个图层，在"图层"面板中设置"图层混合模式"为"正片叠底"，如图 2-104 所示，使图像与背景图层的书页混合在一起，效果如图 2-105 所示。

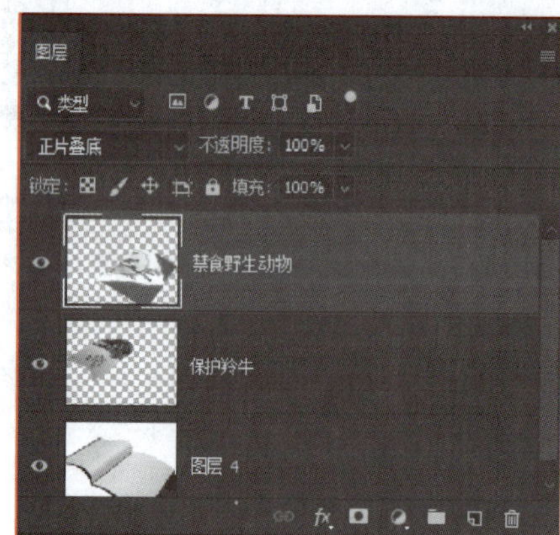

图 2-104
分别设置"图层混合模式"为"正片叠底"

图 2-105
设置正片叠底后的效果

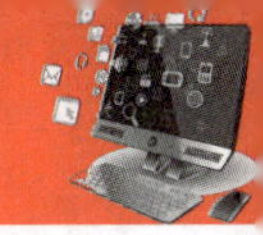

⑪ 需要加一些装饰以起到更好的宣传效果。在 Photoshop 中打开“郁金香”素材文件，使用魔棒工具选择花的背景部分，执行“选择”→“反选”菜单命令（或按快捷键<Ctrl+Shift+I>）反选选中花素材，并拖动到本案例文件中。利用自由变换工具调整其大小，将其摆放到合适位置，效果如图 2-106 所示。

⑫ 在 Photoshop 中打开“蝴蝶”素材文件，使用多边形套索工具选择蝴蝶，并将其拖动到本案例文件中。利用自由变换工具调整其大小，将其摆放到合适位置，效果如图 2-107 所示。

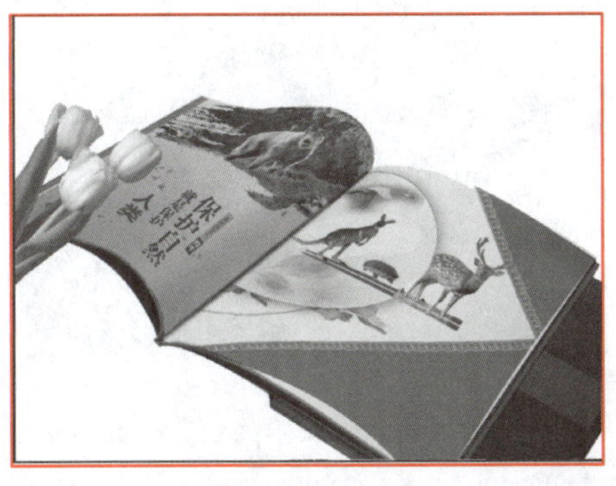

图 2-106
插入郁金香后效果

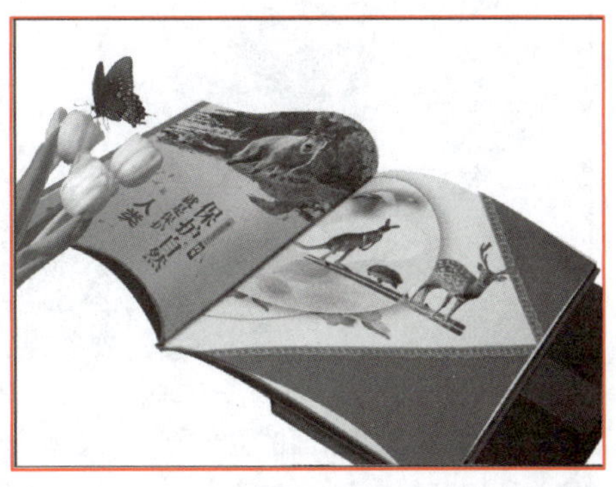

图 2-107
插入蝴蝶后的效果

⑬ 在 Photoshop 中打开“文字”素材，双击文字所在的图层，并确定将其转换为普通图层。执行“选择”→“色彩范围”菜单命令，在弹出的“色彩范围”对话框中设置“颜色容差”为 60，并用吸管工具吸取画布中的白色，如图 2-108 所示，让文字能够被更加精确的选择，单击“确定”按钮后会发现画布中的白色全部被选中并建立了选区，经放大后检查，文字的边缘选择比较精确，效果如图 2-109 所示。

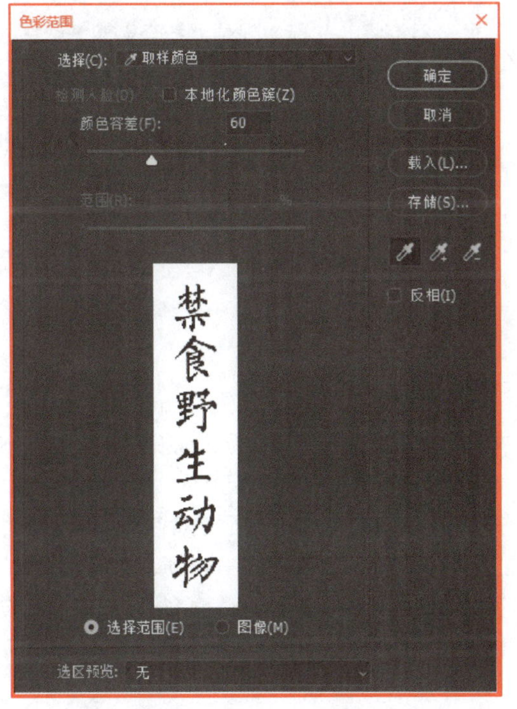

图 2-108
“色彩范围”对话框

图 2-109
文字文件建立选区

⑭ 执行“选择”→“反选”菜单命令（或按快捷键<Ctrl+Shift+I>），在文字周围建立选区，使用移动工具，单击文字并拖动到本案例文件中，使用自由变换工具旋转并调整其角度，并把其放到宣传页的右下角位置，效果如图 2-110 所示。

⑮ 执行“编辑”→“描边”菜单命令，设置描边宽度为“2 像素”、颜色为“白色”、位置为“居外”，单击“确定”按钮，效果如图 2-111 所示。

图 2-110
添加文字后的效果

图 2-111
文字描边的效果

⑯ 为了增加画面的立体感，设置前景色为黑色，在底层新建一个图层，命名为“阴影”，使用画笔工具，选择“柔边缘”画笔，画笔大小为“150 像素”，为书页绘制阴影效果。同时，创建 3D 文字效果，制作淡绿色“爱护动物”文字效果，最终效果如图 2-95 所示。

任务实施：“诚信”公益海报的制作

微课 2-21
“诚信”公益海报的制作

1. 任务分析

本任务设计制作关于“诚信”的公益海报，从而实现传播社会文明、弘扬道德风尚的作用，这里可以设计为浅咖啡色调，借助中国的传统元素“鼎”“山”来展示处事真诚、讲信誉的道德风尚。

2. 技能要点

核心技能要点：参考线、渐变工具、矩形工具、横排文字工具、直线工具、椭圆工具等。

3. 实现过程

本案例操作步骤如下。

① 打开 Photoshop，执行“文件”→“新建”菜单命令（或按快捷键<Ctrl+N>），创建一个宽为 800 像素、高为 600 像素、分辨率为 150 像素/英寸的文档。

② 单击渐变工具，设置渐变颜色为白色（#ffffff）到浅黄色（#fff0c8），并选择渐变方式为径向渐变，对背景图层进行径向填充，效果如图 2-112 所示。

③ 执行“文件”→“打开”菜单命令，打开“长城.jpg”素材图片，使用移动工具将其拖到画布中，然后将其放大并放置到画布中合适的位置，效果如图 2-113 所示。

图 2-112
背景图层填充效果图

图 2-113
将长城素材拖入画布中

④ 为了使"长城"图片和背景图片更好地融合，选择工具箱中的橡皮擦工具，选择"画笔"模式，在文档中右击，在"画笔预设"画板中设置"柔边圆"预设画笔，"大小"为 160 像素，如图 2-114 所示，将"长城"素材上方不需要的部分擦除，同时使用海绵工具修改图像的色彩饱和度，效果如图 2-115 所示。

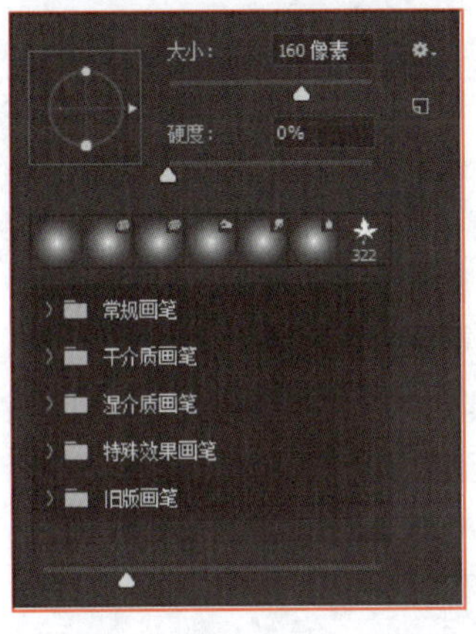

图 2-114
"画笔预设"面板

图 2-115
擦除长城边缘的效果

⑤ 执行"文件"→"置入嵌入对象"菜单命令，将"书法.psd"图片置入画布中，并移至合适位置，调整大小，如图 2-116 所示。再次使用橡皮擦工具，选择"画笔"模式，在文档中右击，选择"柔边圆"预设画笔，设置"大小"为 500 像素、不透明度为 50%，擦除部分书法后，效果如图 2-117 所示。

图 2-116
添加书法

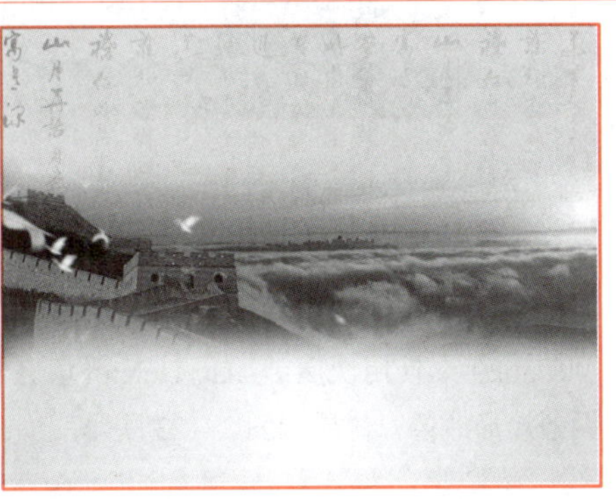

图 2-117
擦除部分书法
后的透明效果

⑥ 执行“文件”→“打开”菜单命令，在弹出的对话框中找到“房檐.psd”“青铜器.psd”图片，使用移动工具将房檐、青铜器文件都拖到画布中，执行“编辑”→“自由变换”菜单命令（或按快捷键<Ctrl+T>），将其缩小并放置到画布中合适的位置，如图 2-118 所示。

⑦ 在 Photoshop 中打开“红丝带.jpg”素材，由于红丝带整体效果比较暗，选择工具箱中的减淡工具，设置画笔大小为 180、曝光度为 50%，涂抹红丝带，增加其亮度，效果如图 2-119 所示。

图 2-118
添加房檐与鼎的效果

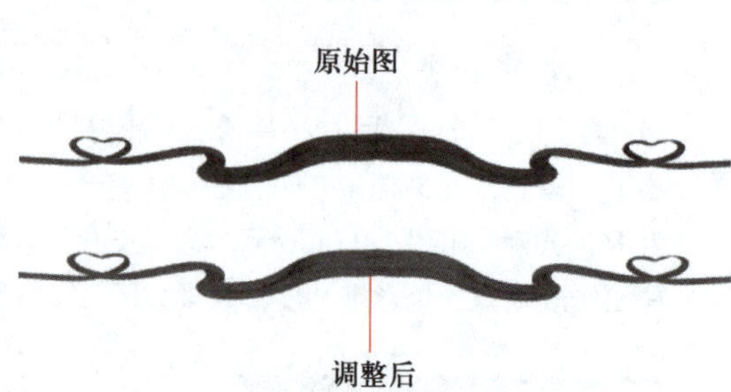

图 2-119
调整红丝带后的效果

⑧ 单击魔棒工具，将其选项栏中的“容差”值设置为 20，单击白色背景区域，执行“选择”→“反选”菜单命令（或按快捷键<Ctrl+Shift+I>）选中红丝带。使用移动工具将红丝带拖到画布中，然后将其缩小并放置到画布中合适的位置，如图 2-120 所示。

⑨ 按住<Ctrl>键，在“青铜器”图层上单击，将青铜器载入选区，切换到“红丝带”图层，删除多余的红丝带，选择工具箱中的橡皮擦工具，在文档中右击，选择“硬边圆”预设画笔，然后删除部分红丝带，效果如图 2-121 所示。

图 2-120
移动红丝带后的效果

图 2-121
删除部分红丝带的效果

⑩ 打开“龙纹.psd”素材，使用移动工具将龙纹素材拖到画布中，然后将其缩小并放置到合适位置，再将其不透明度设置为 20%，效果如图 2-122 所示。

⑪ 新建一个图层，使用矩形选框工具在画布顶部绘制矩形选区，设置前景色为褐色（#693b20），使用快捷键<Alt+Delete>填充前景色。采用同样的方法，在褐色矩形两侧添加两条矩形线条，效果如图 2-123 所示。

图 2-122

添加龙纹效果

图 2-123

添加褐色矩形

⑫ 新建一个图层，选择画笔工具，右击调出"画笔预设"面板，单击右侧快捷设置图标，选择"旧版画笔"，然后在画笔列表中选择"混合画笔"→"交叉排线 1"，如图 2-124 所示。

⑬ 新建一个图层，使用画笔工具，右击调出画笔大小硬度设置窗口，选择"交叉排线 1"，设置大小为 98 像素，然后在图像"青铜器"上方绘制，即可出现"星光"的效果，如图 2-125 所示。

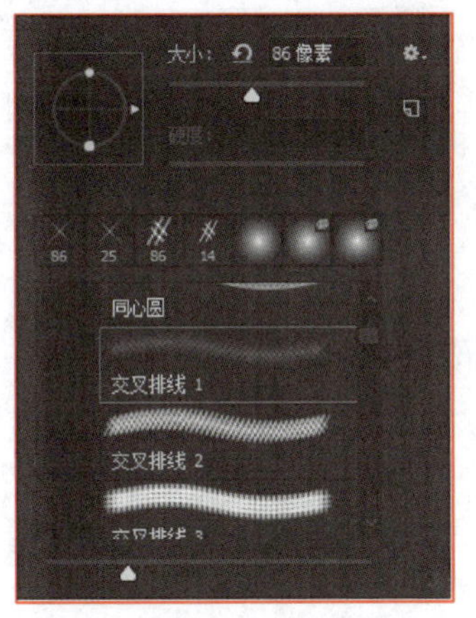

图 2-124

选择"交叉排线 1"画笔

图 2-125

添加星光效果

⑭ 单击直排文字工具，设置字体为"宋体"、字号为 10 点、颜色为浅黄色（#fde8b1），其他为默认。在画布中的图形上方，输入文字"诚实守信"，单击选项栏右上角的勾号确认文字输入，如图 2-126 所示。

⑮ 设置字体为"华文隶书"、字号为 80 点、颜色为红色（#e50012），输入文字"诚信"，如图 2-127 所示。

图 2-126

添加文字"诚实守信"

图 2-127

添加文字"诚信"

⑯ 再用横排文字工具输入文字“公民道德的基石”和“人无信不立，诚信立起，德行天下。”，最终效果如图 2-1 所示。

任务拓展

1. 应用技巧

在使用 Photoshop 的各类选区工具进行抠像时，有很多技巧，如果能掌握，则能大大提高工作效率。

技巧 1:

在选框工具与魔棒工具中，使用<Shift>和<Alt>键可以实现选区的逻辑运算。

- “添加到选区”：按快捷键<Shift>。
- “从选区中减去”：按快捷键<Alt>。
- “与选区交叉”：按快捷键<Shift+Alt>

技巧 2:

移动图层和选区时，按住<Shift>键可沿水平、垂直或 45 度角的方向移动；按键盘上的方向键，每次可移动 1 像素；按住<Shift>键再按方向键，每次可移动 10 像素的距离。

技巧 3:

要快速改变在对话框中显示的数值，首先单击那个数值，让光标处于对话框中，然后就可以用上、下方向键来改变该数值。如果在用方向键改变数值前先按下<Shift>键，那么数值的改变速度会加快。

2. 选择并遮住工具的应用

微课 2-22
选择并遮住工具的应用

在矩形选框工具组、套索工具组及魔棒工具等选区工具选项栏中的最后一项都是“选择并遮住...”选项，在老版本中称为“调整边缘”。该选项可以提高选区边缘的品质，从而以不同的背景查看选区以便于编辑。还可以使用“选择并遮住...”选项来调整图层蒙版，该选项在做精细选区时应用非常广泛。如果在案例中用到的素材边缘非常粗糙，如头发、毛发之类的边缘，即可应用该选项。具体使用方法如下。

① 在 Photoshop 中打开“猫.jpg”素材图片，可以看见小猫图像的边缘由于毛发原因显得非常乱，下面利用调整边缘工具将其清晰地选取出来。

利用套索工具将图像做一粗糙选区，如图 2-128 所示，这时单击选项栏中的“选择并遮住...”选项，会弹出如图 2-129 所示的对话框，对话框主要分为视图模式、边缘检测、全局调整和输出设置 4 部分。

图 2-128
套索工具勾画选区

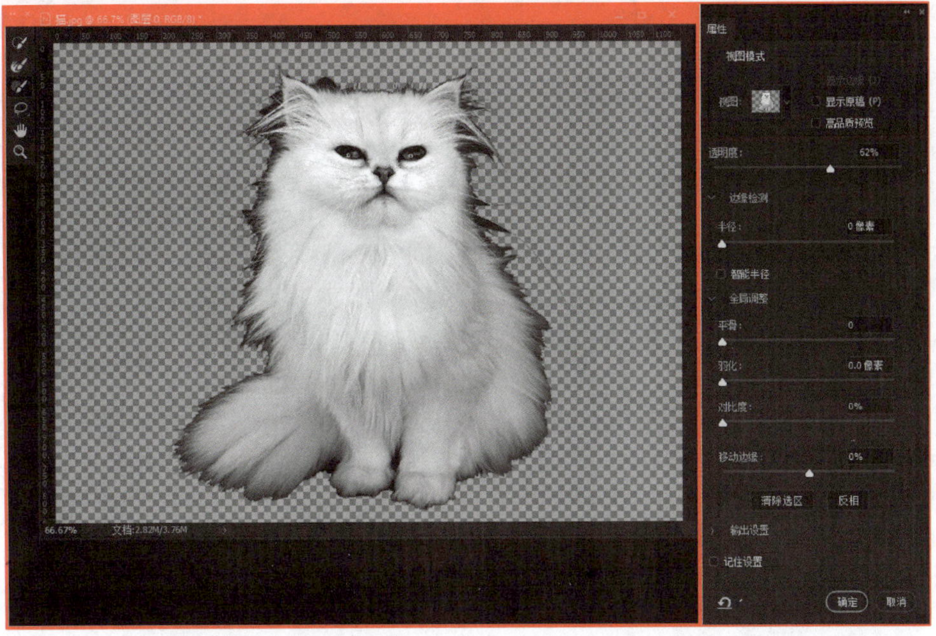

图 2-129
“选择并遮住”对话框

工具栏中的快速选择工具主要用来创建选区。调整边缘画笔工具和画笔工具这两种工具可以精确调整发生边缘调整的边界区域。通过调整边缘画笔工具刷过柔化区域（如头发或毛皮）以向选区中加入精妙的细节。画笔工具可以还原通过调整边缘画笔工具调整的部分。

- 视图模式：单击“视图”选项，会打开视图下拉框，其中包括洋葱皮、闪烁虚线、叠加、黑底、白底、黑白、图层等视图，从弹出式菜单中选择一个模式以更改选区的显示方式。有关每种模式的信息，当将鼠标指针悬停在该模式上时，会出现工具提示。“显示原稿”显示原始选区以进行比较。“显示边缘”在发生边缘调整的位置显示选区边框。
- 边缘检测：用于检测选择图像的边缘，使之变得精细或粗糙。“智能半径”可以自动调整边界区域中发现的硬边缘和柔化边缘的半径。如果边框一律是硬边缘或柔化边缘，或者要控制半径设置并且更精确地调整画笔，则取消选择该选项。“半径”可以确定发生边缘调整的选区边界的大小。对锐边使用较小的半径，对较柔和的边缘使用较大的半径。
- 全局调整：可以对图像选区的边缘做一些细节的调整。“平滑”指减少选区边界中的不规则区域（如山峰和低谷）以创建较平滑的轮廓。“羽化”指模糊选区与周围像素之间的过渡效果。“对比度”增大时，沿选区边框的柔和边缘的过渡会变得不连贯。通常情况下，使用“智能半径”选项和调整工具效果会更好。“移动边缘”使用负值向内移动柔化边缘的边框，使用正值向外移动这些边框。向内移动这些边框有助于从选区边缘移去不想要的背景颜色。
- 输出设置：“净化颜色”设置将彩色边替换为附近完全被选中的像素颜色，颜色替换的强度与选区边缘的软化度是成比例的。由于该选项更改了像素颜色，因此它需要输出到新图层或文档。“数量”选项用来更改净化和彩色边替换的程度。“输出到”选项决定着调整后的选区是变为当前图层上的选区或蒙版，还是生成一个新图层或文档。

② 勾选“边缘检测”部分的“智能半径”复选框，设置“视图模式”中的视图为“黑底”模式，并设置“半径”为 200 像素，这时可以浏览到画布中图像被选择出来。继续用调整半径工具，将图像中边缘部分不清晰的地方涂抹掉，效果如图 2-130 所示。

③ 再经过“色彩范围”等工具略作调整后，即可看见其边缘清晰的效果，添加新背景后的效果如图 2-131 所示。

图 2-130
“选择并遮住”后的效果

图 2-131
添加新背景后的效果

项目实训：特色农产品宣传海报设计

微课 2-23
容县甜蜜柚网店促销广告设计

产业兴旺是乡村振兴的基石，以“中国沙田柚之乡”容县甜蜜柚为载体设计网店的横幅广告，充分展示甜蜜柚外皮细薄、果肉脆嫩、清香甜蜜、口感醇厚等特性。案例的参考设计效果如图 2-132 所示。

图 2-132
容县甜蜜柚网店广告设计效果

任务 3

使用图层

图层是 Photoshop 的核心功能，正是图层确定了 Photoshop 软件在业界的地位，图层就像含有文字或图形等元素的透明胶片，一张张按顺序叠放在一起，组合起来形成图像的最终效果。

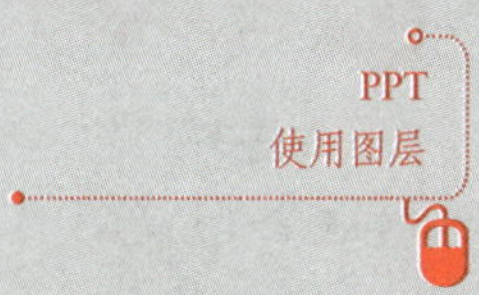

教学导航

知识目标	● 了解图层的定义与分类 ● 了解图层的样式与混合模式
能力目标	● 掌握图层的基本应用 ● 掌握图层样式的使用方法与技巧 ● 掌握图层混合模式的应用方法 ● 掌握 3D 功能的使用方法
素质目标	● 加强“只争朝夕，不负韶华”的时间观 ● 具备继承优秀的中华玉文化，加强文化自信
本单元重点	● 图层样式的使用方法与技巧 ● 图层混合模式的应用方法 ● 3D 功能的使用方法
本单元难点	● 图层样式的使用方法与技巧 ● 图层混合模式的应用方法
教学方法	任务驱动法、讲授法、演示法、案例教学法
建议课时	8 课时

任务展示：“只争朝夕，不负韶华”手表表面效果制作

本任务以“只争朝夕 不负韶华”为主题制作具有金属质感的手表表面效果，整体设计如图 3-1 所示。

图 3-1
“只争朝夕 不负韶华”手表表面效果

素养小贴士　珍惜时间：只争朝夕 不负韶华

“只争朝夕”中“朝”指的是早晨，而“夕”是晚上。合在一起，“朝夕”是形容时间短暂。“韶华”是指青春年华。“只争朝夕”提醒我们，要珍惜时间。“不负韶华”激励人们，不辜负美好时光。这是奋斗的警句，是拼搏的格言，也是人们前行的坚守。只争朝夕，方能用时间锤炼出我们事业的辉煌；不负韶华，方能在美好时光释放我们梦想的芬芳。

笔 记

3.1 图层概述

可以将图层看成一张透明的玻璃纸，透过这张纸，可以看到纸下面的东西，而且无论在一个图层上如何涂画，都不会影响其他图层上的内容。

3.1.1 图层的分类及作用

1. 图层的分类

图层主要分为背景图层、普通图层、文本图层、调整图层、形状图层、填充图层、智能对象图层和图层组。

- 背景图层：背景图层不可以调节图层顺序，永远在最下面，不可以调节不透明度，不可以加图层样式以及蒙版，可以使用画笔、渐变、图章和修饰工具。
- 普通图层：可以进行一切操作。
- 文字图层：通过文字工具创建文字图层。文字图层不可以进行滤镜、图层样式等的操作，可以转换为普通图层，但不可逆转。
- 调整图层：可以在不破坏原图的情况下，对图像进行色相、色阶、曲线等操作。
- 形状图层：可以通过形状工具和路径工具来创建，内容被保存在其蒙版中。
- 填充图层：填充图层也是一种带蒙版的图层。内容为纯色、渐变和图案，可以转换成调整层，可以通过编辑蒙版，制作融合效果。
- 智能对象图层：智能对象实际上是指向其他 Photoshop 文档的一个指针，当用户更新源文件时，这种变化会自动反映在当前文件中。
- 图层组：为了方便图层的组织与管理，将不同的图层进行分组管理。

2. 独立存储元素的作用

在实际项目开发过程中，可以使用不同的图层保存不同的图像元素。例如，在素材文件夹的图片“兔年吉祥新春大吉.psd”中，主题图层组中的“兔子”图层与“福”图层都是独立图层，如图 3-2 所示。如果单击图 3-2 中“兔子”图层前方的“指示图层可见性”按钮，可以将“兔子”图层隐藏，体会图层独立存储图像元素的作用，如图 3-3 所示。

3. 图层的排序作用

在 Photoshop 中能够随意排列图层的上下顺序，从而改变叠加次序，构建出不同的视觉效果。例如，在素材图“兔年吉祥新春大吉.psd”中，将“兔子”图层放在“福”图层的上方，就会看到“兔子”图层的脚部会遮挡部分“福”图层。

4. 图层的屏蔽作用

在图层上可以添加蒙版，通过蒙版可以屏蔽当前图层上的部分内容，从而达到混合图像的目的，这个功能是在项目开发中经常使用的一种功能。

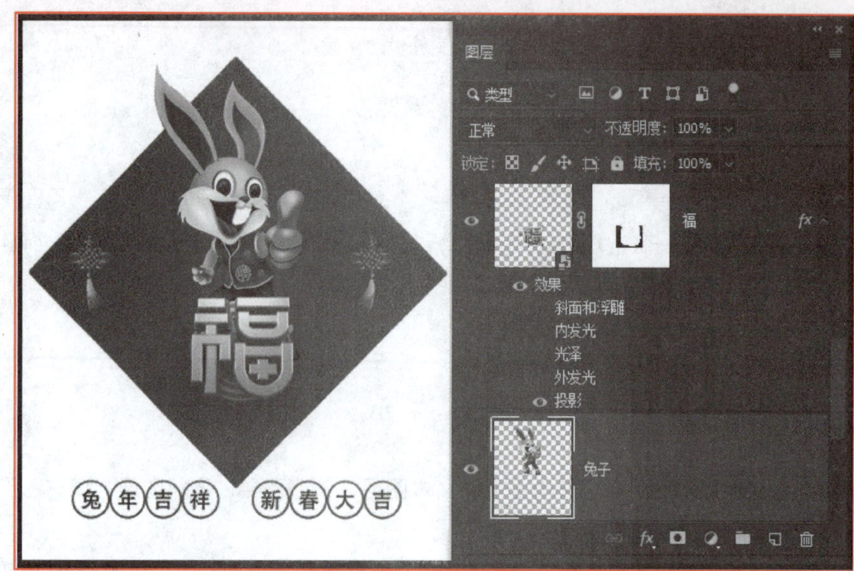

图 3-2
素材图像与“图层”面板

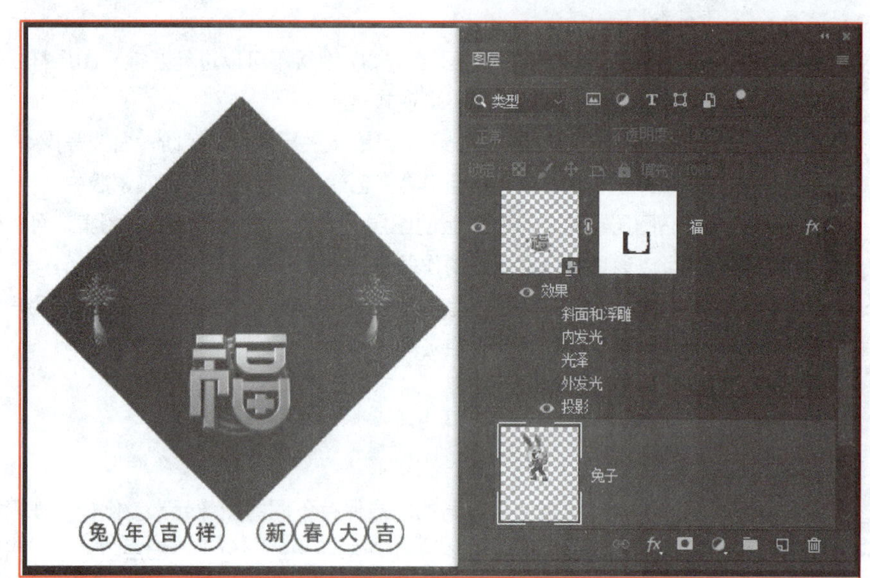

图 3-3
隐藏图层后的素材图像与“图层”面板

3.1.2 “图层”面板

微课 3-1
认识“图层”面板

对图层进行的各种操作都是基于“图层”面板进行的，因此掌握“图层”面板的相关操作是掌握图层操作的前提。

打开素材文件“粽情粽礼端午节海报.psd”，如图 3-4 所示，该素材文件中包含了背景图层、普通图层、文字图层、调整图层、形状图层、填充图层、智能对象图层和图层组等各类图层。

执行“窗口”→“图层”菜单命令（或按快捷键<F7>），可以打开如图 3-5 所示的“图层”面板。

图 3-4
粽情粽礼端午节海报

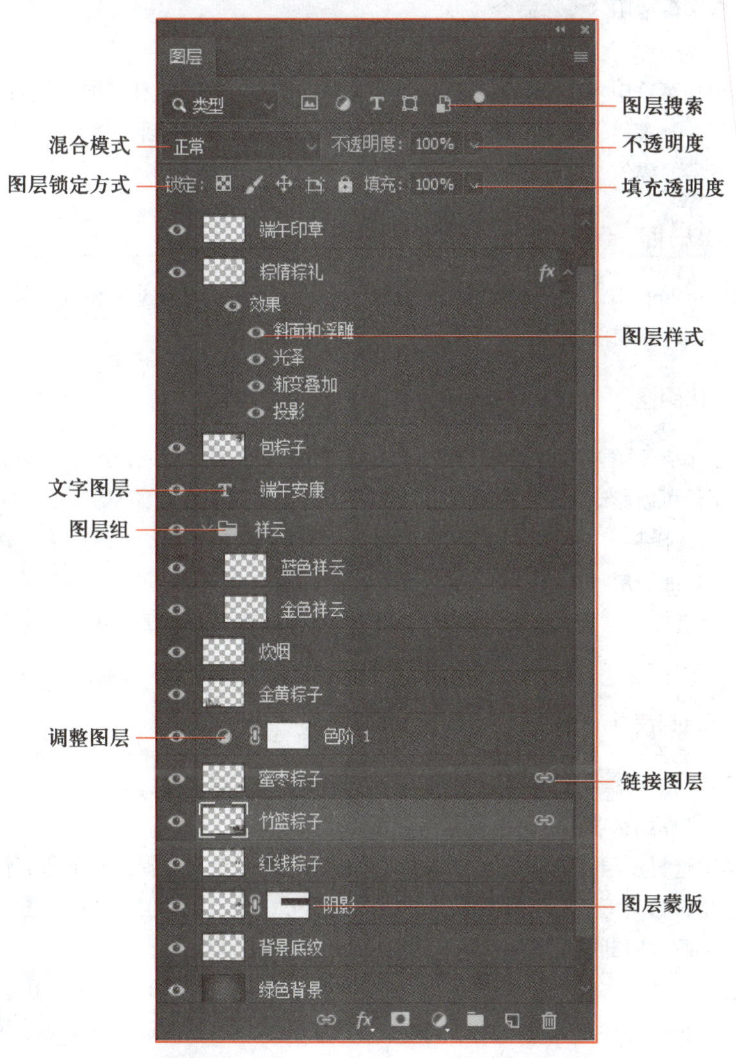

图 3-5
“图层”面板

下面介绍“图层”面板的功能。

- 混合模式 正常 ：用于设置图层的混合模式。
- 图层锁定 ：分别表示锁定透明像素、锁定图像像素、锁定位置、防止画板与画框内外自动嵌套、锁定全部。
- 图层可见性 ：用于显示或隐藏图层。

- 链接图层：用于多个图层的链接。
- 图层样式：用于设置图层的各种效果。
- 图层蒙版：用于创建蒙版图层。
- 填充或者调整图层：用于创建填充或者调整图层。
- 创建新组：用于创建图层文件组。
- 创建新图层：用于创建新的图层。
- 删除图层：用于删除图层。

通过“图层”菜单命令可以实现选择图层、合并图层、调整顺序、创建智能图层等操作。在“图层”菜单中聚集了所有关于图层创建、编辑的命令操作，而在“图层”面板菜单中包含了最常用的操作命令。

除了这两个关于图层的菜单外，还可以在选中移动工具的前提下，在文档中右击，在弹出的快捷菜单中可以根据需要选择所要编辑的图层。另外，在“图层”面板中右击，也可以打开关于编辑图层、设置图层的快捷菜单，使用这些快捷菜单命令，可以快速、准确地完成图层的操作，以提高工作效率。

3.1.3　图层的基本应用

微课 3-2
图层基本操作

在 Photoshop 中，许多编辑操作都是基于图层进行的，了解更多的图层编辑方法后，才可以更自如地编辑图像。

1．选择图层

在平面设计过程中，一个综合性的作品往往由多个图层组成，通过“图层”面板选择某个图层，可以移动、复制和删除图层内容，以达到对图像内容控制的目的。

如果要选择某一图层，只需要在“图层”面板中单击需要的图层即可。处于选择状态的图层与普通图层具有一定的区别，被选择的图层以蓝底显示。

如果要选择除“背景”图层以外的所有图层，其操作方法是：执行“图层”→“所有图层”菜单命令，或者按快捷键<Ctrl+Alt+A>。

2．移动图层

使用移动工具可以移动当前图层，如果当前图层中包含选区，则可移动选区内的图像。在该工具的选项栏中可以设置以下属性。

- 自动选择图层：勾选该复选框后，单击图像即可自动选择光标下所有包含像素的图层，该功能对于选择具有清晰边界的图形较为灵活，但在选择设置了羽化的半透明图像时却很难发挥作用。
- 自动选择组：选择该选项后，单击图像可选择选中图层所在的图层组。
- 显示变换控件：勾选该复选框后，可选中的项目周围的定界框上显示手柄。显示变换控件后，可以直接拖动手柄缩放图像。

3．复制图层

通过复制图层，可以创建当前图层的副本，它可以用来加强图像效果，如图 3-6 所示，同时也可以保存图像。复制图层的方法有以下几种。

图 3-6
图层复制

- 选择要复制的图层，然后执行“图层”→“复制图层”菜单命令，在弹出的“复制图层”对话框中输入复制后的图层名称。
- 选择要复制的图层，将该图层拖到“创建新图层”上即可。
- 按快捷键<Ctrl+J>，也可以执行复制图层。
- 选择移动工具，按住<Alt>键并拖动，即可复制选择的图层。

4. 删除图层

将不需要的图层删除，可以有效减少文件的大小。选择要删除的图层，单击“删除图层”按钮即可，或将图层拖到该按钮上。

5. 调整图层的顺序

在编辑多幅图像时，图层的顺序排列也很重要。上面图层的不透明区域可以覆盖下面图层的图像内容。如果要显示覆盖的内容，需要对图层顺序进行调整。调整图层顺序的方法有以下几种。

- 选择要调整顺序的图层，执行“图层”→“排列”→“前移一层”菜单命令（或按快捷键<Ctrl+] >），该图层就可以上移一层。要将图层下移一层，执行“图层”→“排列”→“后移一层”菜单命令（或按快捷键<Ctrl+[>即可）。
- 选择要调整顺序的图层，将其拖到目标图层上方，然后释放鼠标即可调整该图层顺序。
- 如果需要将某个图层置顶，按快捷键<Ctrl+Shift+] >；如果需要将某个图层置底，按快捷键<Ctrl+Shift+[>即可。

6. 锁定图层内容

在“图层”面板的顶端有 5 个用来锁定图层的按钮，如图 3-7 所示，使用不同的按钮锁定图层后，可以保护图层的透明区域、图像的像素、位置不会因为误操作而改变。用户可以根据实际需要锁定图层的不同属性。下面分别介绍各个按钮的作用。

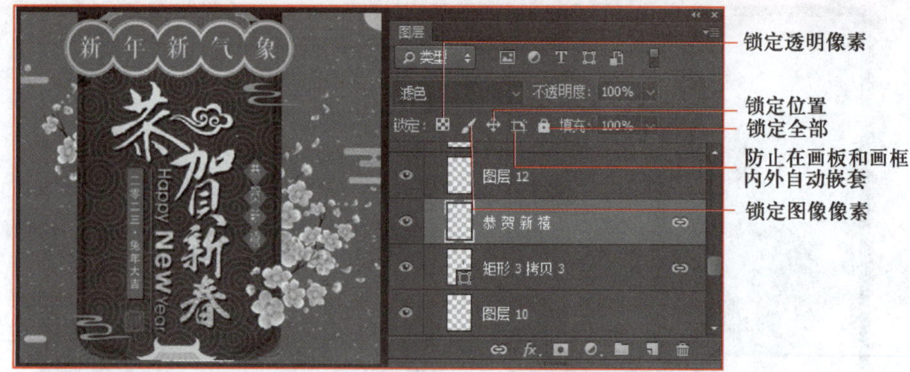

图 3-7
锁定图层按钮

- 锁定透明像素：单击该按钮后，可将编辑范围限制在图层的不透明部分。
- 锁定图像像素：单击该按钮后，可防止通过绘制修改该图层的像素，只能对图层进行移动和变换操作，而不能进行绘制、擦除或应用滤镜等操作。
- 锁定位置：单击该按钮后，可防止图层被移动，对于设置了精确位置的图像，将其锁定后就不必担心被意外移动。
- 防止在画板和画框内外自动嵌套：主要是针对画板的，Photoshop 中的画板是一个大文件夹，它包裹着图层和组。当图层或组移出画板边缘时，图层或组会在组层视图中移除画板，此时可开启锁定“防止在画板内外自动嵌套”。
- 锁定全部：单击该按钮后，可锁定以上全部选项。当图层被完全锁定时，“图层”面板中锁定图标显示为实心；当图层被部分锁定时，锁状图标显示为空心。

7. 链接图层

图层的链接功能可以方便地移动多个图层中的图像，同时对多个图层中的图像进行变换操作，如移动、旋转、缩放，从而轻松地对多个图层进行编辑。

要链接多个图层，可以按住<Ctrl>键单击“图层”面板中的相关图层，然后单击“图层”面板下方的“链接图层”按钮，即可将所有选中的图层链接起来，如图 3-8 所示。

图 3-8
链接图层

8. 合并图层

在一幅复杂的图像中，可能包含成百上千个图层，图像文件所占用的磁盘空间也相

当大。此时，如果要减少文件所占用的磁盘空间，可以将一些不必要的图层合并。同时，合并图层还可以提高计算机的处理速度。

常见的合并方法有以下几种。

- 合并图层：选择两个或多个图层，执行“图层”→“合并图层”菜单命令（或按快捷键<Ctrl+E>），就可以将选中的图层合并。该命令可以将当前活动图层与其下一图层合并，其他图层保持不变。合并图层时，需要将活动图层的下一图层设为显示状态。
- 合并可见图层：执行“图层”→“合并可见图层”菜单命令（或按快捷键<Ctrl+Shift+E>），可以将所有可见的图层、图层组合并为一个图层，而隐藏的图层保持不变。
- 拼合图层：执行“图层”→“拼合图层”菜单命令，可以将当前文件的所有图层合并到背景层中，如果文件中有隐藏图层，则系统会弹出对话框要求用户确认合并操作，拼合图层后，隐藏的图层将被删除。

9. 盖印图层

盖印图层是一种特殊的图层合并方法，它可以将多个图层的内容合并为一个目标图层，同时使其他图层保持完好。当需要得到对某些图层的合并效果，而又要保持原图层信息完整，那么通过盖印图层可以达到很好的效果。

盖印图层命令不在 Photoshop 菜单中，只能通过快捷键执行，具体的使用方式如下。

打开素材图片“盖印图层.psd”，如图 3-9 所示，在“图层”面板中，可以将某一图层中的图像盖印至下方的图层中，而上方图层的内容保持不变。首先选择“葡萄”图层，按快捷键<Ctrl+Alt +E>执行盖印图层操作，之后会在“李子”图层看到“葡萄”图层的内容，如图 3-10 所示。

图 3-9
蔬果素材中“葡萄”与“李子”在各自图层

图 3-10
“葡萄”图层盖印图层后显示在“李子”图层

此外，盖印功能还可以应用到多个图层，具体方法是：选择多个图层，按快捷键<Ctrl+Alt+E>即可。如果需要将所有图层的信息合并到一个图层，并且保留原图层的内容，首先选择一个可见层，按快捷键<Ctrl+Shift+Alt+E>盖印可见层。执行完操作后，所有可见图层被盖印至一个新建的图层中。

10. 剪贴蒙版

“剪贴蒙版”是 Photoshop 中的一条命令，也称剪贴组，该命令是通过使用处于下方图层的形状来限制上方图层的显示状态，从而达到一种剪贴画的效果。“剪贴蒙版”就是“下形状上图像”的意思。

执行“图层”→“创建剪贴蒙版”菜单命令，或者使用快捷键<Ctrl+Alt+G>，可以创建剪贴蒙版，也可以按住<Alt>键，在“图层”面板中，把鼠标指针置于两图层中间，当出现图标时，单击即可创建剪贴蒙版。建立剪贴蒙版后，上方图层缩览图缩进，并且带有一个向下的箭头。

图 3-11 所示有 3 个图层，分别是“背景”层、“绿水青山”文字层、“竹林”层。

图 3-11
显示顶层的竹林

因为剪贴蒙版就是“下形状上图像”，所以，隐藏“竹林”图层，则显示下面的“绿水青山”文字层，页面效果如图 3-12 所示。

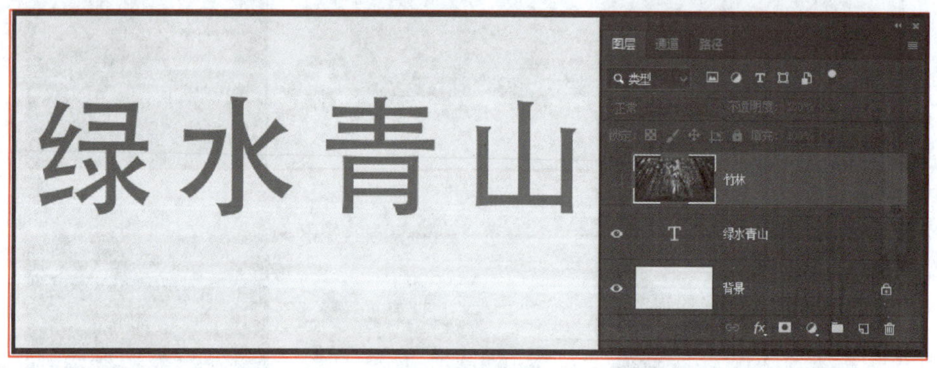

图 3-12
显示文字图层

再次显示 3 个图层，执行“图层”→“创建剪贴蒙版”菜单命令（或按快捷键<Ctrl+Alt+G>），效果如图 3-13 所示，在文字中间显示了图片的具体内容。

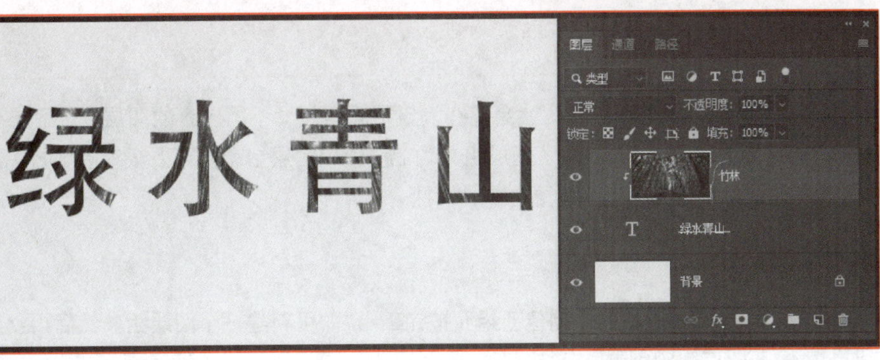

图 3-13
创建剪贴蒙版的效果

11. 对齐和分布链接图层

在对多个图层进行编辑操作时，有时为了创作出精确的图像效果，需要将多个图层中的图像进行对齐或等间距分布。

使用“对齐”命令之前，需要先建立 2 个或 2 个以上的图层链接；使用“分布”命令之前，需要建立 3 个或 3 个以上的图层链接，否则这两个命令都不可以使用。

要执行“对齐”或“分布”命令，可以选择“图层”→“对齐”或“图层”→“分布”子菜单中的各个命令，也可以在工具选项栏中单击各个按钮来完成操作。各选项的功能见表 3-1。

表 3-1　对齐、分布命令一览表

分类	图标	名称	功能与作用
对齐		顶对齐	将所有链接图层顶端的像素与作用图层最上方的像素对齐
		垂直居中对齐	将所有链接图层垂直方向的中心像素与作用图层垂直方向的中心像素对齐
		底对齐	将所有链接图层底端像素与作用图层的底端像素对齐
		左边对齐	将所有链接图层左端的像素与作用图层左端的像素对齐
		水平居中对齐	将所有链接图层水平方向的中心像素与作用图层水平方向的中心像素对齐
		右边对齐	将所有链接图层右端的像素与作用图层右端的像素对齐
分布		按顶分布	从每个图层顶端的像素开始，均匀分布各链接图层的位置，使它们顶端像素间隔相同的距离
		垂直居中分布	从每个图层垂直方向的中心像素开始，均匀分布各链接图层的位置，使它们垂直方向的中心像素间隔相同的距离
		按底分布	从每个图层底端的像素开始，均匀分布各链接图层的位置，使它们底端的像素间隔相同的距离
		按左分布	从每个图层左端的像素开始，均匀分布各链接图层的位置，使它们左端的像素间隔相同的距离
		水平居中分布	从每个图层水平方向的中心像素开始，均匀分布各链接图层的位置，使它们水平方向的中心像素间隔相同的距离
		按右分布	从每个图层右端的像素开始，均匀分布各链接图层的位置，使它们右端的像素间隔相同的距离
分布间距		垂直分布	在图层之间均匀分布垂直间距
		水平分布	在图层之间均匀分布水平间距

3.1.4 图层组的基本操作

微课 3-3
图层组的操作

在创建复杂的图形作品时，就会存在大量不同类型、不同内容的图层，为了方便组织和管理图层，Photoshop 提供了图层组的功能。使用图层组功能可以很容易地将图层作为一组来进行操作，比链接图层更方便、快捷。

1. 创建图层组

单击“图层”面板中的“创建新组”按钮，即可新建一个图层组。然后再创建图层时，就会在图层组中创建，如图 3-14 所示。

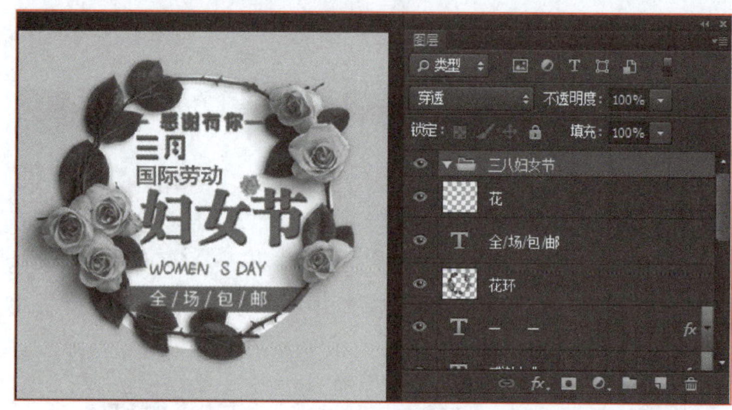

图 3-14
图层组的使用

选择多个图层后，执行“图层”面板菜单中的“从图层新建组”命令（或按快捷键 <Ctrl+G>），可以将选择的图层放入同一个图层组内。

2. 嵌套图层组

还可以将当前图层组嵌套在其他图层组内，这种嵌套结构最多可以为 10 级，如图 3-15 所示。选中图层组中的图层，单击“创建新组”按钮，即可在图层组中创建新的图层组。

图 3-15
嵌套图层功能

3. 编辑图层组

当从“图层”面板中选择了图层组后，对图层组执行的移动、旋转、缩放等变换操作将作用于其中所有图层。图 3-16 所示为对图层组执行“斜切”功能。

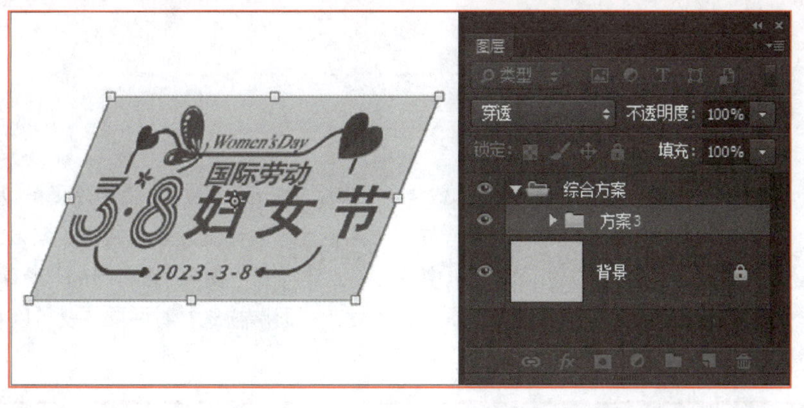

图 3-16
对图层组执行“斜切”功能

单击图层组前的图标，可以展开图层组，再次单击可以折叠图层组。如果按住<Alt>键单击该图标，可以展开图层组及该组中所有图层的样式列表。

如果要将图层组解散，可以执行“图层”→“取消图层编组”菜单命令（或按快捷键<Ctrl+Shift+G>）即可。

要删除图层组，只需把要删除的图层组拖至“删除图层”按钮上，即可删除该图层组及其中的所有图层。如果要保留图层，而删除图层组，可在选择图层组后，单击“删除图层”按钮，在弹出的对话框中单击“仅组”按钮即可。

3.2 图层样式

3.2.1 认识图层样式

图层样式是创建图像特效的重要手段，Photoshop 提供了多种图层样式，可以快速更改图层的外貌，为图像添加阴影、发光、斜面、叠加和描边等效果，从而创建具有真实质感的效果。应用于图层的样式将变为图层的一部分，在“图层”面板中，图层名称的右侧将出现图标，单击图标旁边的三角形按钮，可以展开图层样式列表，以查看并编辑样式。

当为图层添加图层样式后，既可以通过双击图标打开对话框修改样式，也可以通过菜单命令将样式复制到其他图层中，根据图像的大小缩放样式。还可以将设置好的样式保存在“样式”面板中，方便重复使用。图 3-17 所示为商周纹样图案，制作和应用了样式后的图像变为翡翠玉坠的效果，如图 3-18 所示。

图 3-17
商周纹样图案

图 3-18
应用样式后的翡翠玉坠效果

3.2.2　自定义与修改图层样式

微课 3-4
自定义与修改图层样式

1. 自定义图层样式

图层样式主要用于设置图层的各种效果。例如，单击“图层样式”按钮，从列表中选择“混合选项”选项，调出“图层样式”对话框，可以尝试设置各种样式效果，如斜面与浮雕、光泽、内发光等。在该对话框中单击“新建样式”按钮，在弹出的“新建样式”对话框中设置样式的名称，如图 3-19 所示，然后在“图层样式”对话框中就可以看到自定义的样式。

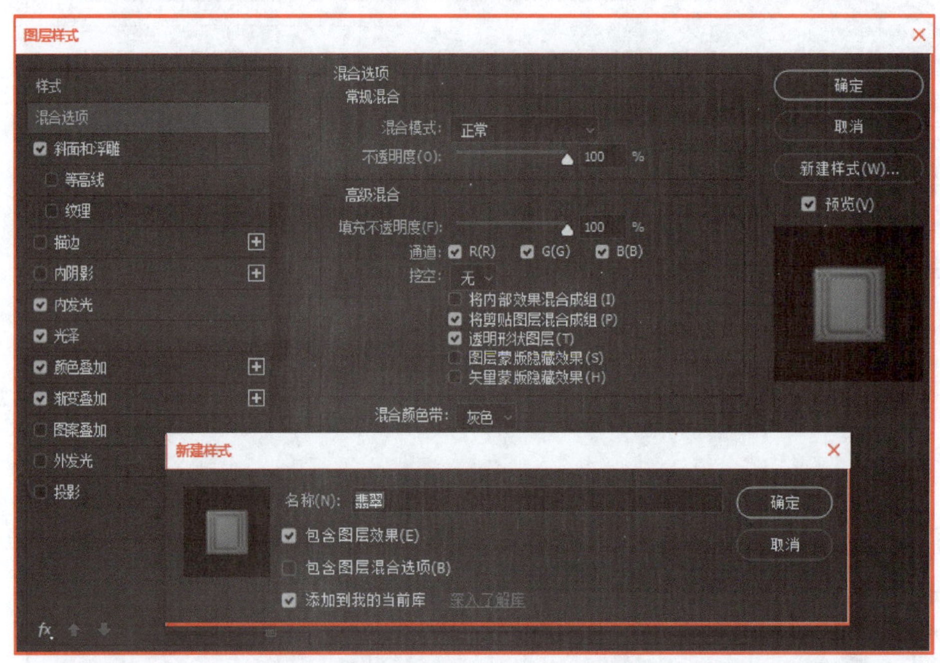

图 3-19
自定义图层样式

执行“窗口”→“样式”菜单命令，打开“样式”面板，如图 3-20 所示，其中有很多预设样式。只要选中需要应用样式的图层，如图 3-21（a）所示，单击该面板中的“翡翠”样式图标即可应用样式，效果如图 3-21（b）所示。

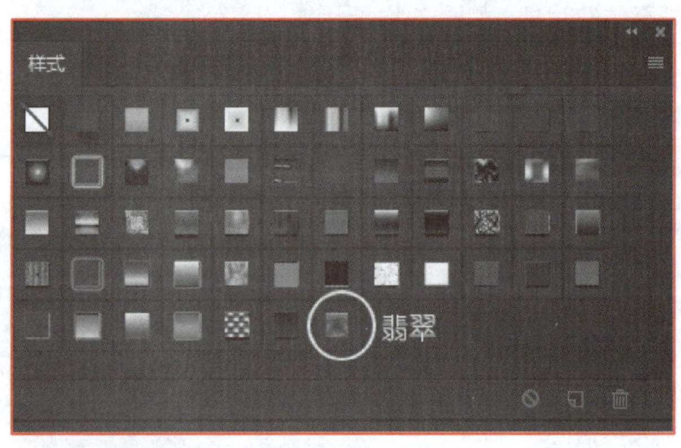

图 3-20
“样式”面板

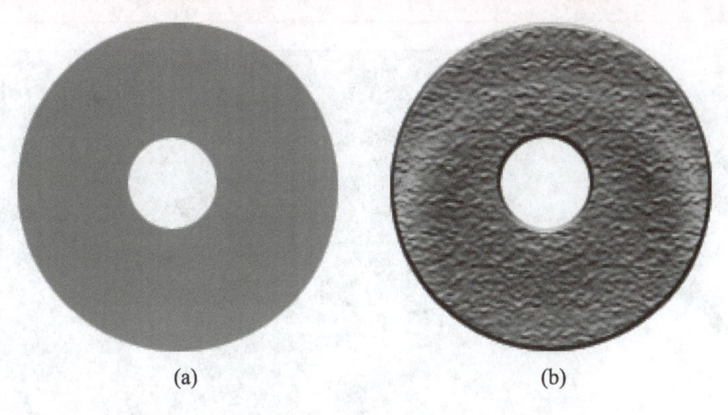

(a) (b)

图 3-21
应用“翡翠”样式后的效果

2. 修改与复制图层样式

添加完成图层样式后，还可以使用相同的方法再次打开“图层样式”对话框，修改样式选项，改变样式效果。图 3-22 所示为修改了“斜面和浮雕”选项后的效果。

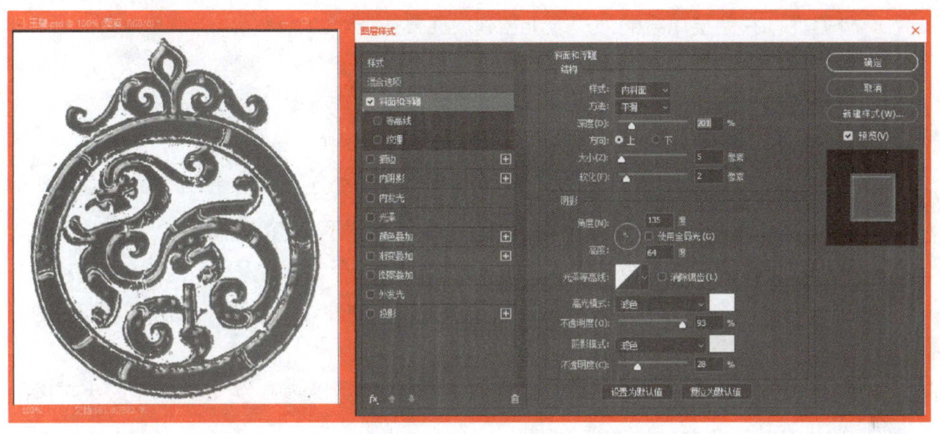

图 3-22
修改“斜面和浮雕”样式

通过复制图层样式，还可以将相同的效果设置添加到多个图层中。在图层名称的右侧右击，在弹出的快捷菜单中选择“拷贝图层样式”命令；在要粘贴图层样式的图层名称右侧右击，在弹出的快捷菜单中选择“粘贴图层样式”命令，就完成了图层样式的复制。

选择已有的图层样式，按住<Alt>键拖动鼠标到新图层，也可以复制图层样式。

3.2.3 常用的图层样式

1. 斜面和浮雕

微课 3-5
认识与使用常用图层样式

启用“斜面和浮雕”选项可以为图像和文字制作出立体效果，它通过对图层添加高光与阴影来模仿立体效果。通过更改多种选项，可以控制浮雕样式的强弱、明暗变化等效果。

打开素材图片“中国梦.psd”，给左侧的“梦”字设置“斜面和浮雕”效果，具体参数参照图 3-23 中右侧的“图层样式”对话框，效果如图 3-23 中左图所示。

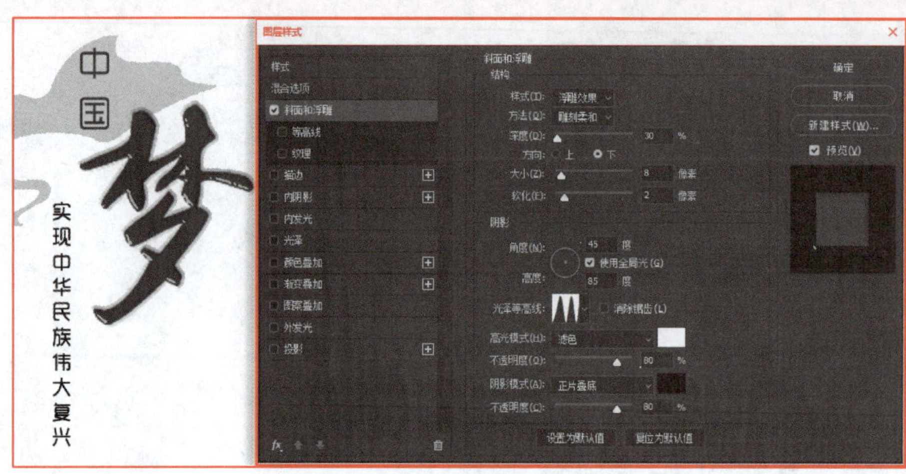

图 3-23
设置斜面和浮雕效果

"样式"选项：通过其下拉列表，可以设置浮雕的类型，改变浮雕立体面的位置，主要包含如下选项。

- 外斜面：在图层内容的外边缘上创建斜面效果。
- 内斜面：在图层内容的内边缘上创建斜面效果。
- 浮雕效果：创建使图层内容相对于下层图层凸出的效果。
- 枕状浮雕：创建将图层内容的边缘凹陷进入下层图层中的效果。
- 描边浮雕：在图层描边效果的边界上创建浮雕效果。

"方法"选项用来控制浮雕效果的强弱，主要包括如下 3 个级别。

- 平滑：可稍微模糊杂边的边缘，用于所有类型的杂边，不保留大尺寸的细节特写。
- 雕刻清晰：主要用于消除锯齿形状（如文字）的硬边、杂边，保留细节特写的能力优于"平滑"选项。
- 雕刻柔和：没有"雕刻清晰"选项细节特写的能力精确，主要应用于较大范围的杂边。

在设置浮雕效果时，还可以通过设置"深度""大小"及"高度"等选项来控制浮雕效果的细节变化。

- 深度：设置斜面或图案的深度。
- 大小：设置斜面或图案的大小。
- 软化：模糊投影效果，消除多余的人工痕迹。
- 高度：设置斜面的高度。
- 光泽等高线：创建类似于金属表面的光泽外观。
- 高光模式：用来指定斜面或暗调的混合模式，单击右侧的颜色滑块可以打开"拾色器"对话框，从中设置高光的颜色。
- 阴影模式：在该下拉列表框中可选择一种斜面或浮雕暗调的混合模式，单击其右侧的颜色块可以设置暗调部分的颜色。

2. 描边

使用颜色、渐变颜色或图案描绘当前图层上的对象、文本或形状的轮廓，对于边缘清晰的形状（如文本），这种效果尤其有用。

使用素材图片"中国梦.psd"，在给"梦"字设置"斜面和浮雕"的基础上，继续设

置黑色“描边”效果，具体参数参照图 3-24 中右侧的“图层样式”对话框，效果如图 3-24 中左图所示。

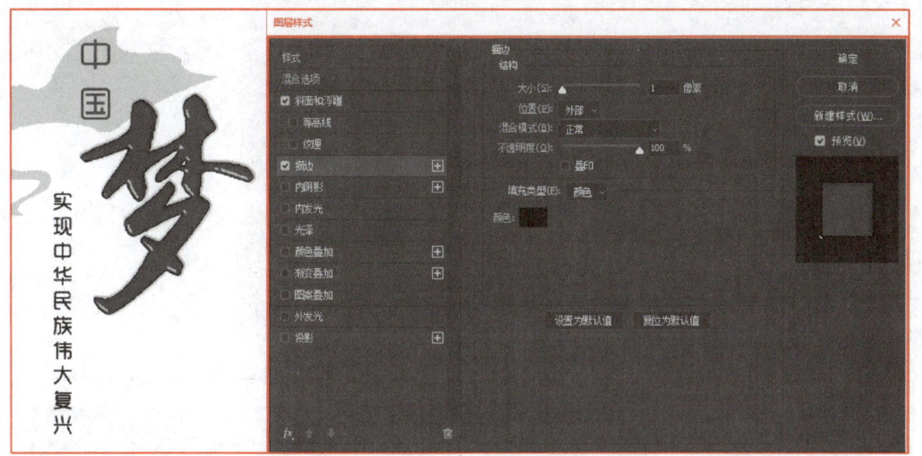

图 3-24
描边效果

“描边”样式对话框的相关参数解释如下。

- 大小：该参数用于控制“描边”的宽度，数值越大，生成的描边宽度就越大。
- 位置：主要分为外部、内部、居中。
- 混合模式：选择不同的混合模式将得到不同的效果。
- 不透明度：定义描边的不透明度，数值越大，描边颜色越浓，反之越淡。
- 填充类型：主要分为颜色、渐变、图案 3 种。
- 颜色：单击弹出“拾色器”对话框，可以设置不同的描边颜色。

3. 内阴影

内阴影作用于对象、文本或形状的内部，在图像内部创建阴影效果，使图像出现类似内陷的效果。启用“内阴影”选项，在其右侧的选项组中可设置“内阴影”的各项参数。

使用素材图片“中国梦.psd”，给“梦”字图层设置“内阴影”效果，具体参数参照图 3-25 中右侧的“图层样式”对话框，效果如图 3-25 中左图所示。

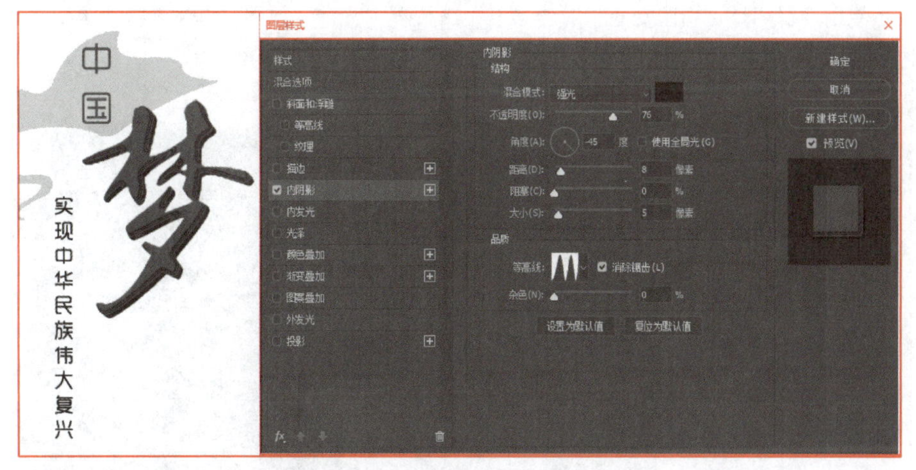

图 3-25
内阴影效果

“内阴影”样式对话框的相关参数解释如下。

- 距离：移动滑块或者输入数值，可以定义“内阴影”的投射距离。数值越大，内阴影在视觉上距离投射阴影的对象就越远，其三维空间的效果就越好；反之，则内阴影越贴近投射阴影对象。
- 等高线：使用等高线可以定义图层样式效果的外观，单击该下拉按钮将弹出等高线列表，在该列表中可以选择所需要的等高线类型。

4. 内发光

内发光就是将从图层对象、文本或形状的边缘向内添加发光效果。在设置发光效果时，应注意主体物的颜色，主体物颜色为深色时，可直观地看到内发光的效果。

使用素材图片“中国梦.psd”，给“梦”字设置“内发光”效果，具体参数参照图 3-26 中右侧的“图层样式”对话框，效果如图 3-26 中左图所示。

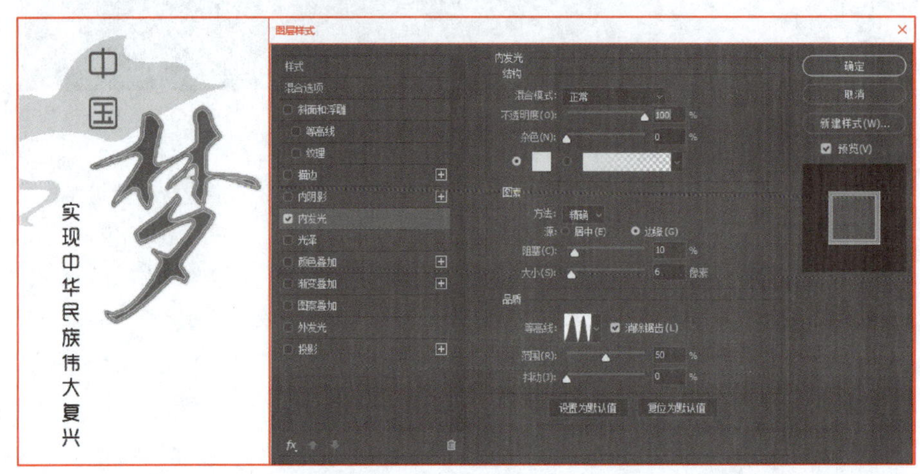

图 3-26
内发光效果

5. 光泽

光泽效果可以使物体表面产生明暗分离的效果，它在图层内部根据图像的形状来应用阴影效果，通过“距离”设置，可以控制光泽的范围。

使用素材图片“中国梦.psd”，给“梦”字设置“光泽”效果，具体参数参照图 3-27 中右侧的“图层样式”对话框，效果如图 3-27 中左图所示。

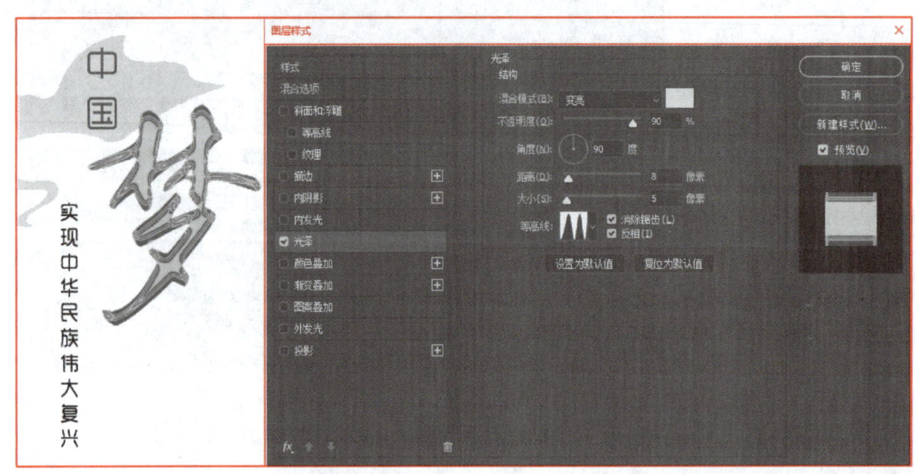

图 3-27
光泽效果

6. 颜色叠加

颜色叠加可在图层内容上填充一种选定的颜色，在“颜色叠加”选项中，用户可以设置“颜色”“混合模式”以及“不透明度”，从而改变叠加色彩的效果。该样式与为图像填充前景色和背景色的操作效果相同，所不同的是使用“颜色叠加”效果可以方便、直观地更改填充的颜色。

7. 渐变叠加

渐变叠加的操作方法与颜色叠加类似，在“渐变叠加”选项中可以改变渐变样式以及角度。单击选项组中间的渐变条，可打开“渐变编辑器”对话框，通过该对话框，可设置不同颜色混合的渐变色，为图像添加更为丰富的渐变叠加效果。

使用素材图片“中国梦.psd”，给“梦”字设置“渐变叠加”效果，具体参数参照图 3-28 中右侧的“图层样式”对话框，效果如图 3-28 中左图所示。

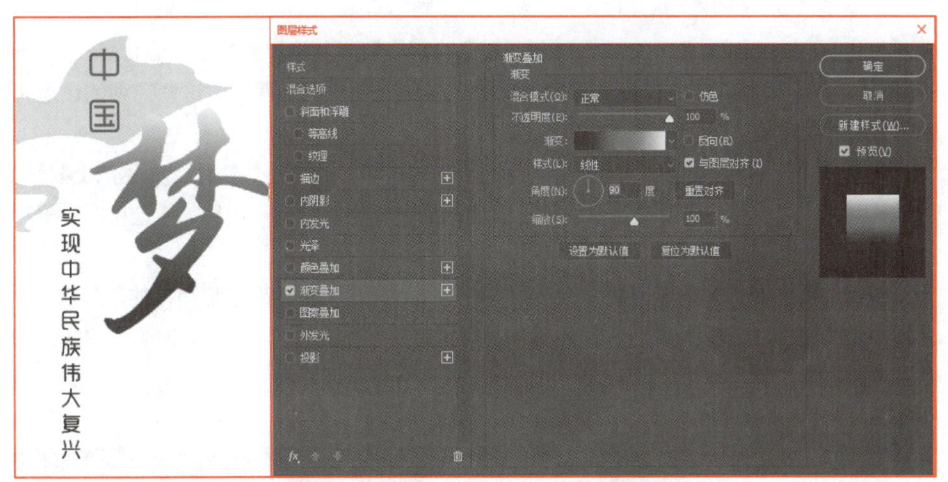

图 3-28
渐变叠加效果

8. 图案叠加

图案叠加是在图层对象上叠加图案，即用一致的重复图案填充对象。从“图案”下拉列表中还可以选择其他图案。

9. 外发光

外发光是将从图层对象、文本或形状的边缘向外添加发光效果，设置参数可以让对象、文本或形状更精美。

使用素材图片“中国梦.psd”，在给“梦”字设置 1 像素的白色“描边”效果的基础上，再添加“外发光”效果，具体参数参照图 3-29 中右侧的“图层样式”对话框，效果如图 3-29 中左图所示。

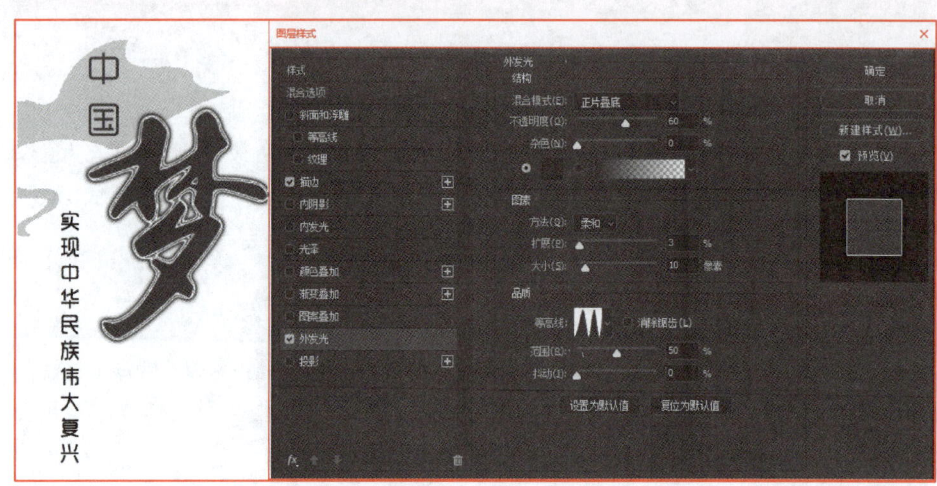

图 3-29
外发光效果

10. 投影

投影为图层上的对象、文本或形状后面添加阴影效果。投影参数由“混合模式”“不透明度”“角度”“距离”“扩展”和“大小”等各种选项组成，通过对这些选项的设置可以得到需要的效果。

投影是设计者基础的入门功夫。无论是文字、按钮、边框还是物体，如果加上阴影，则会产生立体感。利用这个图层样式可以逼真地模仿出物体的阴影效果，并且可以对阴影的颜色、大小、清晰度进行控制。

使用素材图片“中国梦.psd”，在给“梦”字设置 1 像素白色“描边”的基础上，再设置“投影”效果，具体参数参照图 3-30 中右侧的“图层样式”对话框，效果如图 3-30 中左图所示。

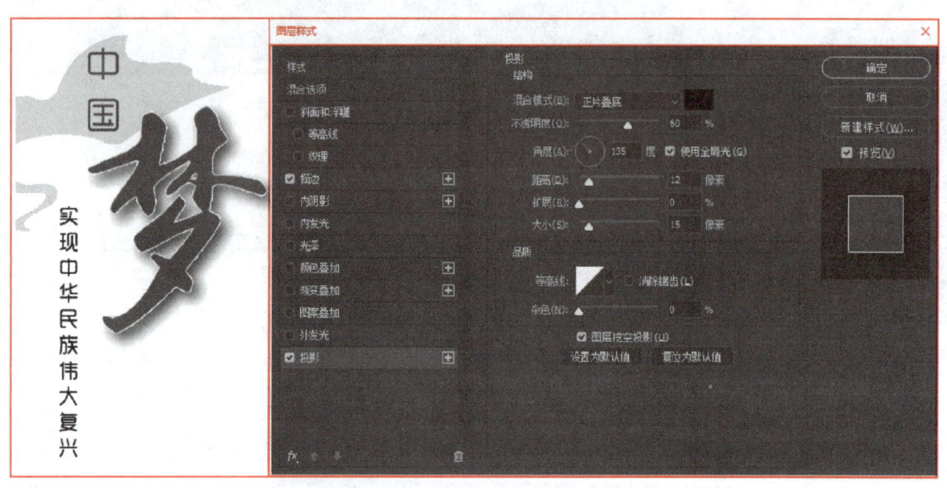

图 3-30
投影效果

(1) 结构选项组

在设置投影效果时，在“结构”选项组中可以设置投影的方向、不透明度、角度、距离等参数，以控制投影的变化。

- 混合模式：选定投影的混合模式，在其右侧有一个颜色框，单击可以在打开的对话框中选择阴影颜色。
- 不透明度：设置投影的不透明度，参数越大，投影颜色越深。
- 角度：用于设置光线照射角度，阴影的方向会随角度的变化而变化。
- 使用全局光：可以为同一图像中的所有图层样式设置相同的光线照射角度。
- 距离：设置阴影的长短，取值范围为 0～30000 像素，距离越大，投影越长。
- 扩展：设置光线的强度，取值范围为 0～100%，参数越大，投影效果越强烈。
- 大小：设置投影柔滑效果，取值范围为 0～250 像素，参数越大，柔滑程度越大。

(2) 品质选项组

在该选项组中，可以控制投影的品质，主要包含如下选项。

- 等高线：在该选项中可以选择一个已有的等高线效果应用于阴影，也可以单击后面的选框进行编辑。
- 消除锯齿：启用该复选框，可以消除投影边缘的锯齿。
- 杂色：设置投影中随机混合元素的数量，取值范围为 0～100%，参数越大，随机元素越多。
- 图层挖空投影：启用该复选框后，可控制半透明图层中投影的可视性。

11. 混合选项

混合选项用来控制图层的不透明度以及当前图层与其他图层的像素混合效果。执行“图层”→“图层样式”→“混合选项”菜单命令，弹出的对话框中包含两组混合滑块，即“本图层”滑块和“下一图层”滑块。它们用来控制当前图层和下面图层在最终图像中显示的像素，通过调整滑块可根据图像的亮度范围，快速创建透明区域。下面通过实例介绍混合选项的作用。

① 打开“白云.jpg”和“龙脊梯田.jpg”文件，如图 3-31 和图 3-32 所示，将“白云.jpg”拖至“龙脊梯田.jpg”画面中，得到图层 1。

图 3-31 “白云”素材图片

图 3-32 “龙脊梯田”素材图片

② 双击图层 1 的缩览图，进入“图层样式”对话框，设置“混合选项”，如图 3-33 所示，矩形框内为原图像以及改变前的混合色带。

③ 向右侧拖动“混合颜色带”选项区域中的黑色滑块，如图 3-34 所示，可以看出随着向右侧拖动黑色滑块，白云围绕在雪山的周围，已经基本实现需要的效果，如图 3-35 所示，只是效果看起来还不够细腻。

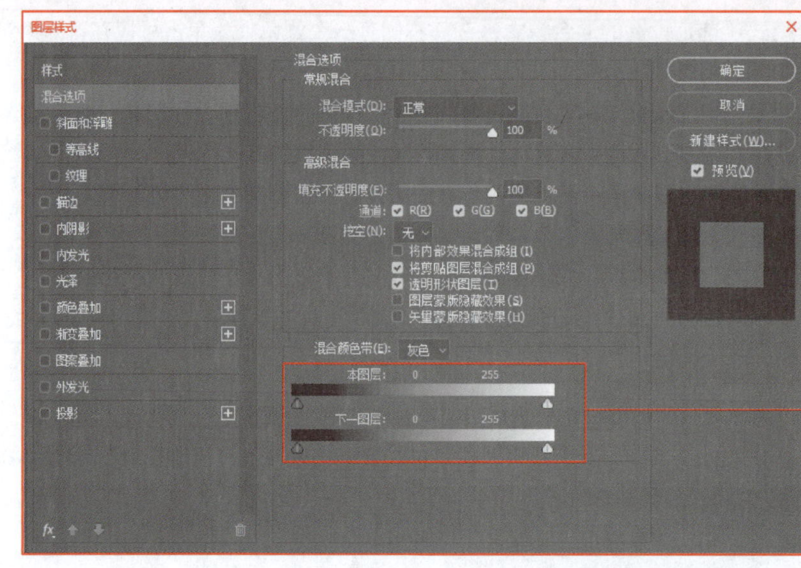

图 3-33
“图层样式”对话框

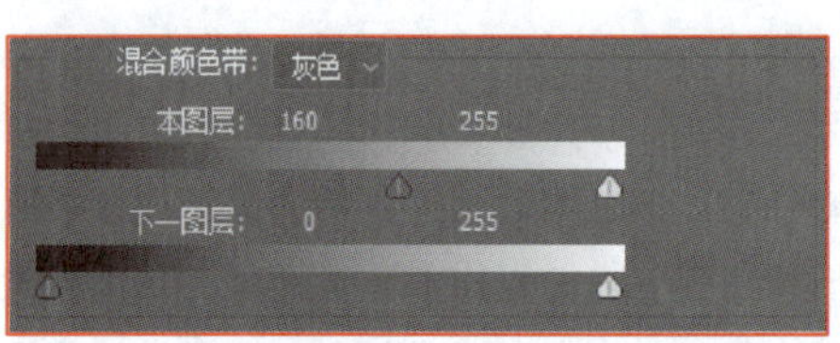

图 3-34
拖动黑色滑块至 190

图 3-35
拖动滑块后图层发生变化的效果

④ 要取得柔和的效果，按住< Alt >键单击黑色或者白色滑块，将滑块拆分为两个小滑块，分别移动拆分后的滑块，可以控制图像混合时的柔和程度，如图 3-36 所示。使用该方法后，将图层 1 渐变条中的黑色滑块拆分开后的效果如图 3-37 所示。

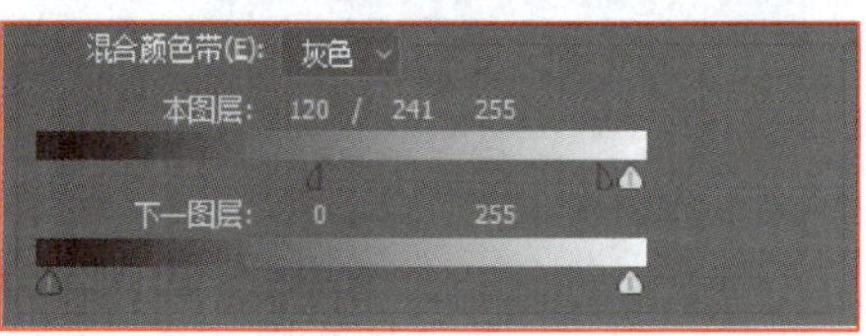

图 3-36
将黑色滑块分离开

图 3-37
滑块分离开后图层发生的变化效果

所以，“本图层”滑块用来控制当前图层上将要混合并出现在最终图像中的像素范围。将左侧黑色滑块向中间移动时，当前图层中所有比该滑块所在位置暗的像素都将被隐藏，被隐藏的区域会被显示为透明状态。接着通过调整左侧的滑块合成一幅图像。

注意：

将滑块分成两部分后，右半侧滑块所在位置的像素为不透明像素，而左半侧滑块所在位置的像素为完全透明的像素，两个滑块中间部分的像素会显示为半透明效果。

以上实例方法特别适合混合有柔和、不规则边缘的云、烟或雾、火焰等的图像。

3.3 图层混合模式

微课 3-6
图层混合模式

3.3.1 认识图层混合模式

混合模式是图像处理技术中的一个技术名词，是指可以用不同的方法将对象颜色与底层对象的颜色混合。当将一种混合模式应用于某一对象时，在该对象的图层或组下方的任何对象上都可看到混合模式的效果。

下面举例认识图层混合模式的应用方式，具体步骤如下。

① 打开素材文件夹中的素材图片“爱国.tif”和“长城.tif”，如图 3-38 和图 3-39 所示。

图 3-38
“爱国”背景图像

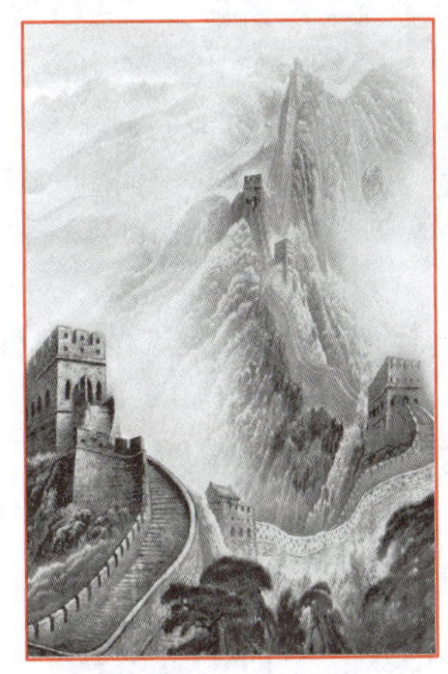

图 3-39
“长城”融合图像

② 使用移动工具将“长城.tif”图像拖至“爱国.tif”图像中，如图 3-40 所示，设置“长城”图层的混合模式为“正片叠底”，效果如图 3-41 所示。

图 3-40
正常图层

图 3-41
正片叠底的效果

通过了解混合模式，依次试验其他的各种混合模式。

3.3.2　图层混合模式详解

Photoshop 将混合模式分为 6 大类、27 种混合形式，即组合混合模式（正常、溶解），加深混合模式（变暗、正片叠底、颜色加深、线性加深、深色），减淡混合模式（变亮、滤色、颜色减淡、线性减淡、浅色），对比混合模式（叠加、柔光、强光、亮光、线性光、点光、实色混合），比较混合模式（差值、排除、减去、划分），色彩混合模式（色相、饱和度、颜色、亮度）。

1. 组合混合模式

组合混合模式需要降低图层的不透明度时才能产生作用。组合混合模式中包含“正常”和“溶解”模式，它们需要配合使用不透明度才能产生一定的混合效果。

- “正常”模式：在“正常”模式下，调整上面图层的不透明度可以使当前图像与底层图像产生混合效果，在该模式下形成的合成色或者着色作品不会用到颜色的相减属性。
- “溶解”模式：特点是配合调整不透明度可创建点状喷雾式的图像效果，不透明度越低，像素点越分散。

2. 加深混合模式

加深混合模式可将当前图像与底层图像进行比较，使底层图像变暗，主要有以下模式。

- “变暗”模式：自动检测颜色信息，选择基色或混合色中较暗的作为结果色，其中比结果色亮的像素将被替换掉，因此会露出背景图像的颜色，而比结果色暗的像素将保持不变。

笔 记

- “正片叠底”模式：其特点是可以使当前图像中的白色完全消失，另外，除白色以外的其他区域都会使底层图像变暗。无论是图层间的混合还是在图层样式中，正片叠底都是最常用的一种混合模式。
- “颜色加深”模式：特点是可保留当前图像中的白色区域，并加强深色区域。
- “线性加深”模式：它与“正片叠底”模式的效果相似，但产生的对比效果更强烈，相当于“正片叠底”模式与“颜色加深”模式的组合。
- “深色”模式：比较混合色和基色的所有通道的总和，并显示值较小的颜色，直接覆盖底层图像中暗调区域的颜色，底层图像中包含的亮度信息不变，被当前图像中的暗调信息所取代，从而得到最终效果。

3. 变亮混合模式

在 Photoshop 中，每一种加深混合模式都有一种完全相反的减淡混合模式与之相对应，减淡混合模式的特点是当前图像中的黑色将会消失，任何比黑色亮的区域都可能加亮底层图像，主要有以下模式。

- “变亮”模式：其特点是比较并显示当前图像比下面图像亮的区域，它与“变暗”模式产生的效果相反。
- “滤色”模式：其特点是可以使图像产生漂白的效果，它与“正片叠底”模式产生的效果相反。
- “颜色减淡”模式：其特点是可加亮底层的图像，同时使颜色变得更加饱和，由于对暗部区域的改变有限，因而可以保持较好的对比度。
- “线性减淡”模式：它与“滤色”模式相似，但是可产生更加强烈的对比效果。
- “浅色”模式：它与加深混合模式中的“深色”相对应。根据当前图像的饱和度，直接覆盖底层图像中高光区域的颜色，以高光色调所取代底层图像中包含的暗调区域。浅色模式可反映背景较暗图像中亮部信息，用高光颜色取代暗部信息。

4. 对比混合模式

它综合了加深和减淡混合模式的特点，在进行混合时，50%的灰色会完全消失，任何亮于 50%灰色的区域都可能加亮下面的图像，而暗于 50%灰色的区域都可能使底层图像变暗，从而增加图像对比度，主要有以下模式。

- “叠加”模式：其特点是在为底层图像添加颜色时，可保持底层图像的高光和暗调。
- “柔光”模式：它可产生比“叠加”模式或“强光”模式更为精细的效果。
- “强光”模式：其特点是可增加图像的对比度，它相当于“正片叠底”模式和“滤色”模式的组合。
- “亮光”模式：其特点是混合后的颜色更为饱和，可使图像产生一种明快感，它相当于“颜色减淡”模式和“颜色加深”模式的组合。
- “线性光”模式：其特点是可使图像产生更高的对比度效果，从而使更多区域变为黑色和白色，它相当于“线性减淡”模式和“线性加深”模式的组合。
- “点光”模式：其特点是可根据混合色替换颜色，主要用于制作特效，它相当于“变亮”模式与“变暗”模式的组合。

- “实色混合”模式：其特点是可增加颜色的饱和度，使图像产生色调分离的效果。

5. 比较混合模式

比较混合模式可比较当前图像与底层图像，然后将相同的区域显示为黑色，不同的区域显示为灰度级或彩色，主要有以下模式。

- “差值”模式：其特点是当前图像中的白色区域会使图像产生反相的效果，而黑色区域则会越接近底层图像。
- “排除”模式：它可以比“差值”模式产生更为柔和的效果。
- “减去”模式：它与“差值”模式类似，从图像中下层图像颜色的亮度值减去当前图像颜色的亮度值，并产生反相效果。上层图像越亮，混合后的效果越暗，与白色混合后为黑色；上层为黑色时，混合后无变化。
- “划分”模式：比较当前图像与底层图像，然后将混合后的区域划分为白色、黑色或饱和度较高的色彩；上层图像越亮，混合后的效果变化越不明显，与白色混合没有变化；上层图像为黑色，混合后图像基本变为白色。

6. 色彩混合模式

色彩的三要素是色相、饱和度和亮度，使用色彩混合模式合成图像时，Photoshop 会将三要素中的一种或两种应用在图像中，主要有以下模式。

- “色相”模式：它适合于修改彩色图像的颜色，该模式可将当前图像的基本颜色应用到底层图像中，并保持底层图像的亮度和饱和度。
- “饱和度”模式：它可使图像的某些区域变为黑白色，该模式可将当前图像的饱和度应用到底层图像中，并保持底层图像的亮度和色相。
- “颜色”模式：它可将当前图像的色相和饱和度应用到底层图像中，并保持底层图像的亮度。
- “亮度”模式：它可将当前图像的亮度应用于底层图像中，并保持底层图像的色相与饱和度。

3.3.3 混合模式综合案例

微课 3-7
混合模式综合案例

具体操作如下。

① 启动 Photoshop 软件，然后执行“文件”→“新建”菜单命令，创建“混合模式应用.psd”文件，设置宽度为 1000 像素、高度为 600 像素、分辨率为 72 像素/英寸、色彩模式为 RGB 颜色、背景内容为白色。

② 从工具箱中选择渐变工具，设置前景色为深褐色（#b27516）、背景色为浅褐色（#c9ac78），接着在工具选项栏中选取渐变填充（对称渐变），在“背景”图层简单拖动鼠标后形成渐变的背景图像，如图 3-42 所示。

③ 打开图片“书法.jpg”，如图 3-43 所示，然后对其执行“图像”→“调整”→“反相”菜单命令，接着将其拖入背景图中，设置层名为“书法”、混合模式为柔光、不透明度为 24%，效果如图 3-44 所示。

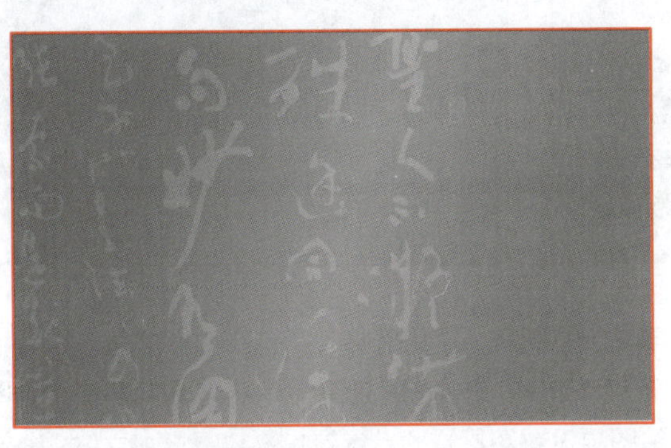

图 3-42
背景过度素材

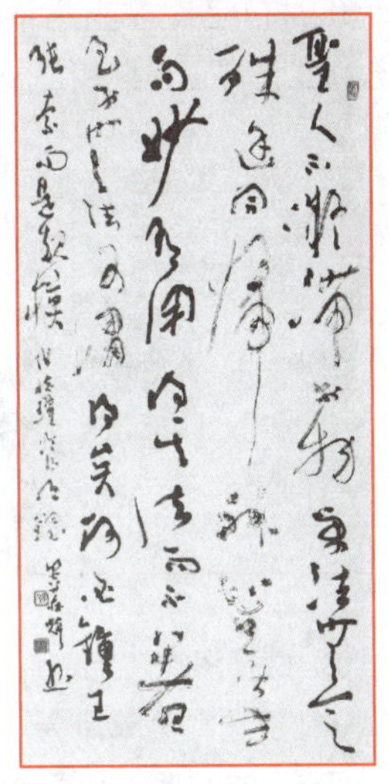

图 3-43
“书法”素材图片

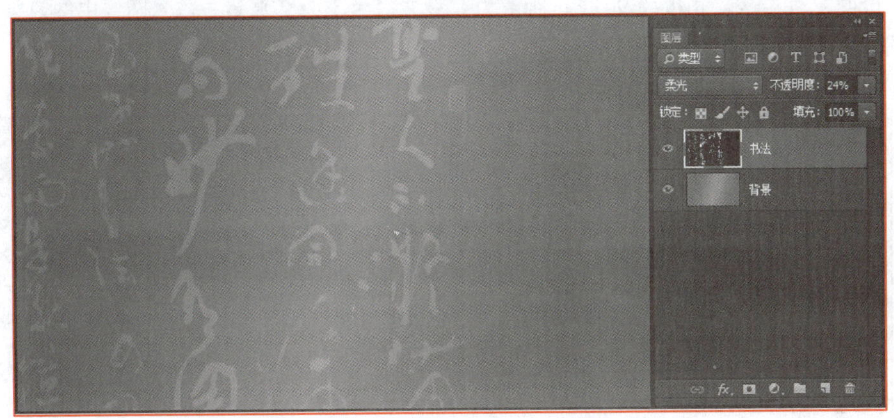

图 3-44
混合后的效果

④ 对素材文件“国画.jpg”（如图 3-45 所示）进行类似的操作，调整图层的大小与位置后的效果如图 3-46 所示。

图 3-45
“国画”素材

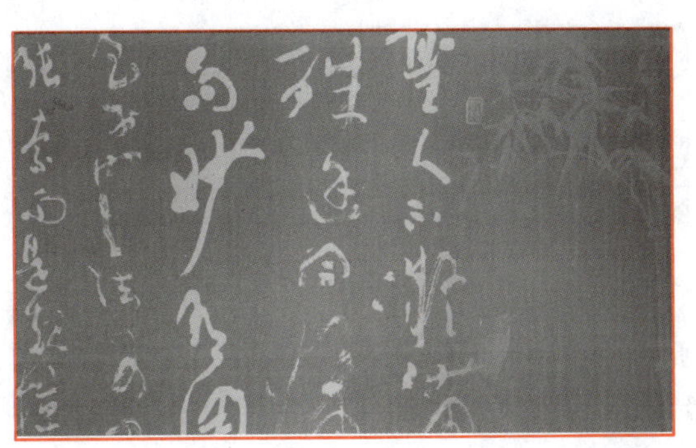

图 3-46
国画混合后的效果

⑤ 打开图片“墨迹.jpg”，如图 3-47 所示，将其拖入背景图中，设置层名为“墨迹”、混合模式为“正片叠底”，效果如图 3-48 所示。

图 3-47
“墨迹”素材图片

图 3-48
墨迹正片叠底混合后的效果

⑥ 打开图片“毛笔.jpg”，如图 3-49 所示，使用魔棒工具选择白色区域，执行“选择”→“反选”菜单命令（或按快捷键<Ctrl+Shift+I>），选取毛笔将其复制并粘贴到图像中，调整毛笔与墨迹的位置，为毛笔图层设置图层样式，设置投影效果增加立体感，设置不透明度为 44%、角度为 90 度、距离为 8 像素、大小为 2 像素，放入图像中的效果如图 3-50 所示。

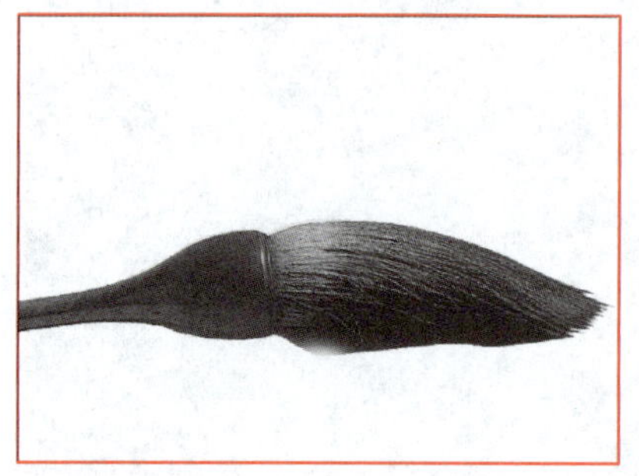

图 3-49
“毛笔”素材图片

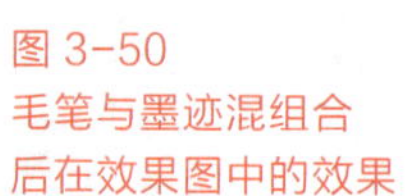

图 3-50
毛笔与墨迹混组合后在效果图中的效果

⑦ 打开图片“无名山人.jpg”，使用魔棒工具选择黑色字体的局部区域，如选中“山”字，然后执行“选择”→“选取相似”菜单命令，选中“无名山人作品集”题字，如图 3-51 所示。复制选区，粘贴到效果图中，最后对“无名山人作品集”文字图层执行“描边”图层样式（设置颜色为#fef5b6、大小为 3 像素），效果如图 3-52 所示。

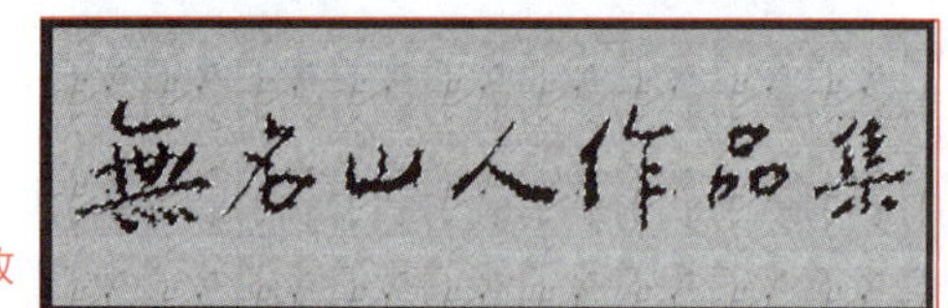

图 3-51
“无名山人作品集”选区

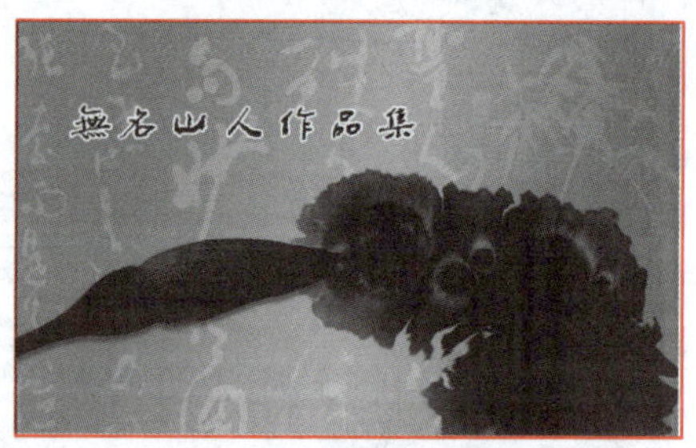

图 3-52
“无名山人作品集”放入效果图中的效果

⑧ 打开图片“庄辉.jpg”，使用多边形套索工具将照片中人物选取出来，如图 3-53 所示，复制并粘贴到效果图中，调整人物的大小与位置，最后设置人物的图层样式为外发光效果、不透明度为 50%、颜色为“白色渐变为透明”、扩展为 14%、大小为 21 像素，效

果如图 3-54 所示。

图 3-53
人物照片选区

图 3-54
人物照片设置图层样式后的效果

3.4 3D 功能的基本使用

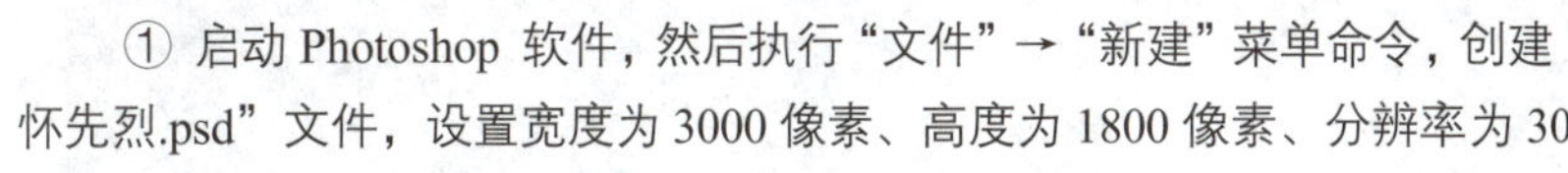

3.4.1 认识 3D 功能

3D 图层属于一类非常特殊的图层，为便于与其他图层区别开，其缩览图上有一个 3D 图层的特殊标记。

微课 3-8
使用 3D 功能

下面通过例子认识 Photoshop 的 3D 功能。

① 启动 Photoshop 软件，然后执行“文件”→“新建”菜单命令，创建“铭记历史 缅怀先烈.psd”文件，设置宽度为 3000 像素、高度为 1800 像素、分辨率为 300 像素/英寸、色彩模式为“RGB 颜色”、背景内容为“白色”。

② 从工具箱中选择渐变工具，设置前景色为深蓝色（#004d74）、背景色为浅蓝色（#009afa），接着在选项栏中选取渐变填充（对称渐变），在“背景”图层拖动鼠标后形成渐变的背景图像，如图 3-55 所示。

③ 使用文本工具，设置文字大小为“100 点”、字体为“黑体”，输入“铭记历史 缅怀先烈”，效果如图 3-56 所示。

图 3-55
创建背景

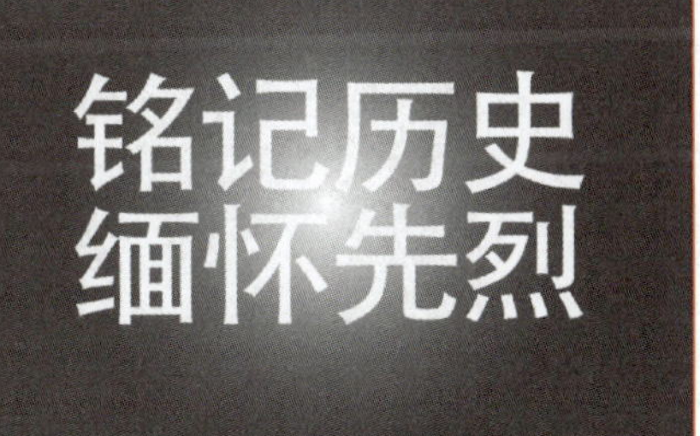

图 3-56
输入文字

④ 执行“3D”→“从所选图层创建 3D 模型”菜单命令，弹出“您即将创建一个 3D 图层。是否切换到 3D 工作区”提示框，单击“是”按钮，进入“3D 工作区”，如图 3-57 所示。

⑤ 在空白位置拖动鼠标，会旋转 3D 对象出现从任意角度观看的效果，如图 3-58 所示。单击上方的“光源”，可看到不同方向的日照效果，如图 3-59 所示。

图 3-57
3D 工作区

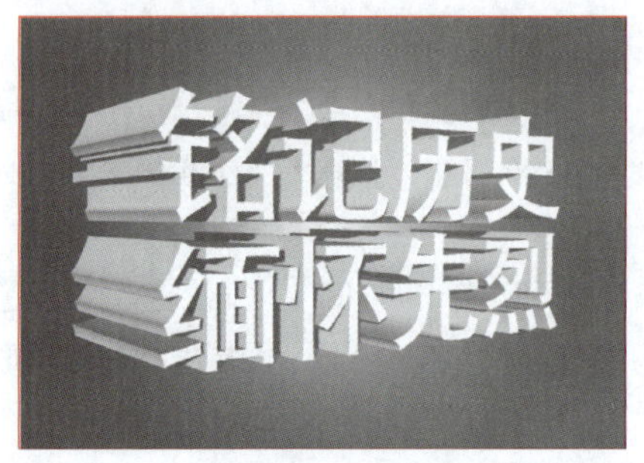

图 3-58
旋转 3D 文字

图 3-59
调整光源方向

⑥ 单击左下角的 3D 相机控制区域，可以分别尝试环绕移动 3D 相机、平移 3D 相机、移动 3D 相机，可以看到不同方向的 3D 效果，如图 3-60 所示。

图 3-60
旋转 3D 相机

⑦ 单击文字内容，会出现纹理映射及阴影的凸出程度，可按需要自行调节文字的纹理相关设置。例如，选择材质为“石砖”，依次设置闪亮、反射、凹凸、不透明度与折射后，效果如图 3-61 所示。

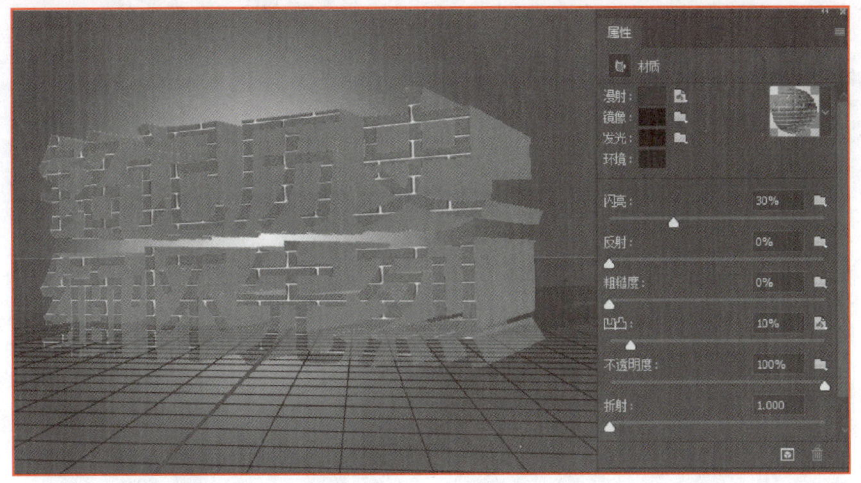

图 3-61
文字的纹理相关设置

⑧ 双击文字，弹出“阴影”设置栏，可设置投影的形状预设、纹理映射等，单击阴影部分，可设置阴影的“发光”及“环境”颜色，效果如图 3-62 所示。

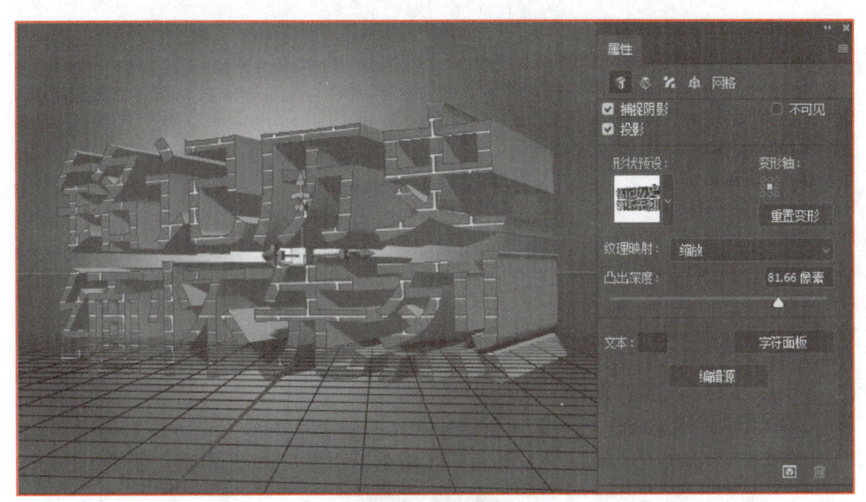

图 3-62
调整阴影后的效果

3.4.2　创建 3D 明信片

打开素材图片“飞机.jpg”，如图 3-63 所示，执行“3D” →“从图层新建网格” →“明信片”菜单命令，可以将平面图片转换为 3D 明信片两面的贴图材料，该平面图也相应被转换为“3D”图层。执行 3D 明信片相关命令后的效果如图 3-64 所示。

图 3-63
“飞机”素材图片

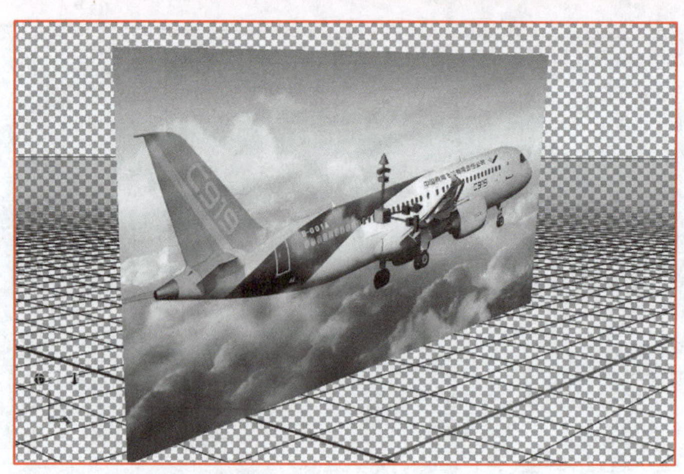

图 3-64
3D 明信片效果

3.5　综合案例：翡翠玉镯的制作

微课 3-9
翡翠玉镯的制作

3.5.1　效果展示

本节通过图层与图层的样式来完成翡翠玉镯的制作，效果如图 3-65 所示。

图 3-65
翡翠玉镯的效果展示

素养小贴士　中国传统文化——玉文化

玉是中国传统文化的一个重要组成部分，以玉为中心载体的玉文化中包含着有“宁为玉碎”的爱国民族气节，“化干戈为玉帛”的团结友爱精神等。

3.5.2　实现过程

具体操作如下。

① 打开 Photoshop 软件，执行“文件”→“新建”菜单命令，新建一个文件，保存为“翡翠玉镯.psd”，设置宽度和高度都为 8 厘米、分辨率为 300 像素/英寸、背景为白色。

② 执行“视图”→“标尺”菜单命令（或按快捷键<Ctrl+R>），显示图像的标尺，用鼠标从标尺 4 厘米处拉出垂直和水平的两条参考线（注意：拉到近中间 1/2 处时，参考线会抖动一下，这时停下鼠标，即是水平或垂直的中心线），拉出相互垂直的两条参考线后，

图像的中心点就确定了，如图 3-66 所示。

图 3-66
显示标尺并设置辅助线

③ 新建一个图层，命名为“玉镯”，接下来选用椭圆选框工具，在中心点按住鼠标左键，再按<Shift+Alt>组合键，然后拖动鼠标绘制一个以中心为圆心的圆形选区。将前景色设置为绿色（#64BE03），按<Alt+Delete>组合键填充圆形，效果如图 3-67 所示。

图 3-67
绘制并填充圆形选区

④ 采用同样的方法绘制一个小些的圆形选区，最后得到一个环形选区，如图 3-68 所示，然后删除小圆形选区中的绿色，效果如图 3-69 所示。

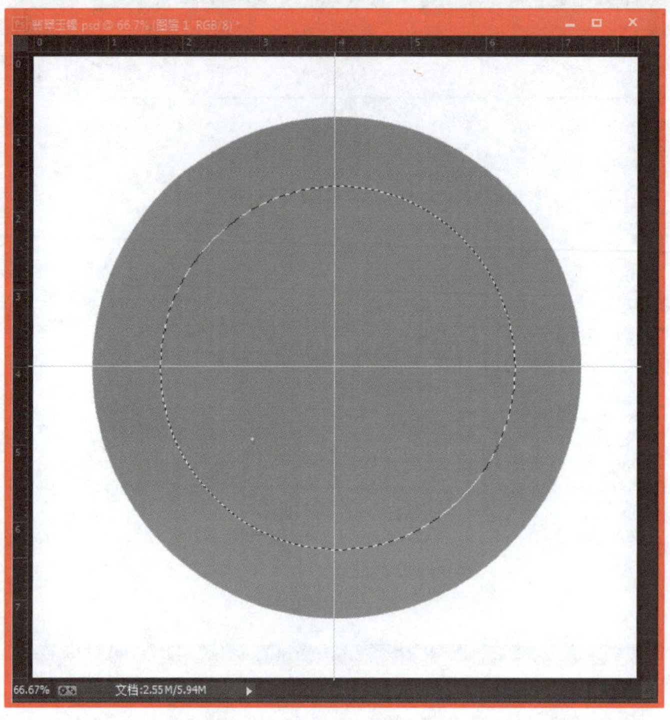

图 3-68
选择新的小圆选区

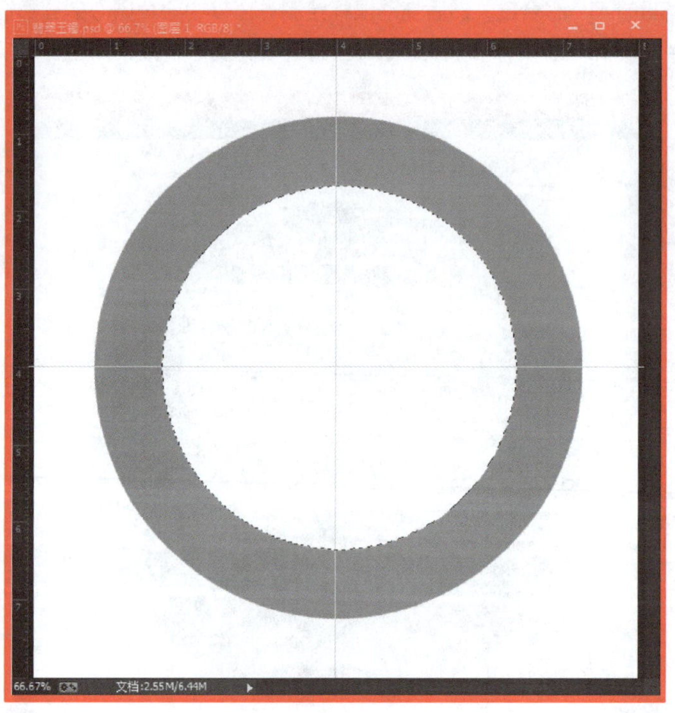

图 3-69
形成环形

⑤ 双击图层 1 缩览图，弹出“图层样式”对话框，选中“斜面与浮雕”选项，设置各个参数，如图 3-70 所示，可依据效果反复调整参数，效果如图 3-71 所示。

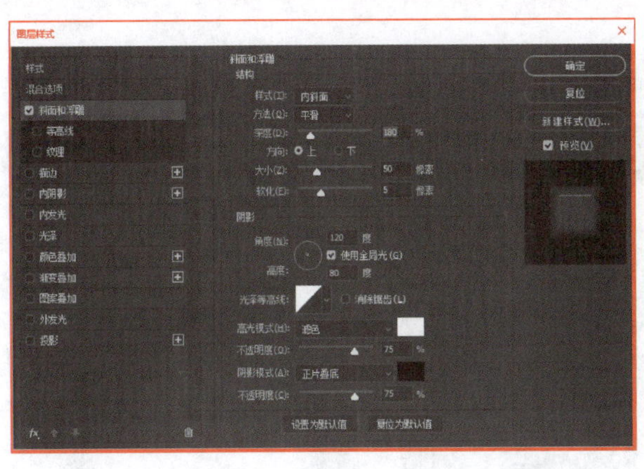

图 3-70
“斜面和浮雕”的设置

图 3-71
斜面和浮雕设置后的效果

⑥ 设置“图案叠加”效果，如图 3-72 所示，选择云彩图案，调整不透明度和缩放比例，效果如图 3-73 所示。

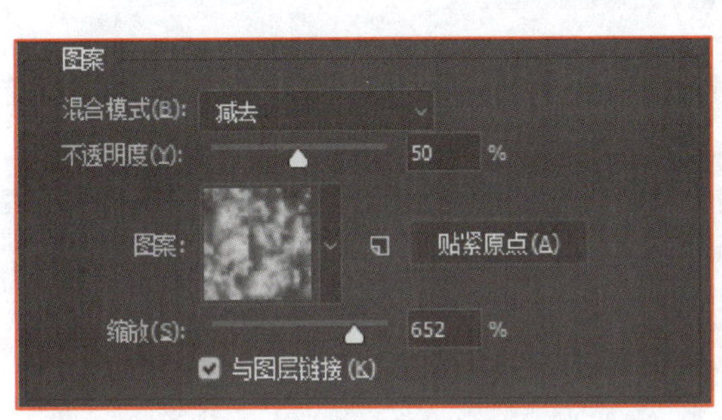

图 3-72
“图案叠加”的设置

图 3-73
图案叠加后的效果

⑦ 选择“光泽”选项，设置混合模式色块为翠绿色（#55c90e），各个参数设置如图 3-74 所示，效果如图 3-75 所示。

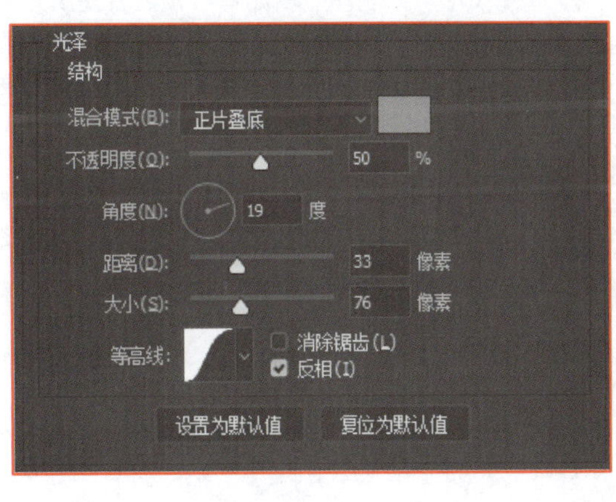

图 3-74
“光泽”的设置

图 3-75
光泽设置后的效果

⑧ 选择“投影”选项，如图 3-76 所示，设置混合模式为“正片叠底”、颜色为深灰色（#5d5d5d）、不透明度为 50%、角度为 120 度、距离为 30 像素、大小为 20 像素，效果如图 3-77 所示。

图 3-76
“投影”的设置

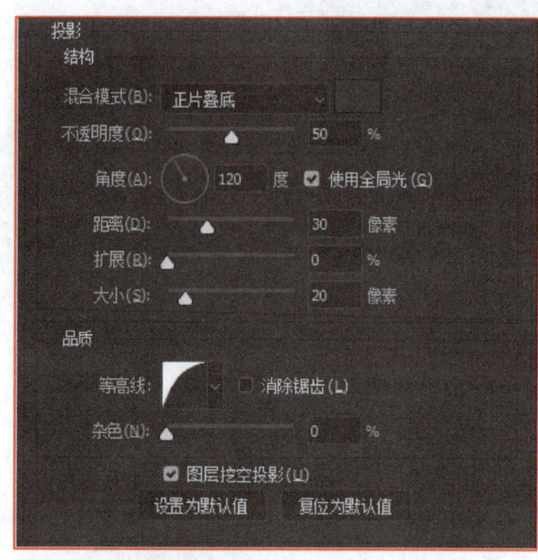

图 3-77
设置投影后的效果

⑨ 选择“内阴影”选项，设置混合模式为“正片叠底”、颜色为黑色、不透明度为 75%、距离为 25 像素、大小为 60 像素。

⑩ 如果还想添加细节效果，可以添加“内发光”效果，这样一个通灵剔透的翡翠玉镯就完成了，如图 3-65 所示。

 任务实施：“只争朝夕，不负韶华”手表表面效果制作

1. 任务分析

本任务主要是设计一款手表表面的视觉效果，重点是使用图层以及图层样式来完成金属质感的表面。可以通过“渐变叠加”和“投影”来制作表面的背景，之后使用光影表现出表面背景图案的质感，再通过白色金属质感圆盘衬托整体的立体感，绘制精细的刻度与指针，营造出精准的感觉，使用剪贴图层结合混合模式制作中国风表面，最后使用图层样式加上“只争朝夕 不负韶华”文本。

2. 技能要点

核心技能要点：渐变工具、矩形工具、横排文字工具、直线工具、椭圆工具、变换工具、图层样式、混合模式设置等。

3. 实现过程

微课 3-10
“只争朝夕，不负韶华”手表表面制作

本案例操作步骤如下。

① 打开 Photoshop 软件，执行“文件”→“新建”菜单命令，新建一个文件，设置宽度和高度都为 568 像素、分辨率为 72 像素/英寸、背景为白色。执行“文件”→“置入嵌入对象”菜单命令，选择素材文件夹中的图片“背景.jpg”，调整大小，效果如图 3-78 所示。

② 新建一个图层，命名为"表面图案背景"，使用矩形选框工具，按住快捷键<Shift+Alt>，绘制一个正方形；执行"选择"→"修改"→"平滑"菜单命令，弹出"平滑选区"对话框，设置取样半径为 10 像素、前景色为淡黄色（#fafadc），按快捷键<Alt + Delete>填充前景色，效果如图 3-79 所示。

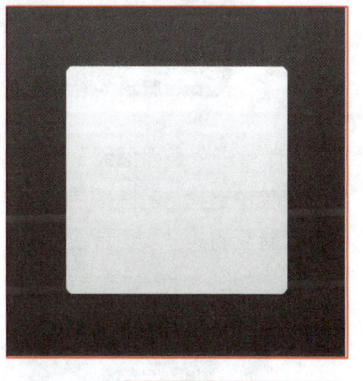

图 3-78
背景图片

图 3-79
填充的圆角矩形

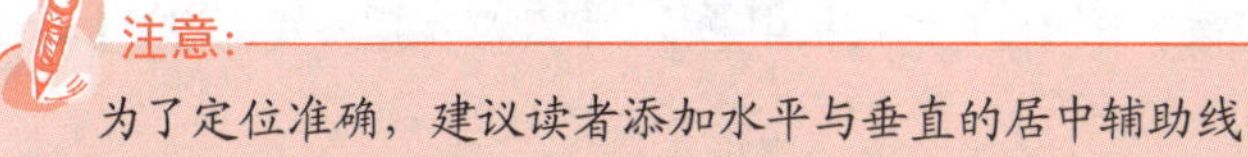

注意：
为了定位准确，建议读者添加水平与垂直的居中辅助线。

③ 选择"表面图案背景"图层，在"图层"面板中的"图层样式"下拉列表中选择"渐变叠加"选项，在打开的"图层样式"对话框中设置相关参数，如图 3-80 所示，效果如图 3-81 所示。

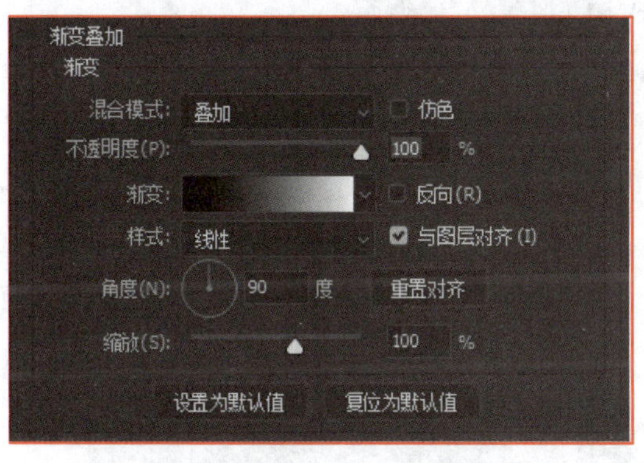

图 3-80
渐变叠加的设置

图 3-81
设置渐变叠加的效果

④ 在"图层"面板中添加"描边"图层样式，设置颜色为深灰色（#3b3b3b）、大小为 2 像素。添加"投影"图层样式，设置混合模式为"正片叠底"、不透明度为 100%、角度为 120 度、距离与大小都为 5 像素，如图 3-82 所示，效果如图 3-83 所示。

⑤ 新建一个图层，命名为"表面圆圈"，使用椭圆选框工具，按住快捷键<Shift+Alt>，绘制一个圆形，设置前景颜色为浅灰色（#f0f0f0），按快捷键<Alt+Delete>填充前景色。

⑥ 选择"表面圆圈"图层，在"图层"面板中选择"渐变叠加"图层样式，相关参数设置如图 3-84 所示，效果如图 3-85 所示。

图 3-82
投影的结构设置 1

图 3-83
设置投影和描边后的效果

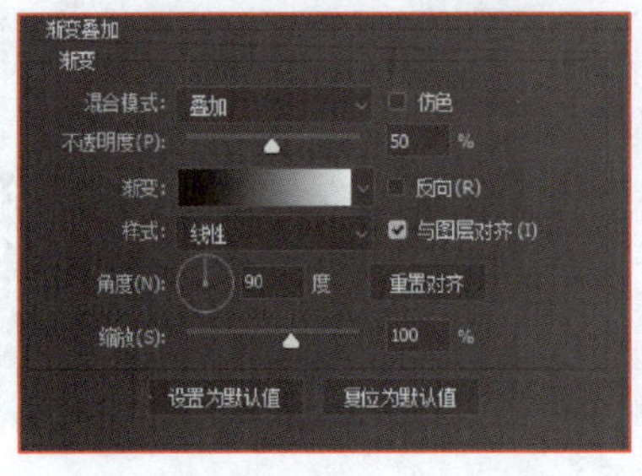

图 3-84
渐变叠加的设置

图 3-85
设置渐变叠加后的效果

⑦ 选择“表面圆圈”图层，在“图层”面板中选择“投影”图层样式，相关参数设置如图 3-86 所示，效果如图 3-87 所示。

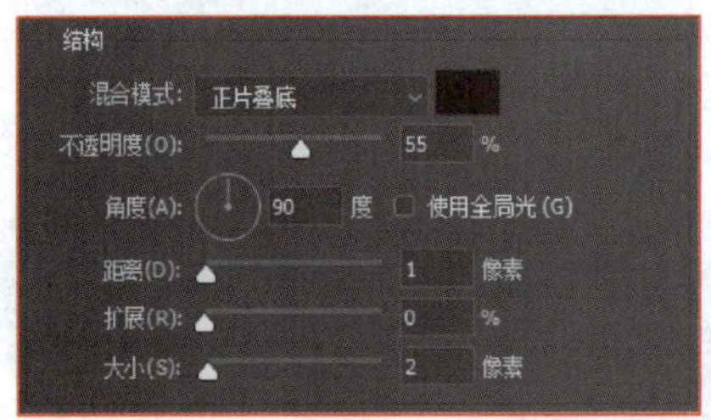

图 3-86
投影的结构设置 2

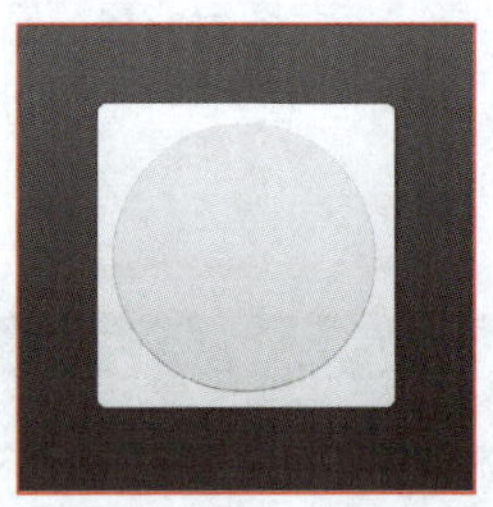

图 3-87
表面圆圈设置投影后的效果

⑧ 单击“表面圆圈”图层，按快捷键<Ctrl+J>复制一个图层，右击图层，在弹出的快捷菜单中选择“清除图层样式”命令，按快捷键<Ctrl+T>缩放椭圆，按<Enter>键结束操作。给新复制的“表面圆圈 拷贝”层添加“内阴影”的图层样式，参数设置如图 3-88 所示，效果如图 3-89 所示。

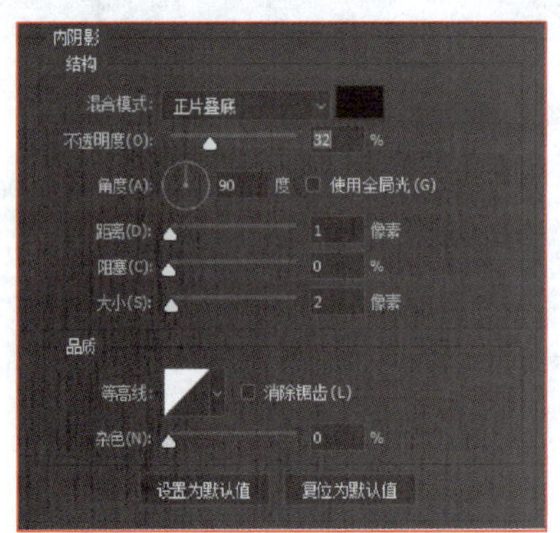

图 3-88
内阴影的设置

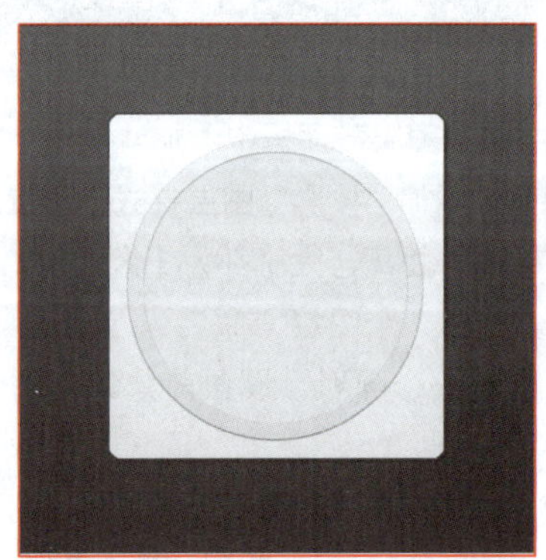

图 3-89
设置内阴影后的效果

⑨ 选择“表面圆圈 拷贝”图层，在“图层”面板中选择“渐变叠加”图层样式，相关参数设置如图 3-90 所示，效果如图 3-91 所示。

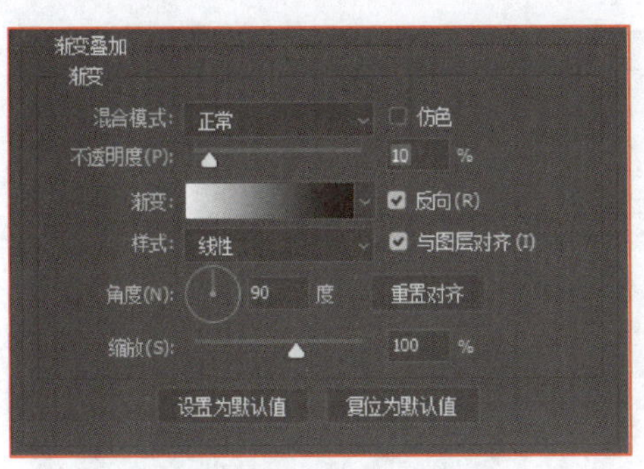

图 3-90
渐变叠加的设置

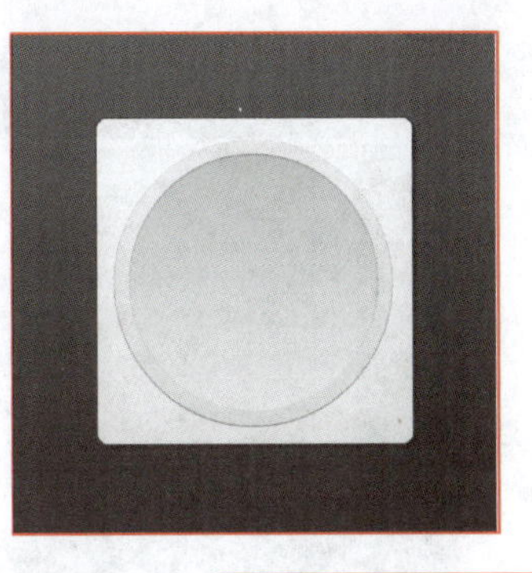

图 3-91
设置渐变叠加的效果

⑩ 单击“表面圆圈 拷贝”图层，按快捷键<Ctrl+J>复制一个图层，清除图层样式，按快捷键<Ctrl+T>缩放椭圆，按<Enter>键结束操作。给新复制的“表面圆圈 拷贝”图层添加“描边”图层样式，参数设置如图 3-92 所示，效果如图 3-93 所示。

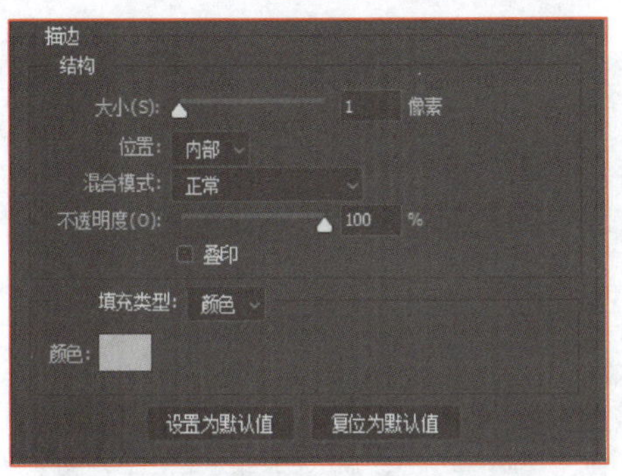

图 3-92
描边的设置

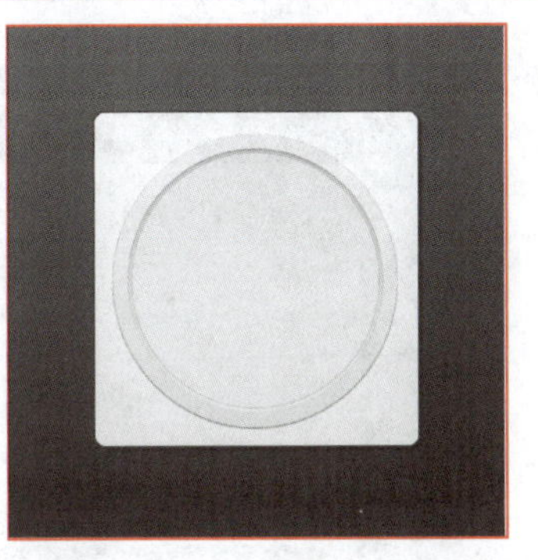

图 3-93
设置描边后的效果

⑪ 新建一个“时钟刻度”图层，使用矩形选框工具绘制一个矩形，填充为深灰色（# 282828），如图 3-94 所示。使用矩形选框工具绘制一个小矩形，将中间灰色部分删除，如图 3-95 所示。

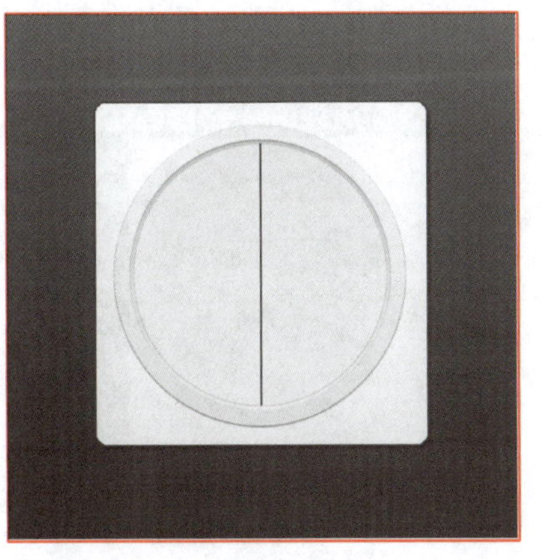

图 3-94
绘制时钟表的矩形

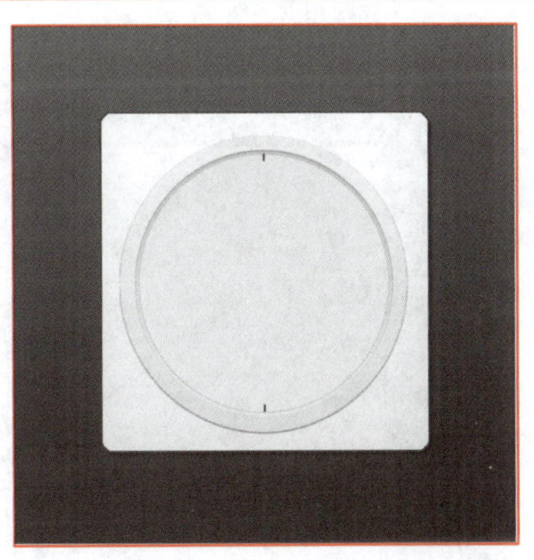

图 3-95
删除部分灰色后形成的时钟刻度线

⑫ 按快捷键<Ctrl+J>复制“时钟刻度”图层，按快捷键<Ctrl+T>旋转时刻图层内容

（设置旋转角度为 30°），效果如图 3-96 所示。按快捷键<Ctrl+Shift+Alt+T>旋转并复制矩形，制作其他刻度线，效果如图 3-97 所示。

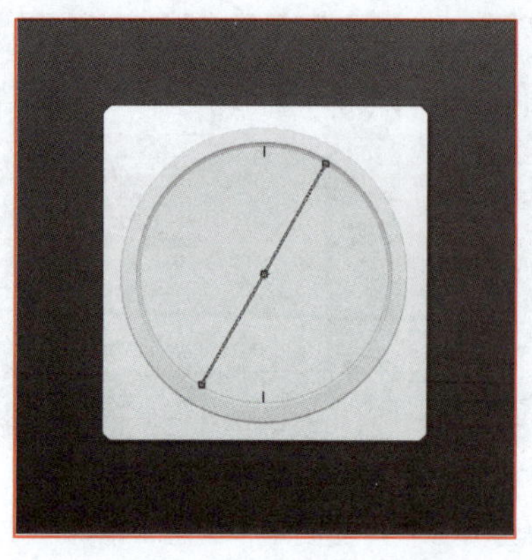

图 3-96
复制效果

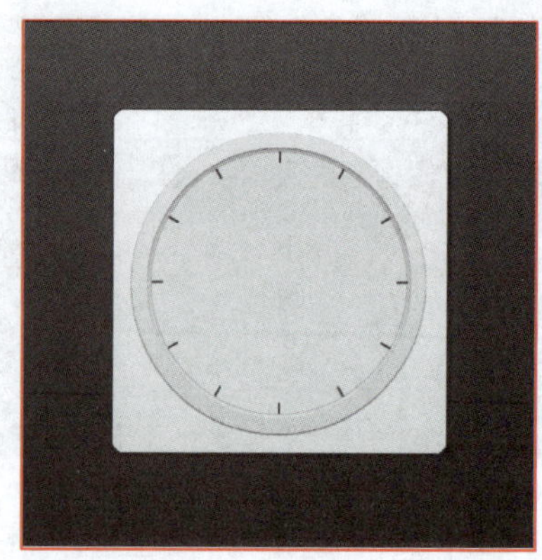

图 3-97
时钟的时刻线

⑬ 采用同样的方法制作分钟刻度线（设置分针旋转角度为 6°），效果如图 3-98 所示，整体分钟刻度线如图 3-99 所示。

图 3-98
部分分钟的时刻线

图 3-99
分钟的时刻线

⑭ 执行"文件"→"置入嵌入对象"菜单命令，选择素材文件夹中的图片"时针.png"和"分针.png"，调整位置，时针效果如图 3-100 所示，分针效果如图 3-101 所示。

图 3-100
添加时针的效果

图 3-101
添加分针的效果

⑮ 执行"文件"→"置入嵌入对象"菜单命令，选择素材文件夹中的图片"秒针.png"，

调整位置，如图 3-102 所示。

⑯ 新建一个“时钟刻度”图层，使用矩形选框工具绘制一个矩形，描边 1 像素浅灰色（#d6d6d6），使用文本工具输入日期“8”，效果如图 3-103 所示。

图 3-102
添加秒针的效果

图 3-103
添加日期框后的效果

⑰ 打开素材图片“千里江山图.tif”，将其拖入该文件，放在“表面圆圈 拷贝 2”图层上方，执行“图层”→“创建剪贴蒙版”菜单命令，效果如图 3-104 所示。

⑱ 使用文本工具分别输入“只争朝夕”“不负韶华”，调整文字大小，效果如图 3-105 所示。

图 3-104
将“千里江山图”设置剪贴蒙版

图 3-105
添加“只争朝夕 不负韶华”

⑲ 给文字设置颜色为金色（# ffcc4e），同时给文字添加“渐变叠加”“投影”图层样式，效果如图 3-1 所示。

任务拓展

1. 图层应用技巧

在使用 Photoshop 图层时，有很多技巧，读者熟练掌握的话，就能大大提高工作效率。

技巧 1:

如果只想要显示某个图层，只需要按住<Alt >键，单击该图层的指示图层可视性图标，即可将其他

图层隐藏，再次单击则显示所有图层。

技巧 2:

要改变当前活动工具或图层的不透明度，可以使用小键盘上的数字键。按下“1”，代表 10%的不透明度，“5”代表 50%，“0”代表 10%的不透明度。而连续地按下数字，如“45”，则会得出一个不透明度为 45%的结果。

技巧 3:

要在文档之间拖动多个图层，可以先将它们链接，然后使用移动工具将它们从一个文档窗口拖到另一个文档窗口中。也可以将多个层放置在一个文件组中，然后再拖动。

2. 图层样式的使用技巧

Photoshop 软件自身也是带有很多样式的，执行“窗口”→“样式”菜单命令，打开“样式”面板，直接单击“样式”面板中的预设样式可以直接使用，“样式”面板如图 3-106 所示。单击图 3-106 中右上角的面板菜单按钮，可以调出其他预设样式，如图 3-107 所示。

图 3-106
“样式”面板

抽象样式
按钮
虚线笔划
DP 样式
玻璃按钮
图像效果
KS 样式
摄影效果
文字效果 2
文字效果
纹理
Web 样式

图 3-107
其他预设样式

项目实训：制作感恩教师节主题海报

微课 3-11
感恩教师节海报制作

十年树木，百年树人。一年年春华秋实，一载载桃李芬芳。教师，既是辛勤的园丁，也是人类灵魂的工程师，更是太阳底下最光辉的职业。在教师节即将到来之际，向默默耕耘、辛勤工作的教师们致以最崇高的节日祝福。请以“感恩教师节”为主题设计一张海报，案例参考效果如图 3-108 所示。

图 3-108
感恩教师节海报效果

任务 4 调整色彩色调

调整色彩色调是图像处理中一项非常实用且重要的内容，Photoshop 提供了丰富而强大的色彩与色调的调整功能，因此，掌握图像色彩色调的调整方法很有必要。

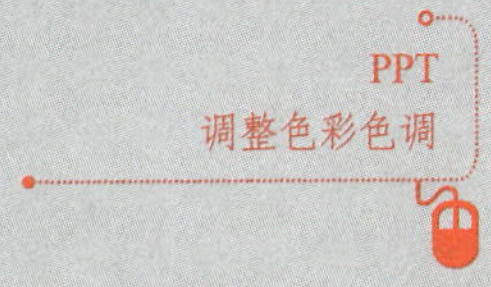

教学导航

知识目标	● 认识颜色的基本属性 ● 了解色彩的含义
能力目标	● 掌握图像色调与色彩的基本调整方法 ● 掌握色彩和色调的特殊调整方法
素质目标	● 具有精益求精的工匠精神 ● 提升团队讨论、协作能力
本单元重点	● 亮度/对比度、色彩平衡等命令的使用 ● 照片滤镜、阴影/高光等命令的使用
本单元难点	● 色阶、曲线命令的使用 ● 色相/饱和度、调整图层的使用
教学方法	任务驱动法、讲授法、演示法、案例教学法
建议课时	6 课时

任务展示：创意合成历史变迁特效

为展示改革开放四十多年的巨大变化，本任务借助图像的色彩调整来完成一幅反应历史变迁的艺术特效图像效果，效果如图 4-1 所示。

图 4-1
创意合成历史变迁特效效果

素养小贴士　改革开放

改革开放有力推动了我国经济社会发展，明显提高了我国社会生产力，极大提升了人民生活水平。在改革开放进程中，中华民族实现了从站起来到富起来的巨大飞跃，迎来了从富起来到强起来的伟大飞跃。

知识准备

4.1　图像色彩的基本认知

4.1.1　颜色的基本属性

色彩是人对事物的第一视觉印象，具有迷人的艺术魅力，作为一种独立的语言，本

身就具有强烈的表现力。每幅优秀的作品，很大程度在于对色彩的运用，张弛有度的色彩可以产生对比效果，使图像显得更加绚丽，同时激发人的感情和想象。色相、饱和度和亮度这 3 个色彩要素共同构成人类视觉中完整的颜色表相。因此，了解并掌握一定的色彩知识是十分必要的。

1. 色相

色相指的是色的相貌，它可以包括很多色彩，光学中的三原色为红、蓝、绿，而在光谱中最基本的色相可分为红、橙、黄、绿、蓝、紫 6 种颜色。

2. 饱和度

饱和度指的是色彩的鲜艳程度，也称为纯度。从科学角度讲，一种颜色的鲜艳程度取决于这一色相反射光的单一程度。当一种颜色所含的色素越多，饱和度就越高，明度也会随之提高。

3. 明度

明度指的是色彩的明暗程度或深浅程度，它是色彩中的骨骼，具有一种不依赖于其他性质而单独存在的特性，当色相与纯度脱离了明度就无法显现。

不同明度值的图像效果给人的心理感受也有所不同。高明度色彩给人以明亮、纯净、唯美的感受，适中的明度色彩给人以朴素、稳重、亲和的感受，低明度色彩则让人感到压抑、沉重、神秘。

4.1.2 颜色的含义

色彩在人们的生活中都是有丰富的感情和含义的。例如，红色让人联想起玫瑰，联想到喜庆，联想到兴奋等。不同的颜色其含义也各不相同。表 4-1 所示为一些常用颜色所表示的不同含义。

表 4-1 颜色的含义一览表

颜色	含义	具体表现	抽象表现
红色	一种对视觉器官产生强烈刺激的颜色，在视觉上容易引起注意，在心理上容易引起情绪高昂，能使人产生冲动、愤怒、热情、活力的感觉	火、血、心、苹果、夕阳、婚礼、春节等	热烈、喜庆、危险、革命等
橙色	一种对视觉器官产生强烈刺激的颜色，由红色和黄色组成，比红色多些明亮的感觉，容易引起注意	橙子、柿子、桔子、橘子、秋叶、砖头、面包等	快乐、温情、积极、活力、热烈、温馨、时尚等
黄色	一种对视觉产生明显刺激的颜色，容易引起注意	香蕉、柠檬、黄金、蛋黄、帝王等	光明、快乐、豪华、注意、活力、希望、智慧等
绿色	对视觉器官的刺激较弱，介于冷暖两种色彩的中间，能使人产生和睦、宁静、健康、安全的感觉	草、植物、竹子、森林、公园、地球、安全信号等	新鲜、春天、有生命力、和平、安全、年轻、清爽、环保等
蓝色	对视觉器官的刺激较弱，在光线不足的情况下不易辨认，具有缓和情绪的作用	水、海洋、天空、游泳池等	稳重、理智、高科技、清爽、凉快、自由等

续表

颜色	含义	具体表现	抽象表现
紫色	由蓝色和红色组成，对视觉器官的刺激正好综合强弱，形成中性色彩	葡萄、茄子、紫菜、紫罗兰、紫丁香等	神秘、优雅、浪漫、忧郁等
褐色	在橙色中加入了一定比例的蓝色或黑色所形成的暗色，对视觉器官刺激较弱	麻布、树干、木材、皮革、咖啡、茶叶等	古老、古典、稳重、男性化等
白色	自然日光是由多种有色光组成的，白色是光明的颜色	光、白天、白云、雪、兔子、棉花、护士、新娘等	纯洁、干净、善良、空白、光明、寒冷等
黑色	为无色相、无纯度之色，对视觉器官的刺激最弱	夜晚、头发、木炭、墨、煤等	罪恶、污点、黑暗、恐怖、神秘、稳重、科技、高贵、不安全、深沉、悲哀、压抑等
灰色	由白色与黑色组成，对视觉器官刺激较弱	金属、水泥、砂石、阴天、乌云、老鼠等	柔和、科技、年老、沉闷、暗淡、空虚、中性、中庸、平凡、温和、谦让、中立、高雅等

4.1.3　查看图像的颜色分布

查看图像的颜色分布，主要是从“信息”面板和“直方图”面板中进行了解。

1. “信息”面板

执行“窗口”→“信息”菜单命令，显示“信息”面板。通过“信息”面板与颜色取样器工具可用来读取图像中 1 像素的颜色值，从而客观地分析颜色校正前后图像的状态。在使用各种色彩调整对话框时，“信息”面板都会显示像素的两组像素值，即像素原来的颜色值和调整后的颜色值，而且用户可以使用吸管工具查看单独区域的颜色，如图 4-2 所示。

图 4-2
单独区域图像信息

2. “直方图”面板

为了便于了解图像的色调分布情况，Photoshop 提供了“直方图”面板。执行“窗口”→“直方图”菜单命令，显示“直方图”面板。它用图形的形式表示图像每个亮

度级别处的像素数量，为校正色调和颜色提供依据。在“直方图”面板中，主要包含了平均值、标准偏差、中间值、像素、高速缓存级别、色阶、数量、百分位等信息，如图 4-3 所示。

图 4-3
不同饱和度图像的“直方图”面板

4.2 图像色彩的基本调整

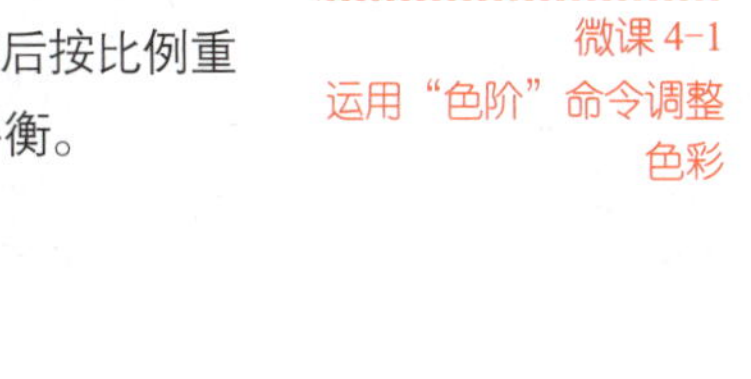

微课 4-1
运用“色阶”命令调整色彩

4.2.1 运用“色阶”命令

“色阶”命令通过将每个通道中最亮和最暗的像素定义为白色和黑色，然后按比例重新分配中间像素值来控制调整图像的色调，从而校正图像的色调范围和色彩平衡。

运用“色阶”命令来调整图像的应用方法，具体步骤如下。

① 打开素材文件夹中的图像文件“海岛.jpg”，如图 4-4 所示。

图 4-4
“海岛”素材图像

② 执行“图像”→“调整”→“色阶”菜单命令（或按快捷键<Ctrl+L>），弹出“色阶”对话框，如图 4-5 所示。

“色阶”对话框中的一些参数介绍如下。

- 预设：Photoshop 中自带的调整方案。
- 通道：可以选择需要调整的通道。
- 自动：系统会自动地调整整个图像的色调。

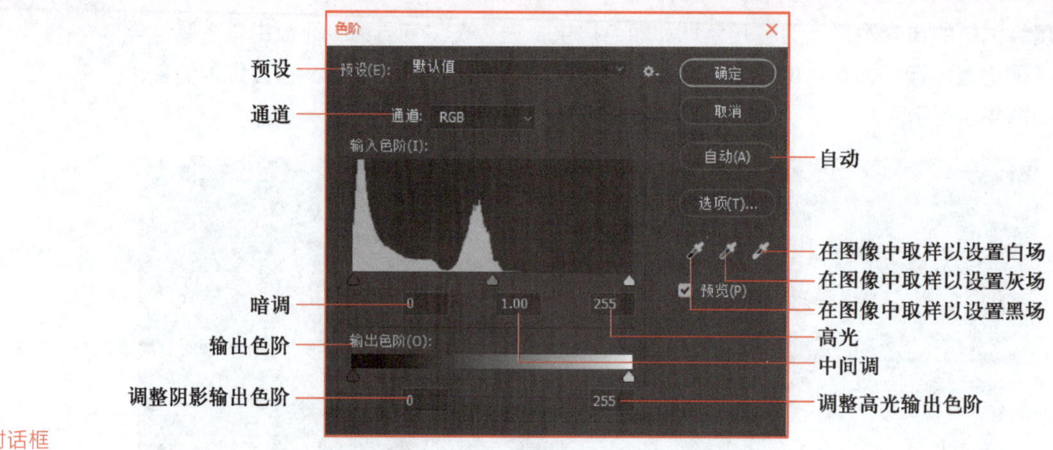

图 4-5
"色阶"对话框

- 暗调、中间调、高光：用来调整整个图像的色调。
- 设置黑场：用该吸管在图像上单击，可以将图像中所有像素的亮度值减去吸管单击处的像素亮度值，从而使图像变暗。
- 设置灰场：用该吸管在图像上单击，将用该吸管单击处的像素中的灰点来调整图像的色调分布。
- 设置白场：用该吸管在图像上单击，可以将图像中所有像素的亮度值加上吸管单击处的像素亮度值，从而使图像变亮。
- 输入色阶：分别拖动"输入色阶"下方的黑、灰、白色滑块或在"输入色阶"数值框中输入数值，可以相应地改变照片的暗调、中间调、高光，从而增加图像的对比度。向左拖动白色滑块或者灰色滑块，可以增加图像亮度；向右拖动黑色滑块或者灰色滑块，可以使图像变暗。
- 输出色阶：拖动"输出色阶"下方的控制条滑块或者在"输出色阶"数值框中输入数值，可以重新定义图像的暗调和高光值，以降低图像的对比度。其中，向右拖动黑色滑块，可以降低图像暗部对比度，从而使图像变亮；向左拖动白色滑块，可以降低图像亮部对比度，从而使图像变暗。

③ 设置"输入色阶"的参数依次为 40、0.75、220，如图 4-6 所示。

④ 单击"确定"按钮，即可运用"色阶"命令调整图像，效果如图 4-7 所示。

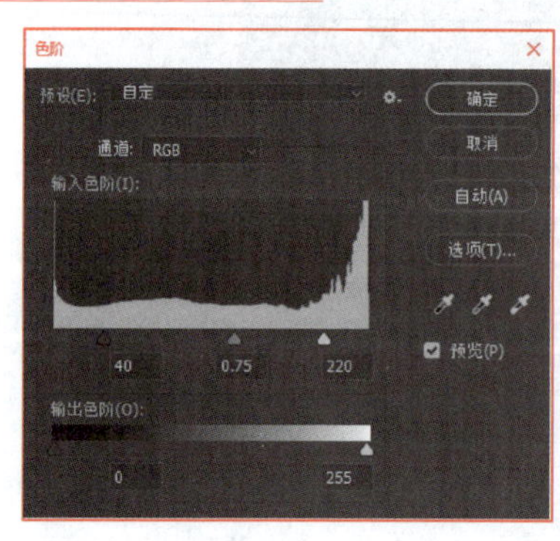

图 4-6
调整后的"色阶"对话框

图 4-7
调整色阶后的效果

4.2.2 运用“曲线”命令

微课 4-2
运用“曲线”命令调整色彩

使用“曲线”命令，就是通过改变对应通道的调整线的形状来改变输出和输入之间的关系，以达到调整图片的目的。

运用“曲线”命令调整照片反差过小的图像，具体操作步骤如下。

打开素材文件夹中的“飞向蓝天.jpg”图像，此时的图像与直方图如图 4-8 所示。

图 4-8
素材图片图像与直方图

在图 4-8 中可以明显看到亮部缺失，所以解决办法就是将亮部的高光游标左移来增强图像的反差，此时的“色阶”对话框如图 4-9 所示，调整后的效果如图 4-10 所示。常见问题还有反差过大、曝光不足等，解决方法与此类似。

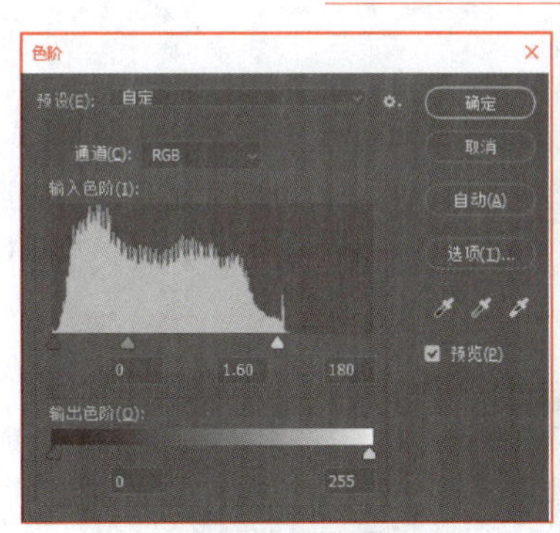

图 4-9
调整后的“色阶”对话框

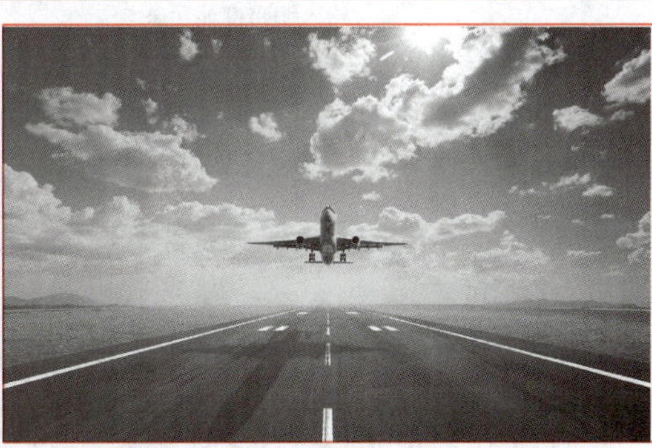

图 4-10
色阶调整后的效果

如果使用曲线调整，同样可以实现这个效果，具体方法是：执行“图像”→“调整”→“曲线”菜单命令（或按快捷键<Ctrl+M>），默认的“曲线”对话框如图 4-11 所示。

“曲线”对话框中的一些参数介绍如下。

- 预设：Photoshop 中自带的调整选项。
- 通道：可以选择需要调整的通道。
- 曲线调整框：该区域用于显示当前对曲线所进行的修改，按住<Alt>键在该区域中单击，可以增加网格的显示数量，从而便于对图像进行精确的调整。
- 明暗度显示条：包括曲线调整左侧纵向的输出明暗度显示条和横向输入明暗度显示条。其中，横向明暗度显示条表示图像在调整前的明暗度状态，纵向明暗度显示条表示图像在调整后的明暗度状态。拖动调整线时，会动态地看到它们的变化。

- 调节线：改变其形状能达到改变色阶输出和输入之间的关系，在调节线上单击可以添加调节节点，当鼠标指针置于节点上并变为选中状态时，就可以拖动该节点对图像进行调整。在该直线上最多可添加不超过 15 个节点，要删除某个节点时，可以选中该节点并将其拖到对话框外部即可，也可以按<Delete>键来删除。

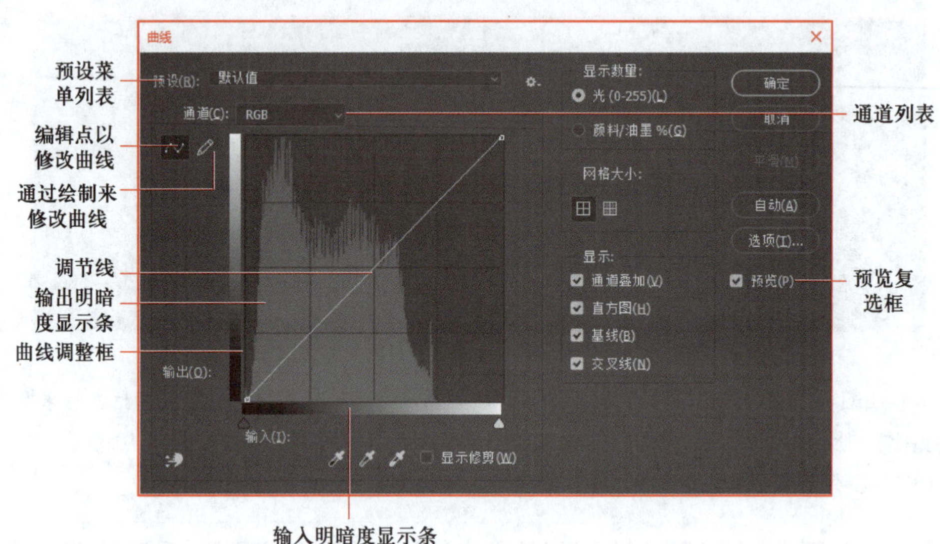

图 4-11
“曲线”对话框

图像素材文件“飞向蓝天”（如图 4-8 所示）调整后的“曲线”对话框如图 4-12 所示，调整后的效果与色阶类似。

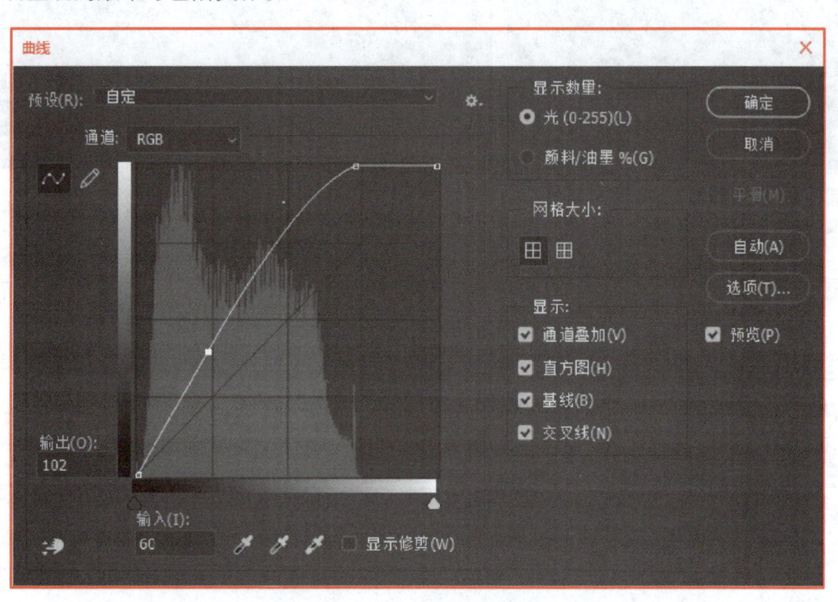

图 4-12
调整后的“曲线”对话框

技巧：调整线为上弦线，能使图像变亮，下弦线变暗，S 线增加对比度，反 S 线降低对比度，反斜线图像反相。

4.2.3　运用“亮度/对比度”命令

微课 4-3
运用“亮度/对比度”命令

使用“亮度/对比度”命令可以方便地调整图像的明暗度。

具体操作方法如下：打开素材文件夹中的“梯田.jpg”图像，执行“图像”→“调整”→“亮度/对比度”菜单命令，弹出如图 4-13 所示的“亮度/对比度”对话框。

图 4-13　原始“梯田”素材图像及“亮度/对比度”对话框

“亮度/对比度”对话框中的部分参数介绍如下。

- 亮度：用于调整图像的亮度。数值为正值时，增加图像亮度；数值为负值时，降低图像亮度。
- 对比度：用于调整图像的对比度。数值为正值时，增加图像的对比度；数值为负值时，降低图像的对比度。
- 使用旧版：可以通过选中该复选框，使用 CS3 以前版本的“亮度/对比度”命令来调整图像。

在文本框中输入数值，可以调整图像的亮度和对比度。降低亮度（亮度为-30）、同时提高对比度（对比度为 60）后的效果，如图 4-14 所示。

图 4-14　调整亮度/对比度后的效果

微课 4-4
运用自动命令

4.2.4　运用自动命令

1. 运用“自动色调”命令

“自动色调”命令根据图像整体颜色的明暗程度进行自动调整，使亮部与暗部的颜色按一定的比例分布。

运用“自动色调”命令调整图像，具体操作步骤如下。

① 打开素材文件夹中的图像文件“长城.jpg”，如图 4-15 所示。

② 执行“图像”→“自动色调”菜单命令（或按快捷键<Ctrl+Shift+L>），系统即可自动调整图像明暗，效果如图 4-16 所示。

图 4-15
“长城”素材图像

图 4-16
自动调整图像明暗后的效果

2. 运用“自动对比度”命令

使用“自动对比度”命令，可以让系统自动调整图像中颜色的总体对比度和混合颜色，它将图像中最亮和最暗的像素映射为白色和黑色，使高光显得更亮，而暗调显得更暗。

运用“自动对比度”命令调整图像，打开素材图像“树叶.jpg”（如图 4-17 所示），执行“图像”→“自动对比度”菜单命令进行调整，效果如图 4-18 所示。

图 4-17
“树叶”素材图像

图 4-18
调整对比度后的效果

3. 运用“自动颜色”命令

运用“自动颜色”命令，可以让系统对图像的颜色进行自动校正，若图像有偏色与饱和度过高的现象，使用该命令可以进行自动调整。

具体操作步骤如下。

① 打开素材图片“雪山.jpg”，如图 4-19 所示。

② 执行“图像”→“自动颜色”菜单命令（或按快捷键<Ctrl+Shift+B>），系统将自动对图像的颜色进行校正，效果如图 4-20 所示。

图 4-19 “雪山”素材图像

图 4-20 自动校正颜色后的效果

4.3 图像色调的调整

图像色调的高级调整可以通过“色相/饱和度”“色彩平衡”“替换颜色”“照片滤镜”“阴影/高光”等命令来进行操作。下面将分别介绍使用各命令调整图像色调的方法。

4.3.1 运用“色相/饱和度”命令

使用“色相/饱和度”命令可以精确地调整整幅图像，或单个颜色成分的色相、饱和度和明度。该命令也可以用于 CMYK 颜色模式的图像，有利于颜色值处于输出设备的范围中。

微课 4-5 运用“色相/饱和度”命令

1. 认识“色相/饱和度”对话框

执行“图像”→“调整”→“色相/饱和度”菜单命令（或按快捷键<Ctrl+U>），会弹出“色相/饱和度”对话框，如图 4-21 所示。

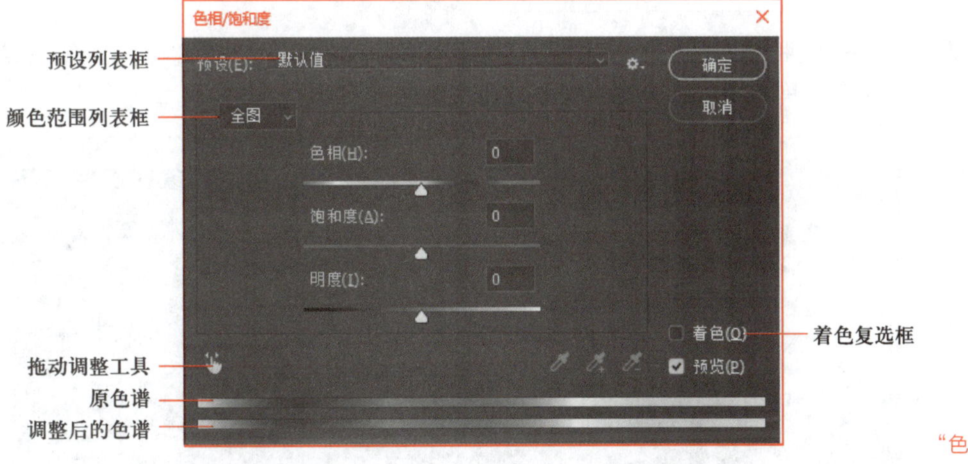

图 4-21 “色相/饱和度”对话框

“色相/饱和度”对话框中的部分参数介绍如下。

- 预设：Photoshop 中自带的调整选项。
- 颜色范围列表框：选择该选项，同时调整图像中的所有颜色。其列表框中还包含了“红色”“黄色”“绿色”“青色”“蓝色”“洋红”，选择其一就可以对图像中对应的颜色进行调整。
- 色相：用于调整图像颜色的色彩，滑动范围为“-180～180”。
- 饱和度：用于调整图像颜色的饱和度。当数值为正值时，加深颜色的饱和度；当数值为负值时，降低颜色的饱和度。当饱和度为-100 时，图像将变为灰度图像。
- 明度：用于调整图像颜色的亮度。向右滑动增加亮度，向左滑动降低亮度，滑动范围为“-100～100”，当为 100 时图像变为白色，当为-100 时图像变为黑色。
- 拖动调整工具：当在对话框中单击此工具后，在图像中某种颜色上单击，并在图像中向左或者向右拖动，可以减少或增加包含所单击像素的颜色范围的饱和度；如果同时按键，则左右拖动可以改变相对应区域的色相。
- 着色：可以为图像着色，实现图像的单色效果。

2. 调整“色相/饱和度”实例

下面运用“色相/饱和度”命令来调整图像的“色相/饱和度”，具体操作如下。

打开素材图像“绿枫树.jpg”，执行“图像”→“调整”→“色相/饱和度”菜单命令（或按快捷键<Ctrl+U>），弹出“色相/饱和度”对话框，如图 4-22 所示。

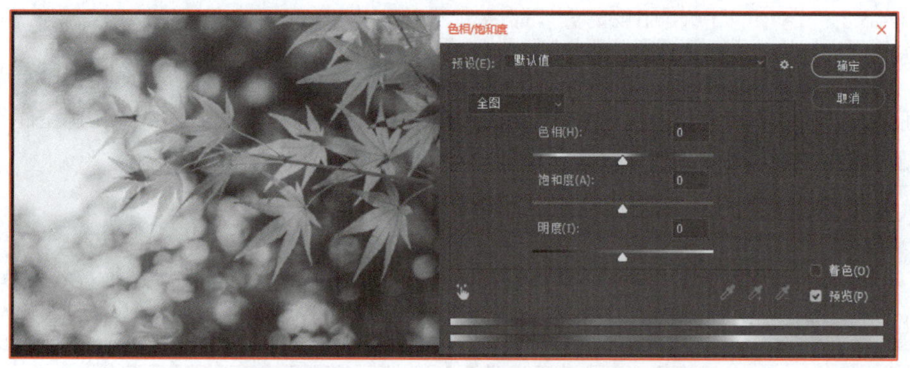

图 4-22
“绿枫树”素材图像和“色相/饱和度”对话框

在“色相/饱和度”对话框中，设置颜色范围为“绿色”、色相为“-75”、饱和度与明度不变，单击“确定”按钮，即可调整图像的色相，如图 4-23 所示。

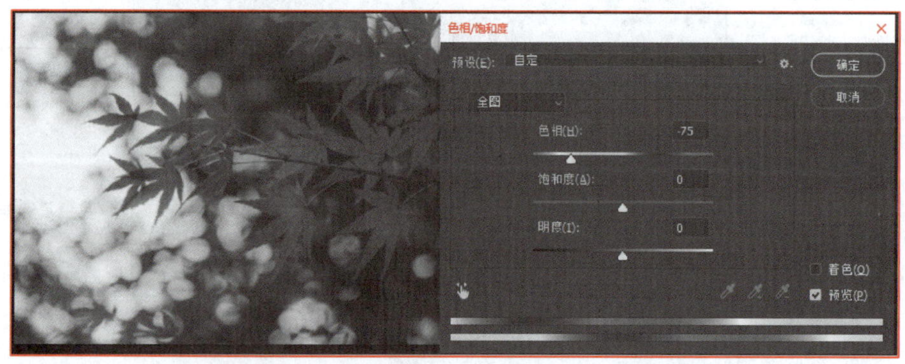

图 4-23
“色相/饱和度”调整后的效果

如果想实现着色效果，选中“着色”复选框，设置相关参数，即可实现单色着色效果，如图 4-24 所示。

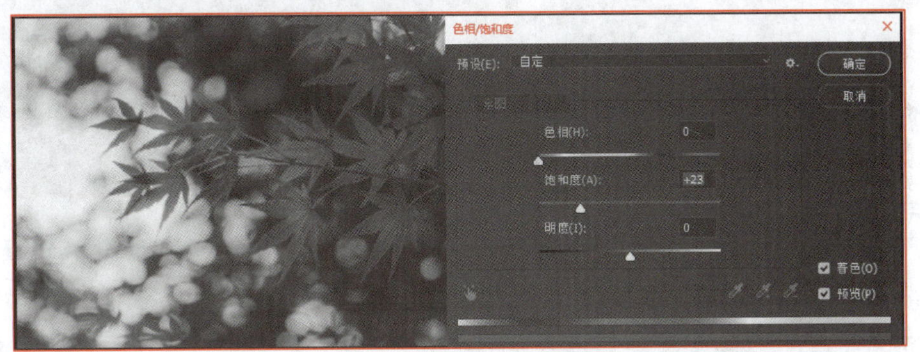

图 4-24
“着色”后实现
老照片的效果

4.3.2　运用“色彩平衡”命令

“色彩平衡”命令是根据颜色互补的原理，通过添加和减少互补色而达到图像的色彩平衡效果，或改变图像的整体色调。

微课 4-6
运用“色彩平衡”命令

1. 认识“色彩平衡”对话框

执行“图像”→“调整”→“色彩平衡”菜单命令（或按快捷键<Ctrl+B>），会弹出“色彩平衡”对话框，如图 4-25 所示。

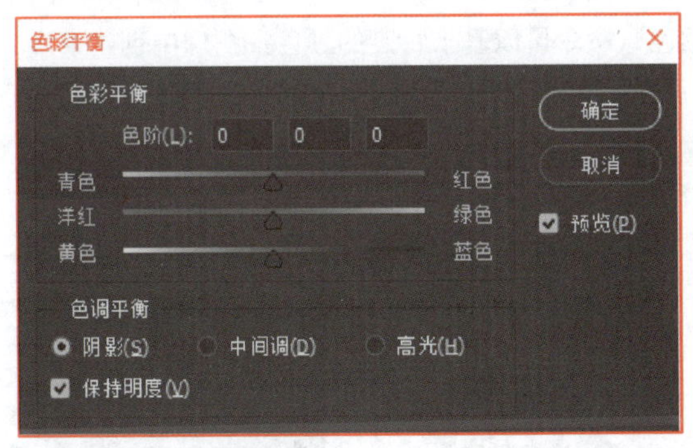

图 4-25
“色彩平衡”对话框

“色彩平衡”对话框中的部分参数介绍如下。

- 阴影：调整图像中阴影部分的颜色。
- 中间调：调整图像中间调部分的颜色。
- 高光：调整图像中高光部分的颜色。
- 保持明度：保持图像原有的亮度。

2. 调整“色彩平衡”实例

下面通过实例来运用“色彩平衡”命令。

打开素材图像“城市.jpg”，图片偏蓝，执行“图像”→“调整”→“色彩平衡”菜单命令（或按快捷键<Ctrl+B >），弹出“色彩平衡”对话框，如图 4-26 所示。

图 4-26
“城市”素材图像和“色彩平衡”对话框

在“色彩平衡”对话框中，设置“色阶”分别为“-80”“+50”“+100”、“色调平衡”为“阴影”，调整后的效果如图 4-27 所示。

图 4-27
“色彩平衡”调整后的效果

微课 4-7
运用“替换颜色”命令

4.3.3　运用“替换颜色”命令

使用“替换颜色”命令可以基于特定的颜色在图像中创建蒙版，再通过设置色相、饱和度和明度值来调整图像的色调。下面通过实例来运用“替换颜色”命令。

打开素材图像“橘子.jpg”，执行“图像”→“调整”→“替换颜色”菜单命令，弹出“替换颜色”对话框，如图 4-28 所示。

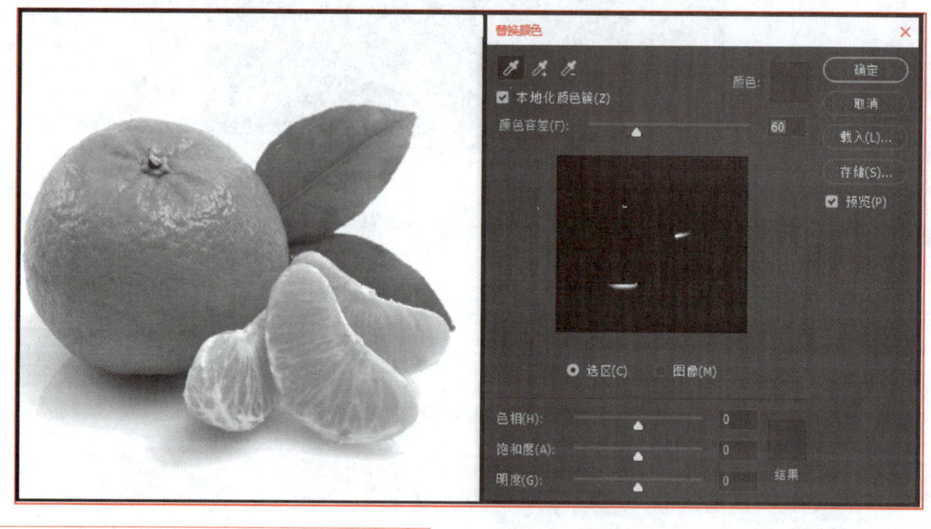

图 4-28
“橘子”素材图像和“替换颜色”对话框

在“替换颜色”对话框中，使用吸管选择橘子，并扩大范围，设置“颜色容差”为“100”、“替换”颜色为绿色，具体参数与调整后的效果如图 4-29 所示。

图 4-29 “替换颜色”调整后的效果

4.3.4 运用“照片滤镜”命令

使用“照片滤镜”命令可以模仿镜头前加彩色滤镜的效果，以便通过调整镜头传输的色彩平衡和色温，从而使图像产生特定的曝光效果。

微课 4-8 运用“照片滤镜”命令

打开素材图像“玉兰花.jpg”，执行“图像”→“调整”→“照片滤镜”菜单命令，弹出“照片滤镜”对话框，单击“滤镜”右侧的下拉按钮，在弹出的下拉列表中选择“冷却滤镜（80）”选项，设置“浓度”为“25%”，单击“确定”按钮，即可调整图像色调，调整界面与效果如图 4-30 所示。

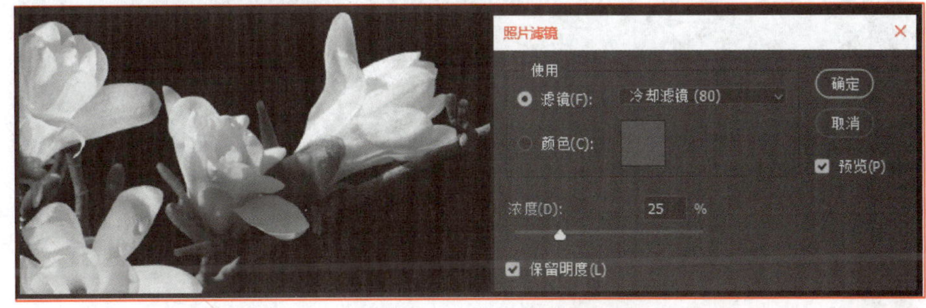

图 4-30 “玉兰花”素材图像和“照片滤镜”对话框

“照片滤镜”对话框中的部分参数介绍如下。

- 滤镜：Photoshop 预设了多种选项，根据需要可以选择合适的选项。
- 颜色：单击该色块可以弹出拾色器对话框，自定义一种颜色作为图像的色调。
- 浓度：拖动滑块可以调整应用于图像颜色的数量，数值越大，应用的颜色调整范围越大。
- 保留明度：调整颜色的同时保持图像的亮度不变。

4.3.5 运用“阴影/高光”命令

微课 4-9 运用“阴影/高光”命令

“阴影/高光”命令可针对图像中过暗或者过亮区域的细节进行处理，适用于校正由强逆光而形成阴影的照片，或者校正由于太接近闪光灯而有些发白的焦点。在 CMYK 颜色模式的图像中不能使用该命令。下面通过实例来运用“阴影/高光”命令。

打开素材图像“客厅.jpg”，执行“图像”→“调整”→“阴影/高光”菜单命令，弹出“阴影/高光”对话框，如图 4-31 所示。

图 4-31
“客厅”素材图像和“阴影/高光”对话框

“阴影/高光”对话框中的部分参数介绍如下。

- 数量：在“阴影”和“高光”选项区域中拖动该滑块，可以对图像的暗调和高光区域进行调整，该数值越大，则调整的幅度也越大。
- “显示更多选项”复选框：可以进行高级参数的设置，此时会显示更多的参数设置，读者可以自行练习。

在“阴影/高光”对话框中，设置“阴影”选项区域中的“数量”为“10%”、“高光”选项区域中的“数量”为“66%”，调整后的效果如图 4-32 所示。

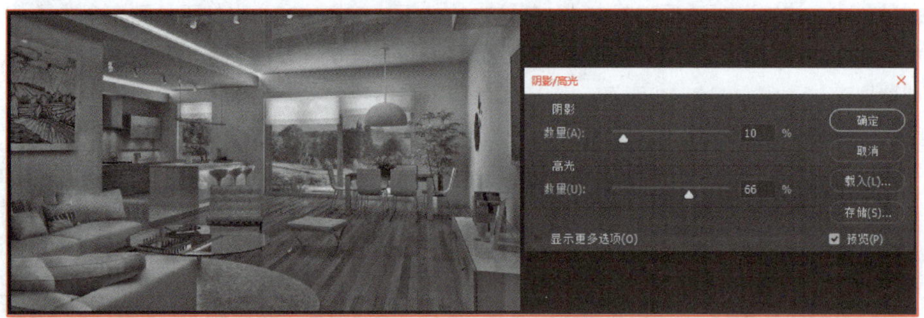

图 4-32
调整后的“客厅”效果与和“阴影/高光”对话框

4.4　色彩和色调的特殊调整

“黑白”“反相”“去色”和“色调均化”等命令都可以更改图像中颜色的亮度值。通常，这些命令只适用于增强颜色与产生特殊效果，而不用于校正颜色。

4.4.1　运用“黑白”命令

微课 4-10
色彩和色调的特殊调整

“黑白”命令可以将彩色图像转换为具有艺术效果的黑白图像，也可以根据需要将图像调整为不同单色的艺术效果。

下面通过实例来运用“黑白”命令。

打开素材图像“绿色树林.jpg”，执行“图像”→“调整”→“黑白”菜单命令（或按快捷键<Ctrl+Shift+Alt+B>），弹出“黑白”对话框，如图 4-33 所示。

图 4-33
“绿色树林”素材
图像和“黑白”对话框

“黑白”对话框中的部分参数介绍如下。

- 预设：Photoshop 自带的多种图像调整为灰度的处理方案。
- 颜色设置：在该对话框中可以对“红色”“黄色”“绿色”“青色”“蓝色”“洋红”这 6 种颜色通过滑块进行不同的灰度设置。
- 色调：选择该选项后，位于对话框底部的“色相”和“饱和度”将被激活，通过“色相”和“饱和度”实现图像色调的变化，从而实现单色调图像效果。

在“黑白”对话框中，选中“色调”复选框，调整“色相”与“饱和度”滑块可以实现暖色调图像效果，其参数与调整后的效果如图 4-34 所示。

图 4-34
调整“黑白”对话框
呈现的暖色调效果

4.4.2 运用“反相”命令

使用“反相”命令可以对图像中的颜色进行反相，与传统相机中的底片效果相似。具体操作如下。

① 打开素材图像“玉米.jpg”素材，如图 4-35 所示。

② 执行“图像”→“调整”→“反相”菜单命令（或按快捷键<Ctrl+I>），即可对图像的颜色进行反相，效果如图 4-36 所示。

图 4-35
“玉米”素材图像

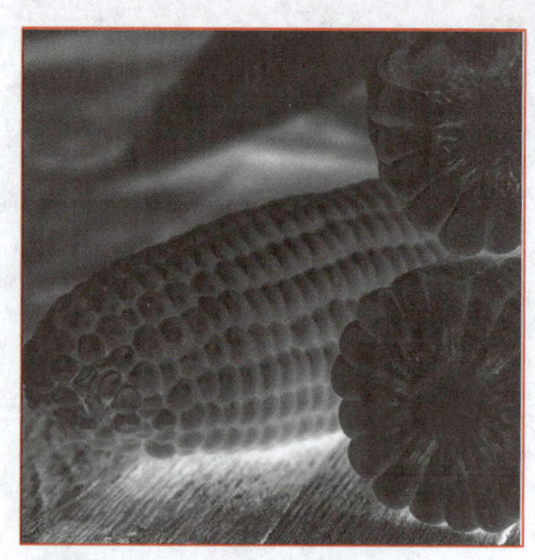
图 4-36
进行反相后的效果

4.4.3　运用“去色”命令

“去色”命令就是将彩色图像转换为灰度图像，或者将局部图像转换为灰度图像，但图像的原颜色模式保持不变。执行“图像”→“调整”→“去色”菜单命令（或按快捷键<Ctrl+Shift+U>），即可实现彩色图像的去色。

4.4.4　运用“色调均化”命令

使用“色调均化”命令，可以对图像中的整体像素进行均匀的提亮，图像的饱和度也会有所增强。

具体操作如下。

① 打开素材图像“苗寨.jpg”素材，如图 4-37 所示。

② 执行“图像”→“调整”→“色调均化”菜单命令，如图 4-38 所示。

图 4-37
“苗寨”素材图像

图 4-38
调整均化亮度后的图像

4.4.5　运用“阈值”命令

使用“阈值”命令，可以将灰度或彩色图像转换为高对比度的黑白图像。可以指定某个色阶作为阈值，所有比阈值亮的像素转换为白色，而所有比阈值暗的像素转换为黑色。“阈值”命令对确定图像的最亮区和最暗区域很有用。在图像的二值化中常常使用阈值，二值化的结果依赖阈值的选择。

具体操作如下。

① 打开素材图像“人物.jpg”素材，如图 4-39 所示。

② 执行“图像”→“调整”→“阈值”菜单命令，效果如图 4-40 所示。

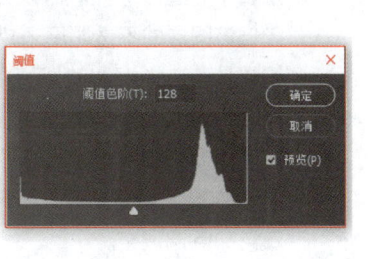

图 4-39
“人物”素材图像

图 4-40
人物“阈值”为
128 时的效果

4.5　调整图层和填充图层的使用

4.5.1　认识调整图层与填充图层

微课 4-11
调整图层和填充图层的使用

执行“图层”→“新建填充图层”菜单中的任意命令，可以创建填充图层。

执行“图层”→“新建调整图层”菜单中的任意命令，可以创建调整图层。

打开素材图像“流水瀑布.jpg”素材，也可以单击“图层”面板中的“创建新的填充或调整图层”按钮，创建填充图层或调整图层，如图 4-41 所示。

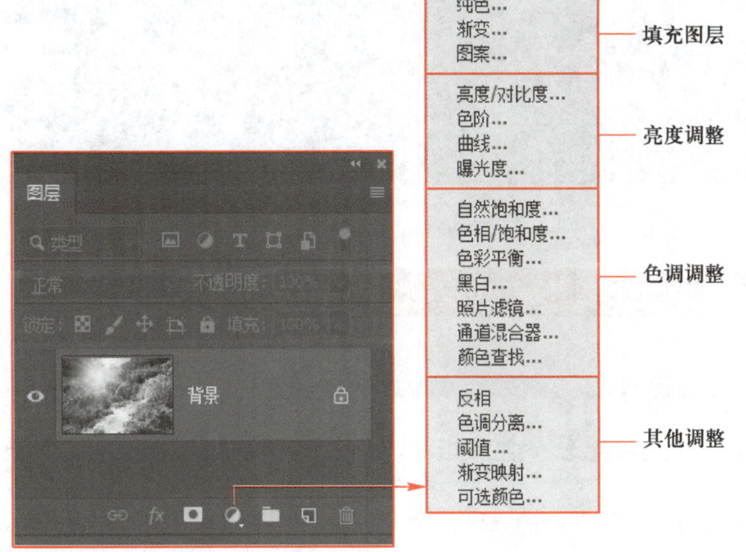

图 4-41
创建新的填充或调整图层菜单

调整图层可将颜色和色调调整应用于图像，而不会永久更改像素值。例如，可以创建“色阶”或“曲线”调整图层，而不是直接在图像上调整“色阶”或“曲线”。颜色和色调调整存储在调整图层中，并应用于该图层下方的所有图层；也可以通过一次调整来校正多个图层，而不用单独对每个图层进行调整；还可以随时扔掉更改并恢复原始图像。

填充图层可以使用纯色、渐变或图案填充图层。与调整图层不同，填充图层不影响它们下方的图层。

调整图层提供了以下优点。

- 编辑不会造成破坏。可以尝试不同的设置并随时重新编辑调整图层，也可以通过降低该图层的不透明度来减轻调整的效果。
- 编辑具有选择性。在调整图层的图像蒙版上绘画，可将调整应用于图像的一部分。稍后，通过重新编辑图层蒙版，可以控制调整图像的具体部分。通过使用不同的灰度色调在蒙版上绘画，可以改变调整。
- 能够将调整应用于多个图像。在图像之间复制和粘贴调整图层，以便应用相同的颜色和色调调整。

调整图层具有许多与其他图层相同的特性，可以调整它们的不透明度和混合模式，并可以将它们编组以便将调整应用于特定图层。同样，也可以启用和禁用它们的可见性，以便应用或预览效果。

4.5.2　调整图层应用

打开素材图片“流水瀑布.jpg”，单击“图层”面板中的“创建新的填充或调整图层”按钮，选择“渐变”选项，弹出“渐变填充”对话框，如图 4-42 所示，设置由绿色向透明的渐变色，此时对应的图像与“图层”面板都发生了变化。

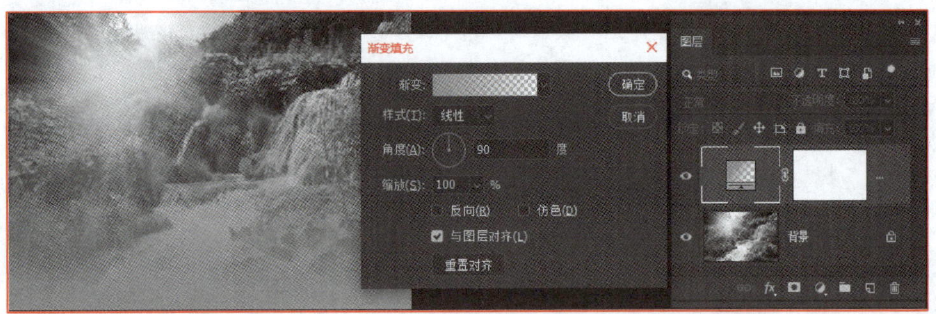

图 4-42
填充图层的添加效果及图层变化

4.6　综合案例：单色调怀旧照片制作

微课 4-12
单色调怀旧照片制作

4.6.1　效果展示

本案例通过运用色调的调整来实现单色调怀旧照片的制作，如图 4-43 所示。

素养小贴士　认识彩色版《永不消逝的电波》

2021 年 9 月 28 日，我国首部黑白转彩色 4K 修复故事片《永不消逝的电波》在北京国际电影节举行首映礼，并于 2021 年 10 月 6 日在全国上映。经典电影的修复一般分成 3 个阶段：物理修复、数字修复和艺术修复。《永不消逝的电波》这部的黑白电影，需要在前 3 个阶段完成之后，再通过 AI 和人工上色技术将黑白影像转换为彩色影像，修复团队在长达 7 个多月的时间里对原片 16.5 万帧的黑白影像逐帧进行修复与着色，使这部红色经典影片焕发出新的活力。

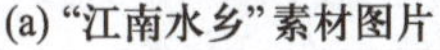

(a) “江南水乡”素材图片

(b) 调整后的单色调怀旧照片效果

图 4-43
单色调怀旧照片效果

4.6.2 实现过程

制作怀旧照片，就是将普通彩色照片通过整体色调改变，将多彩色调转换为单色调的过程。制作方法有多种，下面主要使用“渐变映射”“色阶”命令，以及“亮度/对比度”命令来完成单色调图像的效果。

实现步骤如下。

① 在 Photoshop 中打开素材图片“江南水乡.jpg”，按快捷键<Ctrl+J>复制一层，如图 4-44 所示。

② 执行“图像”→“调整”→“渐变映射”菜单命令，在渐变编辑器中选择蓝色调（如蓝色#1e83ca）和白色进行渐变映射，选择“反向”复选框，如图 4-45 所示。

图 4-44
复制图层

图 4-45
设置渐变映射

③ 设置渐变映射后，单击“确定”按钮，图像色调发生变化，变成单色调的图像，如图 4-46 所示。

④ 按快捷键<Ctrl+J>复制一层，并设置新复制图层的“混合模式”为“柔光”模式，加强图像的对比关系，效果如图 4-47 所示。

⑤ 执行“图层”→“向下合并”菜单命令（或按快捷键<Ctrl+E>），实现图层的向下合并，然后单击“图层”面板中的“创建新的填充或调整图层”按钮，选择“色阶”选项，弹出“属性”面板。在“通道”下拉列表框中选择“红”通道，调整中间的灰场滑块，参数设置如图 4-48 所示。设置“蓝”通道中的中间调，调整中间的灰场滑块，参

数设置如图 4-49 所示。

图 4-46
图像色调改变

图 4-47
设置“柔光”模式

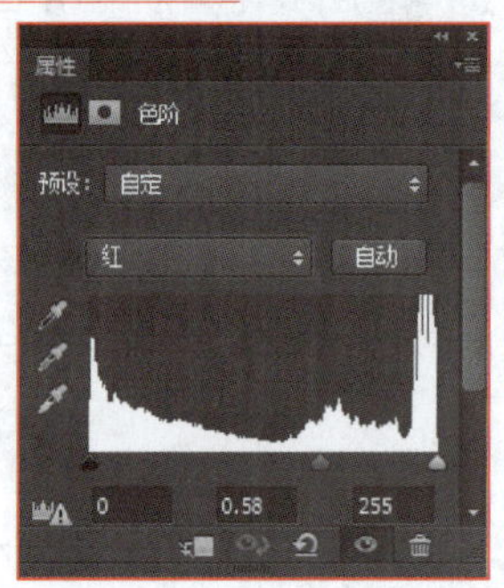

图 4-48
调整“红”通道色阶

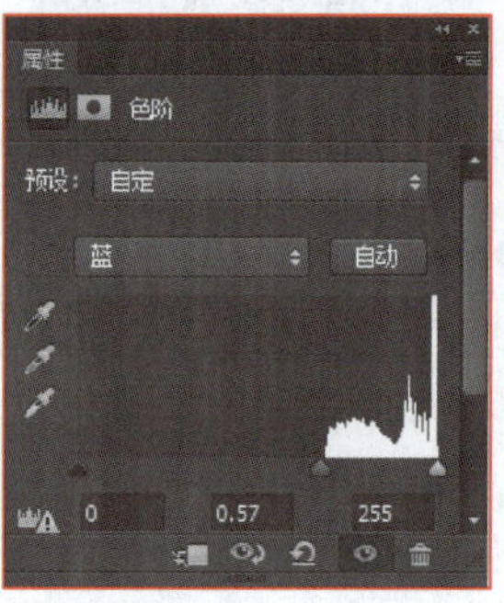

图 4-49
调整“蓝”通道色阶

⑥ 单击“图层”面板中的“创建新的填充或调整图层”按钮，选择“亮度/对比度”选项，弹出“属性”面板，设置亮度为“-20”、对比度为“30”，具体参数如图 4-50 所示。目的在于降低图像的亮度，提高对比度，使图像明暗关系更加强烈，衬托旧效果，此时的图像效果与“图层”面板如图 4-51 所示。

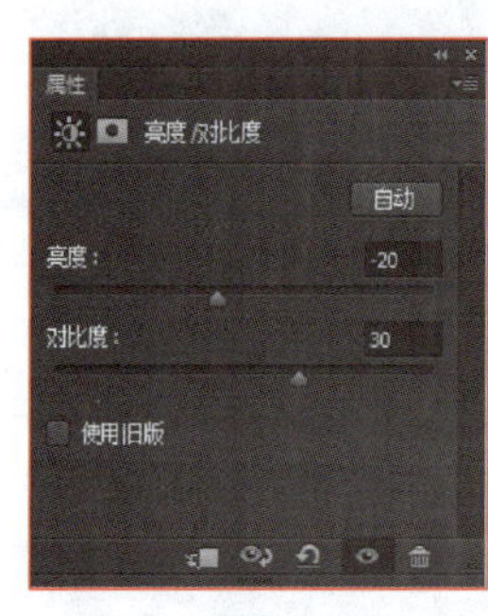

图 4-50
设置亮度/对比度调整图层

图 4-51
图像效果与“图层”面板

微课 4-13
创意合成历史变迁特效

任务实施：创意合成历史变迁特效

1. 任务分析

我国旅游业伴随经济社会发展，走出了一条跨越式的发展之路。本任务主要使用一

幅现代的黄鹤楼图片，利用色彩色调的调整结合历史划痕感，突出旅游景点的历史变迁特效。

2. 技能要点

核心技能要点：画笔工具、调整图层、色阶调整、照片滤镜、图像变形、混合模式等。

3. 实现过程

本案例操作步骤如下。

① 在 Photoshop 中打开素材图片“黄鹤楼.jpg”，如图 4-52 所示。使用矩形选框工具选取黄鹤楼的部分，按快捷键<Ctrl+J>进行区域复制以做旧照片效果。执行“图像”→“调整”→“去色”菜单命令（或按快捷键<Ctrl+Shift+U>），将图像去色，效果如图 4-53 所示。

图 4-52
“黄鹤楼”素材图片

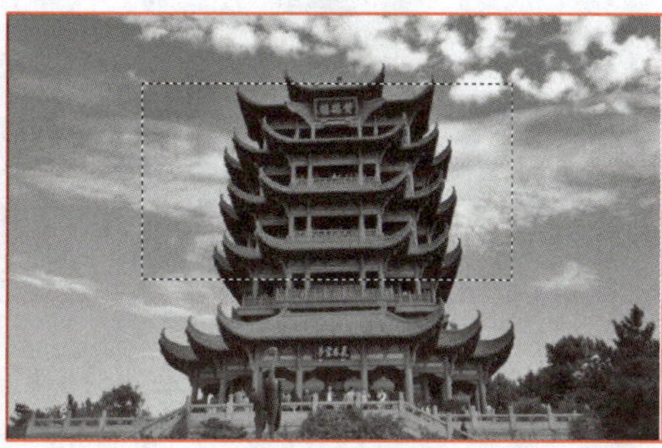

图 4-53
局部去色

② 单击“图层”面板中的“创建新的填充或调整图层”按钮，选择“曲线”选项，设置曲线呈 S 形，调整老照片的对比度，使亮的区域更亮，暗的区域更暗。调整后的效果与图层如图 4-54 所示。

图 4-54
曲线调整后的效果与图层

③ 继续单击“图层”面板中的“创建新的填充或调整图层”按钮，选择“照片滤镜”选项，使其出现旧照片发黄的效果，如图 4-55 所示。

④ 选择画笔工具，右击“特殊效果画笔”中的“滴水水彩”画笔，设置画笔大小为 50 像素、前景色为土黄色（#df9439），在照片上绘制出破旧的效果，如图 4-56 所示。

图 4-55
添加照片滤镜调整后的效果与图层

⑤ 为了能做出手拿旧照片的效果，执行“编辑”→“变换”→“变形”菜单命令，对照片进行变形处理，如图 4-57 所示。

图 4-56
制作破旧照片的效果

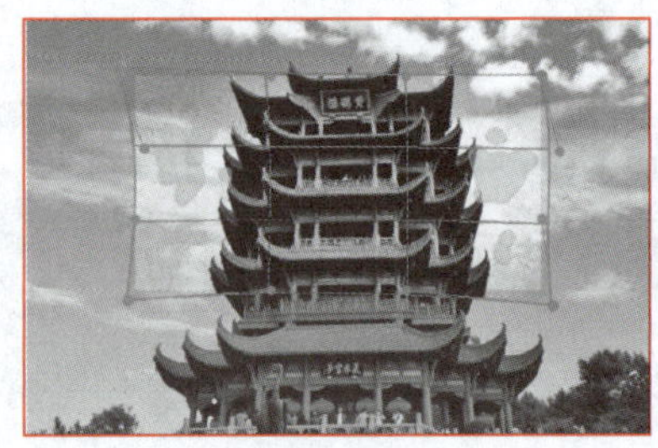

图 4-57
对照片进行变形的效果

⑥ 执行“文件”→“置入嵌入对象”菜单命令，选择素材图像“手拿照片.tif”，将其置入图像中，如图 4-58 所示，单击图像周围的控制点，调整图像大小，效果如图 4-59 所示。

图 4-58
置入图像后的效果

图 4-59
调整大小后的效果

⑦ 执行“图层”→“智能对象”→“栅格化”菜单命令，将置入图像栅格化为普通图层，使用魔棒工具选择“手拿照片”中的白色区域如图 4-60 所示，按<Delete>键将白色选区删除，效果如图 4-61 所示。

⑧ 在图层面板中单击“图层 1”选择旧照片选区，执行“图层”→“新建”→“图层”菜单命令，新建一个空图层，执行“编辑”→“描边”菜单命令，设置宽度为 6 像素、颜色为白色，效果如图 4-62 所示。

⑨ 打开素材图像“划痕.jpg”，如图 4-63 所示，将其拖到图像中，放到旧照片效果图层上如图 4-64 所示，在“图层”面板中单击“图层 1”选择旧照片图层选区，执行“选

择”→“反选”菜单命令，按<Delete>键将白色选区删除，效果如图 4-65 所示。

图 4-60 选择白色选区的效果

图 4-61 删除白色选区

图 4-62 背景描边的效果

图 4-63 划痕图像

图 4-64 插入划痕图像

图 4-65 裁剪多余划痕图像

⑩ 设置划痕的混合模式为“滤色”，效果如图 4-1 所示。

任务拓展

1. 色彩调整时应注意的原则

在 Photoshop 中进行色彩调整应把握一个原则，即无论是针对图像的亮光、暗调，还是中间调进行调整，都会不同程度地影响整个画面，如果过多地加在亮部层次或暗部层次，会导致整个图像的损失，因此建议不要进行过多的全局调整。

另外，大幅度调整图像，也会造成像素丢失，从而使图像的层次和色彩平衡受到影响，所以建议只进行一些细微调整即可。

2. 照片偏色的处理技巧

照片偏色是由于光线或角度的问题，拍摄的照片有可能存在偏色的情况。曝光不当、环境色都会导致照片的偏色。

下面介绍 2 种处理照片偏色的处理方法。

微课 4-14
照片偏色处理技巧

方法 1：使用“自动颜色”命令。

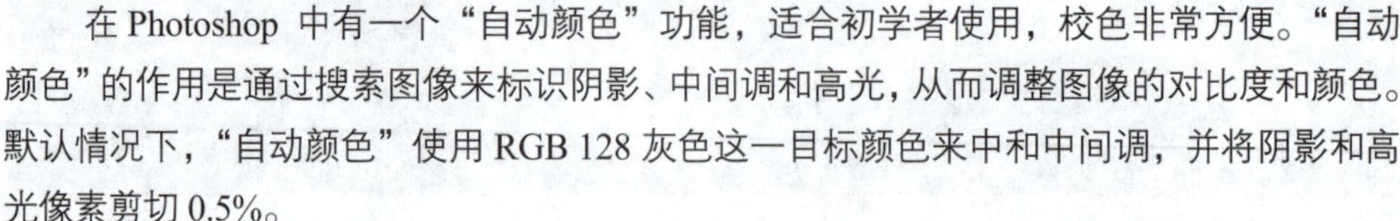

在 Photoshop 中有一个“自动颜色”功能，适合初学者使用，校色非常方便。“自动颜色”的作用是通过搜索图像来标识阴影、中间调和高光，从而调整图像的对比度和颜色。默认情况下，“自动颜色”使用 RGB 128 灰色这一目标颜色来中和中间调，并将阴影和高光像素剪切 0.5%。

以偏色风景照片为例，如图 4-66 所示，执行“图像”→“自动颜色”菜单命令后，图像改变颜色，效果如图 4-67 所示。

图 4-66
偏色照片

图 4-67
应用“自动颜色”后的效果

方法 2：自己设定照片中的黑场、灰场和白场。

如果觉得通过“自动颜色”功能校正的照片不满意，也可以自己设定画面中的黑、白、灰场。也就是查找照片中某个位置的颜色比较接近灰色，然后使用“在图像中取样以设置灰场”吸管吸取这个颜色即可。

以图 4-66 为例，使用“曲线”调整，使用中间的“在图像中取样以设置灰场”吸管在远处云朵的灰色部分某一个位置上单击即可完成灰场设置。使用左侧的“在图像中取样以设置白场”吸管在远处白色云朵的白色某一个位置上单击即可完成白场设置。使用右侧的“在图像中取样以设置黑场”吸管在黑色森林的某一个位置上单击即可完成黑场设置。效果如图 4-68 所示。

图 4-68
使用“曲线”的黑、白、灰场调整偏色

项目实训：唇彩宣传海报制作

依据素材“唇部.jpg”和 “液体.jpg”，如图 4-69 和图 4-70 所示，使用 Photoshop 软件运用所学各类工具、色彩调整工具等完成唇彩宣传海报制作，如图 4-71 所示。

图 4-69
“唇部”素材图片

图 4-70
“液体”素材图片

图 4-71
唇彩宣传海报效果

任务 5
使用路径

路径是 Photoshop 中的矢量工具，它是使用绘图工具创建的任意形状的曲线，用它可勾勒出物体的轮廓，所以也称之为轮廓线。使用它可以绘制矢量图形、绘制图标，借助路径可以与选区、通道、蒙版等转换，实现图像的精细编辑。

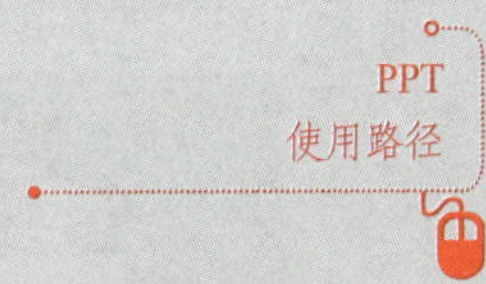

教学导航

知识目标	● 了解路径的概念 ● 了解路径的原理、分类
能力目标	● 掌握绘制与选择路径的方法 ● 掌握色彩和色调的特殊调整方法 ● 掌握填充、描边与路径运算方法
素质目标	● 增强审美意识，坚定文化自信 ● 增强批判性思维与创新意识
本单元重点	● 绘制与选择路径的方法 ● 形状工具组的使用方法 ● 创建矢量图形与编辑 ● 路径的填充、描边与路径运算
本单元难点	● 创建矢量图形与编辑 ● 路径的填充、描边与路径运算
教学方法	任务驱动法、讲授法、演示法、案例教学法
建议课时	6 课时

任务展示：电子名片制作

本例主要借助路径工具制作某商学院教师的电子名片，效果如图 5-1 所示。

图 5-1
电子名片效果

素养小贴士　认识《中华人民共和国著作权法》

《中华人民共和国著作权法》于 1990 年 9 月 7 日颁布，之后于 2001、2010、2020 年先后进行了 3 次修正，主要是为保护文学、艺术和科学作品作者的著作权，以及与著作权有关的权益，鼓励有益于社会主义精神文明、物质文明建设的作品的创作和传播，促进社会主义文化和科学事业的发展与繁荣而制定。

知识准备

5.1 路径简介

5.1.1 路径概述

Photoshop 以编辑和处理位图著称，它也具有矢量图形软件的某些功能，可以使用路径功能对图像进行编辑和处理。该功能主要用于对图像进行区域及辅助抠图、绘制平滑和精细的图形、定义画笔等工具的绘制痕迹、输出/输入路径和与选区之间的转换等领域。

微课 5-1
认识路径

路径是由一个或多个直线段和曲线段组成。“锚点”标记路径的端点。在曲线段上，每个选中的锚点显示一条或两条“方向线”，方向线以方向点结束。方向线和方向点的位置决定曲线段的大小和形状。移动这些元素将改变路径中曲线的形状，如图 5-2 所示。

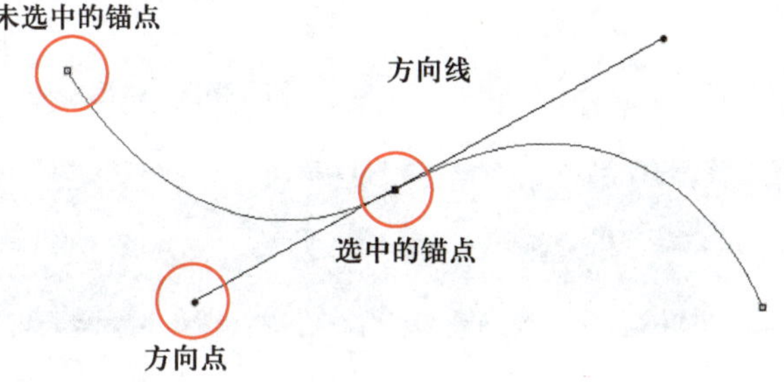

图 5-2
路径与方向线

路径可以是闭合的，没有起点或终点（如圆），也可以是开放的，有明显的终点（如波浪线）。平滑曲线由名为平滑点的锚点连接，锐化曲线路径由角点连接，如图 5-3 所示。

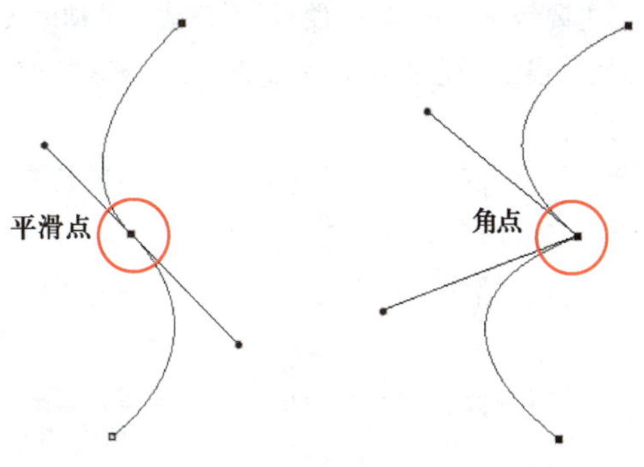

图 5-3
平滑点和角点

在平滑点上移动方向线时，将同时调整平滑点两侧的曲线段，相比之下，当在角点上移动方向线时，只调整与方向线同侧的曲线段。

5.1.2 绘制与修改路径工具

路径的基本使用主要是介绍钢笔工具组的使用，钢笔工具组位于 Photoshop 的工具箱浮动面板中，默认情况下，其图标呈现为钢笔图标，在该图标上单击并停留片刻，系统将弹出隐藏的工具组，如图 5-4 所示，按照功能可以分为 5 种工具。

绘制路径的选择可以使用路径选择工具，在该图标上单击并停留片刻，系统将弹出隐藏的工具组，如图 5-5 所示。

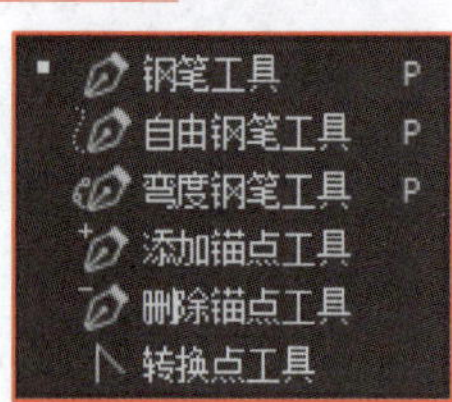

图 5-4
钢笔工具组

路径选择工具 A
直接选择工具 A

图 5-5
路径选择工具

5.2　路径的绘制与选择工具

5.2.1　钢笔工具

微课 5-2
绘制与修改路径

在 Photoshop 中，钢笔工具用于绘制直线、曲线、封闭的或不封闭的路径，并可在绘制路径的过程中对路径进行简单的编辑。当选取钢笔工具时，其工具选项栏如图 5-6 所示。

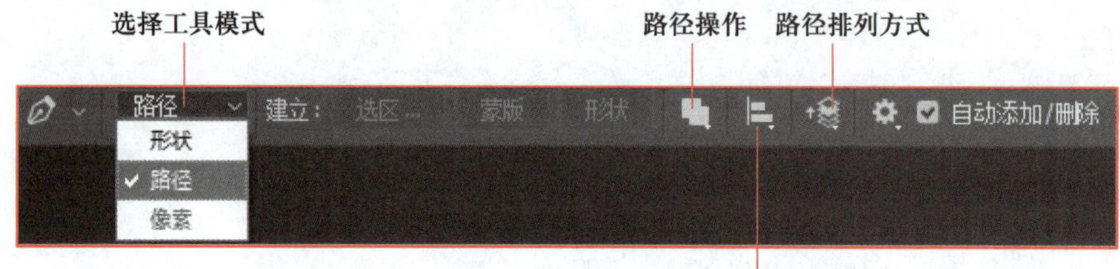

图 5-6
"钢笔工具"选项栏

其中各项含义如下。

- 选择工具模式：主要包括"形状""路径""像素"3 种模式，"形状"模式下直接绘制形状，"路径"模式下直接绘制矢量路径，"像素"模式下直接采用位图模式进行填充绘制的形状。
- 路径操作：主要包括合并形状、减去顶层形状、与形状区域相交、排除区域相交与排除重叠形状，默认情况下为排除重叠形状。
- 路径对齐方式：主要包括水平对齐方式、垂直对齐方式以及水平与垂直方向的均匀分布。
- 路径排列方式：主要包括将形状设置为顶层或底层，或者形状前移一层或者后移一层。

钢笔工具的选择工具模式，默认为路径模式。

当绘制直线路径时，只需要选择钢笔工具，在工具选项栏中选取"路径"模式，然后通过连续单击即可绘制，如果要绘制直线或 45° 斜线，按住<Shift>键单击即可，如图 5-7 所示。当绘制曲线路径时，只需要选择钢笔工具，在工具选项栏中选择"路径"模式，然后在绘制起点按住鼠标左键，向上或向下拖出一条方向线后再松开鼠标，然后在第 2 个锚点拖出一条向上或向下的方向线，如绘制一个心形图案，效果如图 5-8 所示。

如果选中"自动添加/删除"复选框，则可以方便地添加和删除锚点。

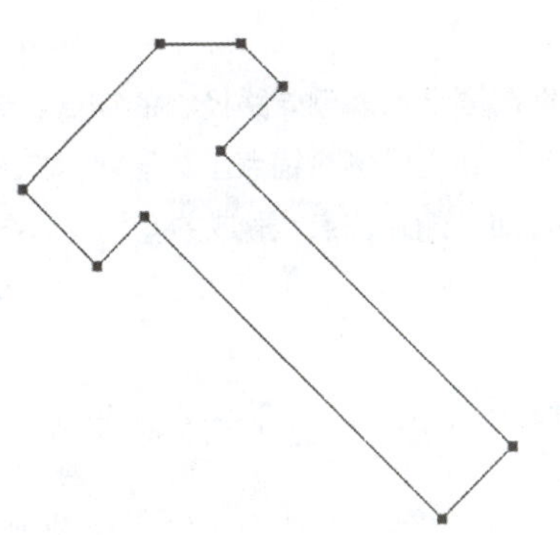

图 5-7
绘制的直线闭合路径

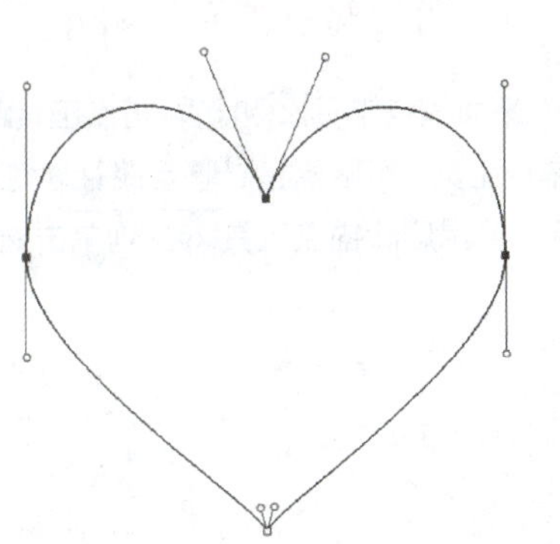

图 5-8
绘制的心形曲线路径

5.2.2 自由钢笔工具

自由钢笔工具可用于随意绘图，就像用钢笔在纸上绘图一样。自由钢笔工具在使用上与选框工具中的套索工具基本一致，只需要在图像上创建一个初始点，即可随意拖动鼠标进行徒手绘制路径，绘制过程中路径上不添加锚点。

选择自由钢笔工具后，其工具选项栏如图 5-9 所示。

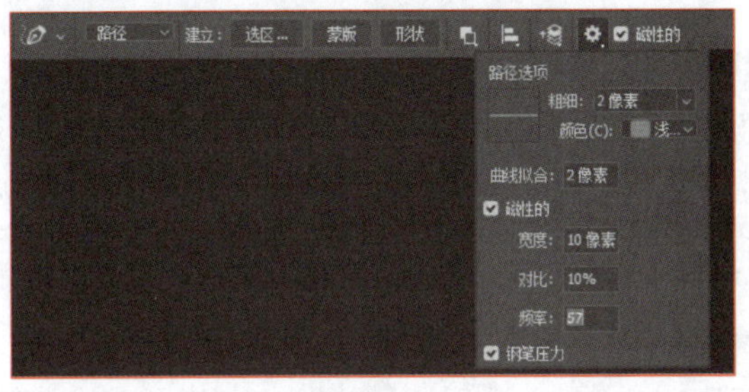

图 5-9
“自由钢笔工具”选项栏

使用自由钢笔工具绘制的路径可以进行编辑，形成一个较为精确的路径。“曲线拟合”参数主要控制路径对光标移动的敏感性，数值越大，创造的路径锚点越少，路径就越平滑。

5.2.3 弯度钢笔工具

弯度钢笔工具可用于绘制路径和调整路径。例如，使用弯度钢笔工具绘制一个志愿者图标的路径，如图 5-10 所示，发现有一个弧度不够准确，继续使用弯度钢笔工具在问题路径上直接拖动即可修改路径的弧度，直到达到要求位置，如图 5-11 所示。

图 5-10
绘制的路径存在偏差

图 5-11
使用弯度钢笔工具调整路径

5.2.4　添加锚点工具与删除锚点工具

添加锚点工具和删除锚点工具用于根据需要增加、删除路径上的锚点。选择删除锚点工具，当鼠标指针移至路径轨迹处时，指针自动变成删除锚点工具形状，如图 5-12 所示，使用删除锚点工具分别单击圈住的锚点，即可删除锚点，形成的新路径如图 5-13 所示。

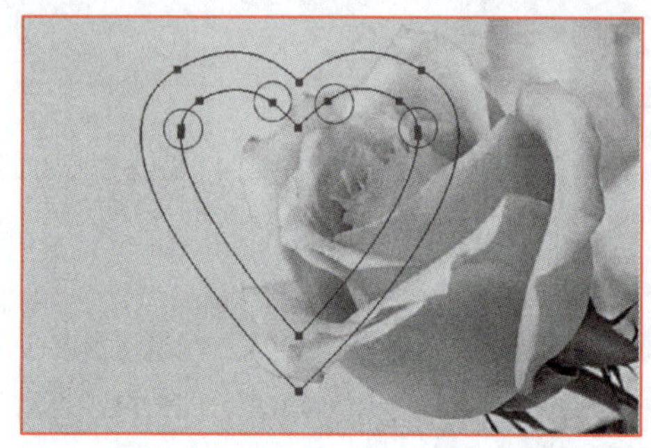

图 5-12
删除锚点前

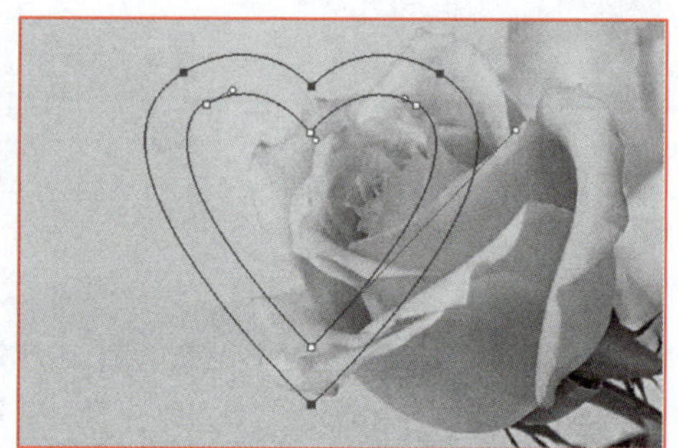

图 5-13
删除锚点后

5.2.5　转换点工具

转换点工具用于调整某段路径控制点位置，即调整路径的曲率。使用钢笔工具、添加锚点工具或删除锚点工具得到一组由多条线段组成的多边形路径。如图 5-14 所示，绘制了两个同心圆圈，如果想将某个锚点转换为角点，只需要使用转换点工具，在图像路径的某点（如图 5-14 中内侧圆圈的锚点）处单击或者拖动，即可进行节点曲率的调整，如图 5-15 所示。

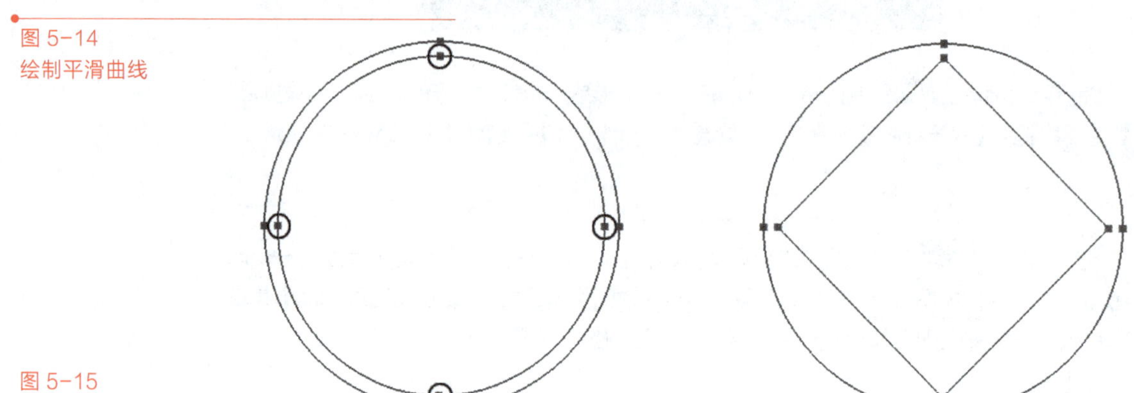

图 5-14
绘制平滑曲线

图 5-15
使用转换点工具点击后转换为角点

5.2.6　选择路径工具

在 Photoshop 中，路径的选择可以使用路径选择工具，主要有路径选择工具和直接选择路径工具两种。

1. 路径选择工具

如果在编辑过程中要选择整条路径，可以使用路径选择工具，当整条路径被选中

时，路径上所有的锚点为黑色实心正方形，如图 5-16 所示，此时可以使用路径选择工具移动整条路径，如图 5-17 所示，也可以复制或者删除路径。

图 5-16
选择整条路径

图 5-17
移动路径

2. 直接选择工具

要选择并调整路径中的锚点时，需要使用工具箱中的直接选择路径工具，选择需要编辑的某个锚点，在路径中的锚点处于被选定状态时呈黑色实心正方形，未被选定的呈现空心小正方形，如图 5-18 所示，此时拖动黑色实心正方形的锚点即可完成单个锚点的编辑，将鼠标指针放置在线条上可以移动整段线条的位置，如图 5-19 所示。

图 5-18
选择路径中的某个锚点

图 5-19
移动锚点的位置

当前如果使用路径选择工具或者直接选择路径工具时，按<Ctrl>键可以在两个工具中间进行切换。

使用直接选择路径工具时，一次只能选择一个锚点，如果想选择多个锚点，可以按住<Shift>键连续单击需要选择的锚点，或者按住鼠标左键拖出一个虚框，释放鼠标后，即可选择多个锚点。

5.2.7 “路径”面板

微课 5-3
认识“路径”面板

路径绘制完成后，还可以对这些路径进行保存、复制、删除、隐藏等操作。

当绘制完成一条路径后，可以在面板组中找到“路径”面板，如图 5-20 所示。

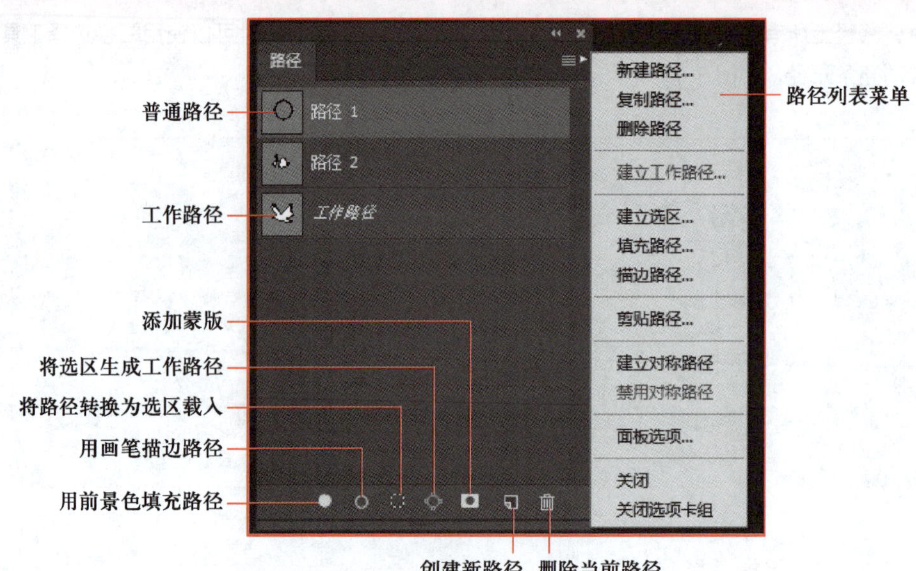

图 5-20
“路径”面板

“路径”面板中各个按钮的含义如下。

- 用前景色填充路径：单击该按钮实现将前景色填充闭合的路径区域，呈灰色时为不可用状态。
- 用画笔描边路径：单击该按钮实现当前前景色和当前画笔大小对路径进行描边。
- 将路径转换为选区载入：单击该按钮实现将当前路径转换为选区，在路径被选中状态下，按<Ctrl>键的同时单击工作路径，也可以实现将路径转换为选区。
- 将选区生成工作路径：单击该按钮实现将当前选区转换为路径。
- 添加蒙版：单击该按钮实现将当前路径转化为蒙版，如果当前图层中已经存在蒙版，单击该按钮将添加矢量蒙版。
- 创建新路径：单击该按钮实现新创建一个路径。
- 删除当前路径：单击该按钮实现将当前路径删除。
- 路径列表菜单：单击“路径”面板右上方的列表菜单，可以显示关于路径的相关操作。

单击“路径”面板右上方的列表菜单，可以显示关于路径的相关操作。

自己绘制的路径默认为创建了一个“工作路径”，当再次绘制新路径时，该“工作路径”会被新绘制的内容所替代，要永久保存“工作路径”的内容，需要单击“创建新路径”按钮。如果要更改路径的名字，双击该路径名称，在弹出的对话框中输入新名称，单击“确定”按钮即可。

微课 5-4
使用路径绘制案例

5.2.8　路径应用案例

下面通过应用路径工具，制作一张名片，案例中需要掌握的技术有选区与路径的转换、钢笔工具的使用、路径的调节、图层的理解。最终效果如图 5-21 所示。

具体实现步骤如下。

① 打开 Photoshop 软件，新建一个文件，将文件命名为“名片”，设置宽为 9 厘米、高为 5 厘米、颜色模式为 CMYK、分辨率为 300 像素/英寸，单击“确定”按钮，完成文件创建。

图 5-21
制作效果

② 新建一个图层 1，在工具箱中选择钢笔工具，绘制路径，如图 5-22 所示。

③ 设置前景色为深蓝色（#005293），按<Ctrl+Enter>组合键将路径载入选区，然后按<Alt+Delete>组合键填充前景色，按<Ctrl+D>组合键取消选区，效果如图 5-23 所示。

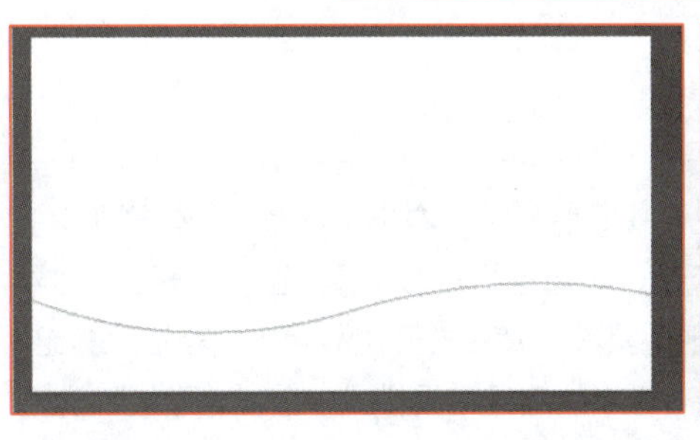

图 5-22
绘制路径

图 5-23
填充路径区域为蓝色

④ 新建一个图层 2，执行“窗口”→“路径”菜单命令，在“路径”面板中，选择绘制的路径，在工具箱中选择直接选择路径工具，对路径进行调整，使其产生错位的波浪效果，如图 5-24 所示。

⑤ 设置前景色为橙色（#f7ab00），按<Ctrl+Enter>组合键将路径载入选区，然后按<Alt+Delete>组合键填充前景色，按<Ctrl+D>组合键取消选区，将图层 2 调整到图层 1 的下方，如图 5-25 所示。

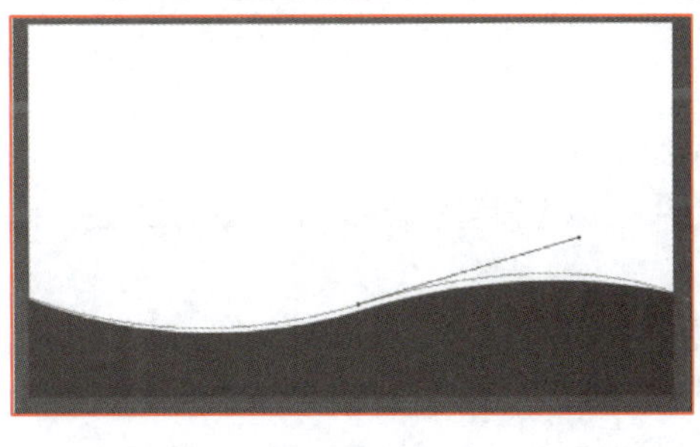

图 5-24
调整路径

图 5-25
填充路径区域为橙色

⑥ 使用文本工具输入“代用名”，设置字体为“宋体”、字体大小为“14 点”、字体为黑色（#231815），同样的方法输入文本职务、LOGO、公司信息、地址、电话等信息，调整位置后的效果如图 5-26 所示。

⑦ 在公司名称下方用矩形选框工具绘制一个高度为 1 毫米的矩形选区，在右侧添加二维码的正方形框，如图 5-27 所示。

图 5-26
添加文本信息

图 5-27
添加装饰线条框

⑧ 打开图片“二维码.jpg”，将其复制粘贴到二维码所在位置，保存文档，效果如图 5-21 所示。

5.3　绘制与编辑形状路径

5.3.1　认识形状工具组

微课 5-5
使用形状工具组

如果需要绘制矢量图形，先在工具箱中设置好前景色，右击工具箱中的矩形工具按钮，会弹出隐藏的形状工具组，如图 5-28 所示，具体包括矩形工具、圆角矩形工具、椭圆工具、多边形工具、直线工具和自定义图形工具等。然后打开工具箱中的矩形工具组，选中某种工具（如矩形工具），然后在工具选项栏中的选择工具模式中选择“形状”模式，如图 5-29 所示。

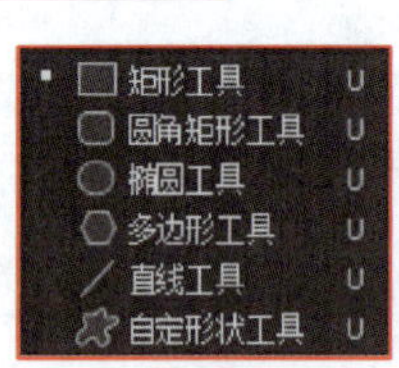

图 5-28
形状工具组

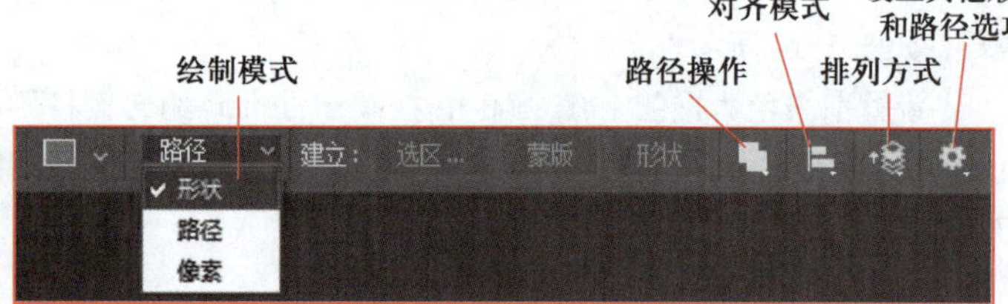

图 5-29
“形状工具”选项栏

其中，各选项的含义如下。

- 绘制模式：包括形状、路径、像素 3 种绘制方式。
- 路径操作：包括新建图层、合并形状、减去顶层形状、与形状区域相交、排除重叠形状和合并形状组件。
- 对齐模式：与图层的对齐模式相似，主要实现对齐、分布与分布间距。
- 排列方式：主要解决路径的层次关系，实现层次的置顶、置底或层次的上下移动。
- 设置其他形状和路径选项：主要解决路径绘制的粗细、颜色、形状、固定大小等相关设置。

常规绘制方法：在画布上按住鼠标左键进行拖动，即可创建矢量图形。单击工具选项栏中的设置形状填充类型和形状描边类型，可设置填充的颜色和描边的颜色。在“图层”面板中可以看到新建了一个图层，即形状图层。如果要将矢量形状转换为位图，可以选中形状图层，然后执行“图层”→“栅格化”→“形状”菜单命令进行转换。

精确绘制图形的方法：选择所需工具，如矩形工具、圆角矩形工具等，在画布中单

击，此时会弹出相应的对话框，“创建矩形”对话框如图 5-30 所示，“创建圆角矩形”对话框如图 5-31 所示，设置所需的参数（如宽度、高度等）即可精准绘制。

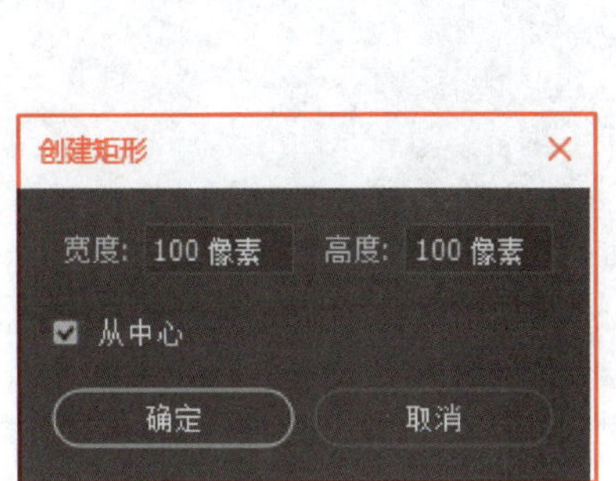

图 5-30 “创建矩形”对话框

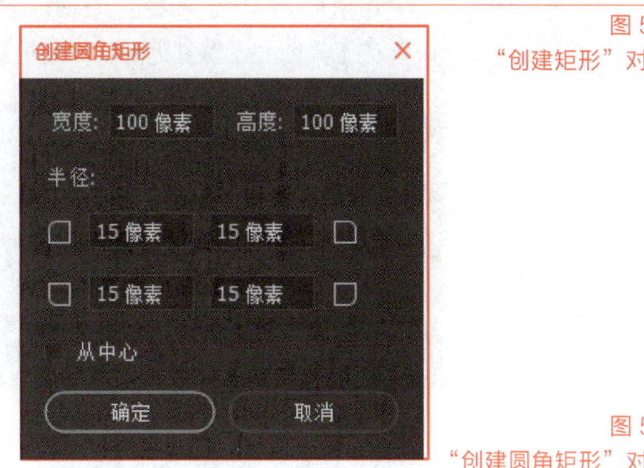

图 5-31 “创建圆角矩形”对话框

下面以椭圆工具和多边形工具为例，对这两种工具的使用进行详细介绍。

1. 椭圆工具

在工具箱中选择椭圆工具后，在其选项栏中单击“设置其他形状和路径选项”下拉按钮，将弹出“椭圆选项”面板，在该面板上可以对椭圆工具的一些参数进行设置，如图 5-32 所示。

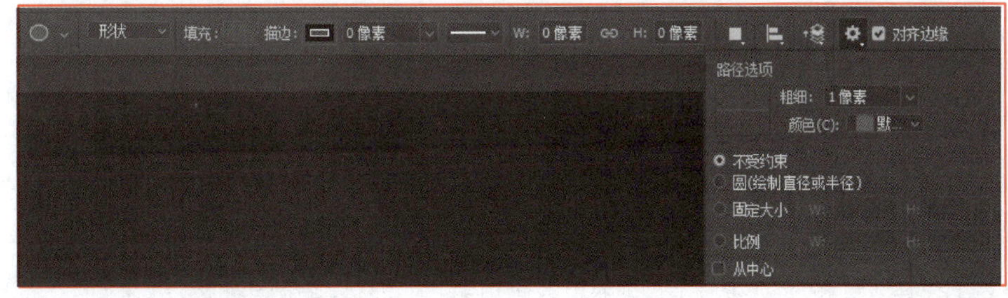

图 5-32 “椭圆工具”选项栏

其中，各选项的含义如下。

- 粗细：边框的大小。
- 颜色：绘制的填充颜色，默认为前景色。
- 不受约束：默认选项，根据鼠标的拖动决定椭圆的大小。
- 圆：选中该单选按钮，可绘制标准圆形。
- 固定大小：选中该单选按钮，可绘制指定尺寸的矩形，在后面的W和H文本框中可输入需要的长、宽尺寸。
- 比例：选中该单选按钮，可绘制指定长宽比例的矩形，在后面的W和H文本框中可输入需要的长、宽比例。
- 从中心：选中该复选框，可将鼠标拖动的起点作为矩形的中心点。

利用这些选项，就可以方便而准确地创建一些特殊的椭圆形。

2. 多边形工具

“多边形工具”选项栏中有一个“边”参数，用于设置所绘制多边形的边数，默认值为 5。该工具的“设置其他形状和路径选项”下拉调板如图 5-33 所示。

图 5-33
“多边形工具”选项栏

其中，各选项的含义如下。

- 半径：用于设置多边形的中心点到各顶点的距离。
- 平滑拐角：选中该复选框，可将多边形的顶角设置为平滑效果。
- 星形：选中该复选框，可将多边形的各边向内凹陷，从而成为星形。
- 缩进边依据：若选中“星形”复选框，可在该文本框中设置星形的凹陷程度。
- 平滑缩进：选中该复选框，可采用平滑的凹陷效果。

微课 5-6
创建自定义形状

5.3.2 创建自定义形状

如果使用矩形工具、圆角矩形工具、椭圆形工具、多边形工具、直线工具都无法完成想绘制的形状，可以使用自定义图形中的一些图案来创建。

1. 绘制系统默认自定义形状

如果要绘制一个 E-mail 按钮，把前景色设置为橙色，则可以使用圆角矩形工具绘制一个圆角矩形背景，如图 5-34 所示；然后设置前景色为白色，再选择自定义形状工具，在其选项卡的“形状”下拉列表中选择“信封 1”形状，绘制其图标，效果如图 5-35 所示。

图 5-34
绘制背景圆角矩形

图 5-35
信封图标效果

2. 自定义形状并绘制使用

如果"自定义形状工具"选项卡的"形状"下拉列表中没有所需的形状，也可以进行自定义形状绘制。

下面定义绘制一朵祥云图案，具体步骤如下。

① 使用钢笔工具，绘制路径所需要的形状外轮廓路径，如图 5-36 所示。

② 选择路径选择工具，将路径选中，执行"编辑"→"定义自定义形状"菜单命令，弹出"形状名称"对话框，如图 5-37 所示，输入新形状的名称"中国风祥云"，单击"确定"按钮。

图 5-36
绘制中国风祥云形状

图 5-37
"形状名称"对话框

③ 使用自定义形状工具，显示形状列表框，即可显示刚完成的自定义形状，如图 5-38 所示。

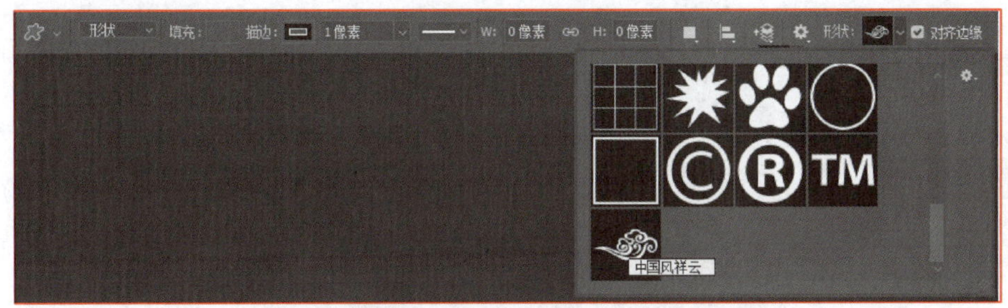

图 5-38
自定义形状列表

5.3.3 填充路径

在 Photoshop 中可以以当前的路径为基础，进行填充颜色或者图案，操作步骤如下。

微课 5-7
路径填充与描边

① 新建一幅宽和高均为 600 像素的文档，然后使用自定义形状工具，在自定义形状的自定义形状列表中单击右侧的设置图标，在弹出的列表中选择"动物"选项，此时弹出"是否用动物中的形状替换当前的形状？"提示框，如图 5-39 所示，单击"追加"按钮。

② 使用自定义形状工具，单击显示形状列表框，即可显示刚完成的自定义形状，如图 5-40 所示。

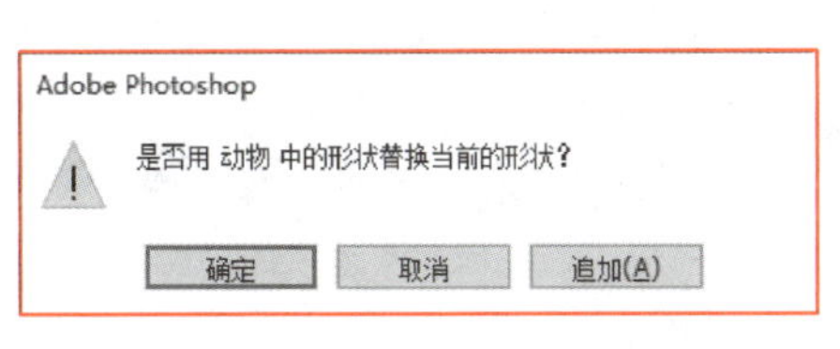

图 5-39
提示窗口

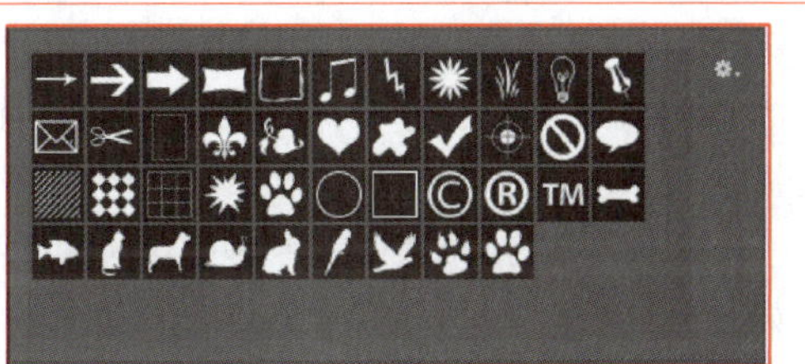

图 5-40
自定义形状列表

③ 选择“猫”形状，在文档中按住<Shift>键，使用自定义形状工具绘制“猫”形状，如图 5-41 所示。单击“路径”面板中的“用前景色填充路径”按钮，即可完成路径填充，效果如图 5-42 所示。

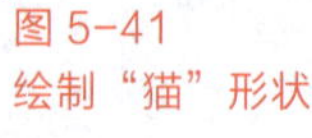

图 5-41
绘制“猫”形状

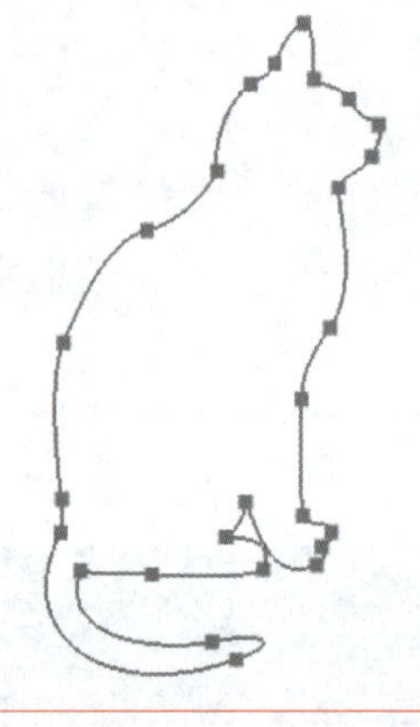

图 5-42
填充路径后的页面效果

如果想填充更加丰富的效果，可以在单击“用前景色填充路径”按钮的同时，按住<Alt>键，这时会弹出“填充路径”对话框，如图 5-43 所示，读者可以根据需要设置相关的填充参数。

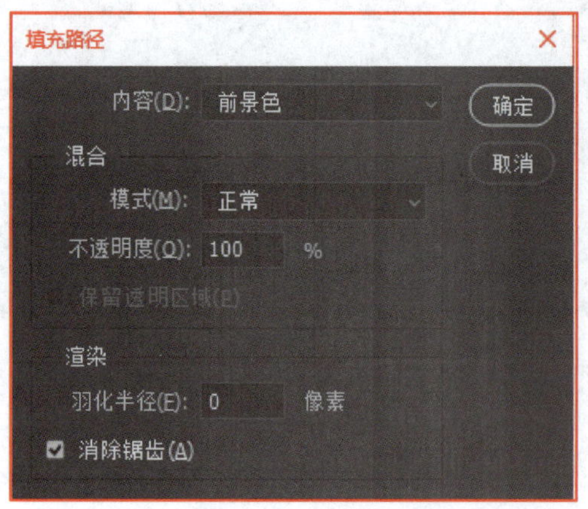

图 5-43
“填充路径”对话框

5.3.4 描边路径

在 Photoshop 中，默认情况下单击“路径”面板中的“用画笔描边路径”按钮，可以实现以当前的绘图工具进行描边的路径操作。

如果按住<Alt>键，单击“用画笔描边路径”按钮，会弹出“描边路径”对话框，如图 5-44 所示。“描边路径”对话框中罗列了各种绘图工具，如果选择“画笔”工具，画笔形状选择“硬边圆”，画笔大小为“20 像素”（如图 5-45 所示），则需要设置画笔工具的详细参数，按<F5>键，弹出“画笔设置”面板，设置画笔笔尖形状的间距为 200%，选择“形状动态”选项，参数如图 5-46 所示。

选择刚刚绘制的猫，设置前景色为深红色，单击“用画笔描边路径”按钮，效果如图 5-47 所示。

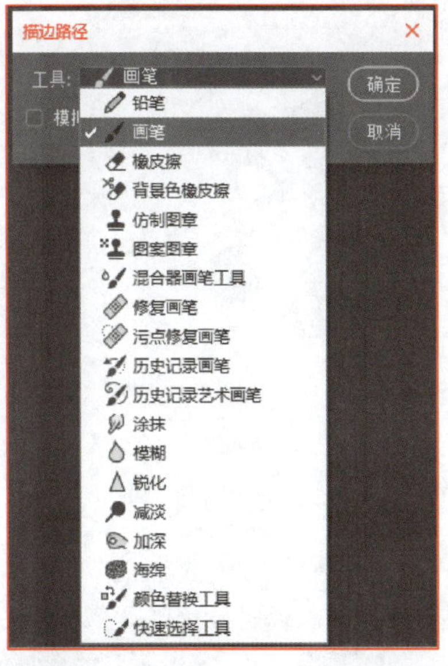

图 5-44
“描边路径”对话框

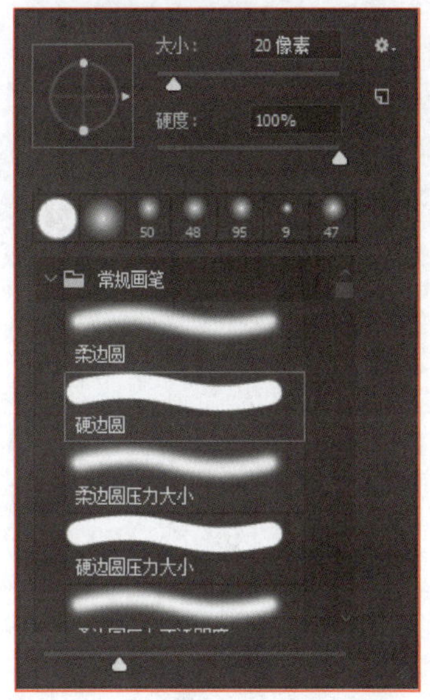

图 5-45
画笔的“形状动态”选项

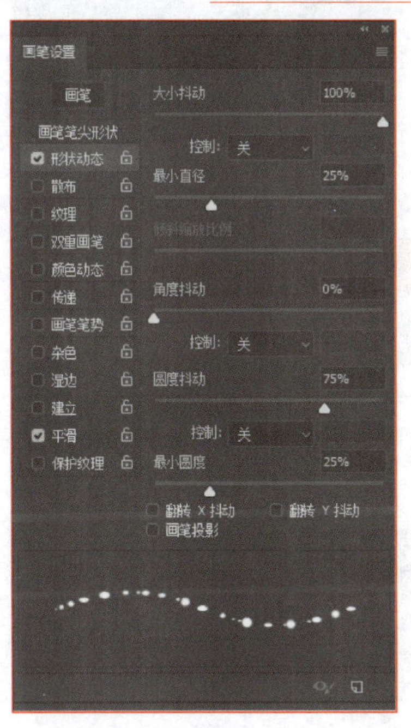

图 5-46
画笔的“形状动态”选项

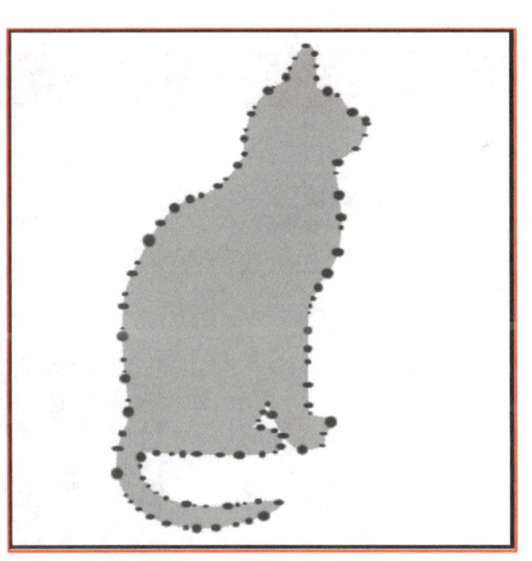

图 5-47
描边后的路径

5.3.5 路径运算

微课 5-8
路径运算

在设计过程中，经常需要创建更复杂的路径，利用路径运算功能可将多个路径进行相减、相交、组合等运算。

创建一个形状图形后，启用不同的运算方式功能，继续创建形状图形，会得到不同的路径运算效果，如图 5-48 所示。

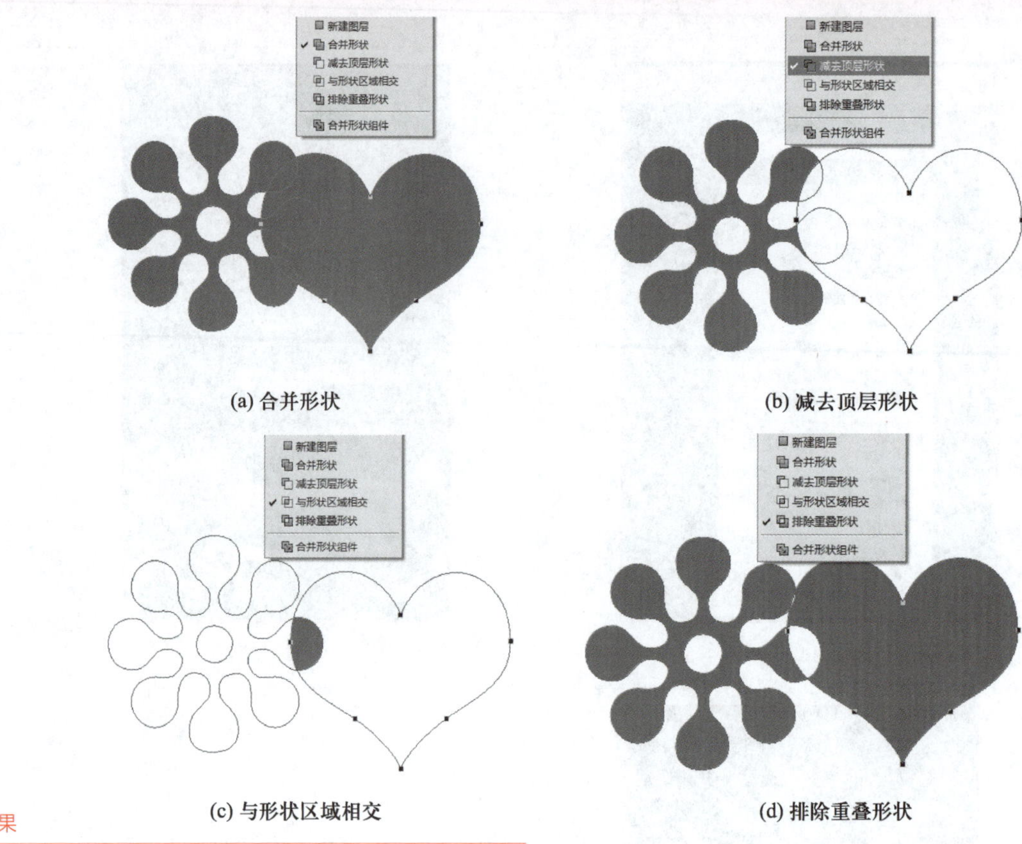

(a) 合并形状　(b) 减去顶层形状

(c) 与形状区域相交　(d) 排除重叠形状

图 5-48
路径运算效果

5.4　综合案例：手机 UI 界面设计制作

5.4.1　效果展示

本案例利用路径工具的使用方法和技巧制作手机音乐播放器的 UI 界面，效果如图 5-49 所示。

图 5-49
手机 UI 界面效果

素养小贴士　认识中华民族的精神颂歌《保卫黄河》

《保卫黄河》是《黄河大合唱》的第七乐章，由光未然、冼星海创作于中国抗日战争时期。该曲采用齐唱、轮唱的演唱形式，具有广泛的群众性，是抗日军民广为传播的一首歌曲。2019 年 6 月，入选中宣部“庆祝中华人民共和国成立 70 周年优秀歌曲 100 首”。

5.4.2　实现过程

微课 5-9
手机 UI 界面设计制作

本例主要是模拟手机的系统界面，主要采用扁平化的设计思路，借助图片采用全新的图标界面设计音乐播放的界面，具体实现过程如下。

① 打开 Photoshop，执行“文件”→“打开”菜单命令，设置名称为“手机界面设计”、宽度为 720 像素、高度为 1280 像素、分辨率为 300 像素/英寸。执行“文件”→“存储”菜单命令，将文档保存为“手机 UI 界面设计.psd”，设置前景色为白色（#ffffff），按<Alt+Delete>组合键填充前景色到“背景”图层。

② 打开素材文件夹中的“手机界面背景.jpg”图片，将其拖到当前文档中，同时调整图像的位置，执行“编辑”→“自由变换”菜单命令，调整图像的大小，效果如图 5-50 所示。

注意：

若需烘托氛围，可执行“滤镜”→“模糊”→“高斯模糊”菜单命令，模糊背景效果。

③ 在“图层”面板中单击“创建新组”按钮，新建一个“顶层图标”图层组，单击工具栏中的“椭圆选框工具”按钮，在选项栏中选择工具的模式为“形状”，设置为“白色”，在顶部左侧绘制 5 个圆形，使用“横排文字工具”输入“中国移动”“上午 11:35”，设置字体为“黑体”、字号为“6 px”，如图 5-51 所示。

图 5-50
设置背景素材

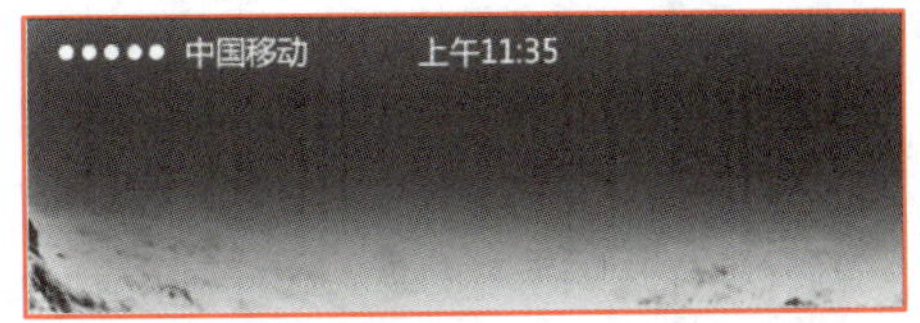

图 5-51
顶层图标效果

④ 单击工具栏中的“矩形选框工具”按钮，在画面顶部绘制矩形，并填充白色（#ffffff），按<Ctrl+Enter>组合键，将图形切换到选区选择状态，执行“选择”→“修改”→“扩展”

菜单命令，设置扩展量为 3 像素，单击“确定”按钮，如图 5-52 所示。

⑤ 执行“编辑”→“描边”菜单命令，设置宽度为 2 像素、颜色为白色、位置为居外，单击“确定”按钮。同样使用矩形选框工具，绘制电池正极，单击工具栏中的“横排文字工具”按钮，在电量图标的左侧输入“100%”，设置字体为“黑体”、字号为“6 px”，如图 5-53 所示。

图 5-52
绘制矩形并扩展选区

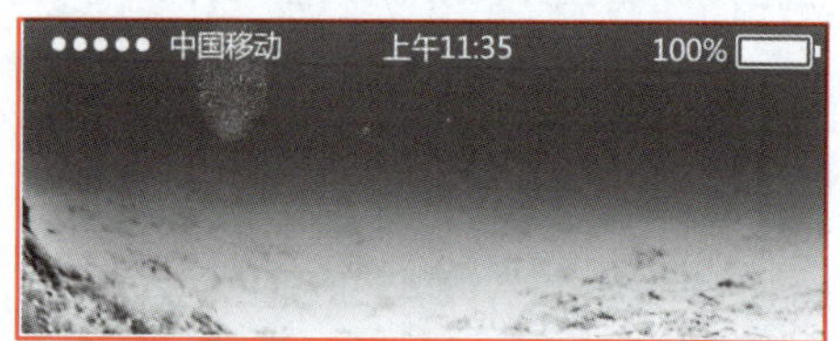

图 5-53
绘制电池细节

⑥ 在“图层”面板中单击“创建新组”按钮，新建一个“CD 图标”图层组，执行“视图”→“新建参考线”菜单命令，在弹出的“新建参考线”对话框中设置取向为水平、位置为 500 像素；同样的方式，再次设置一条垂直的位置为 360 像素的参考线。

⑦ 新建图层“CD1”，单击工具栏中的“椭圆选框工具”按钮，按<Alt+Shift>组合键，以两条参考线交点为圆心绘制正圆选区，设置前景色为灰色（#858585），按<Alt+Delete>组合键填充前景色（#858585），如图 5-54 所示。复制“CD1”为“CD1 拷贝”层，并按<Ctrl+T>组合键缩小圆形，按<Ctrl>键选择内部选区，填充颜色为（#3a3a3a），效果如图 5-55 所示。

图 5-54
绘制并填充圆形背景

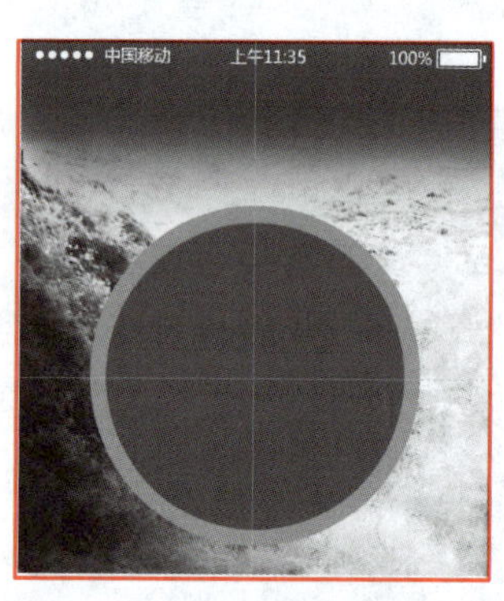

图 5-55
复制并填充圆形

⑧ 按<Ctrl>键，单击“CD1 拷贝”创建内部圆形选区，选择“CD1”图层，按<Delete>键删除选区，单击图层底部的“添加图层样式”按钮，选择“投影”选项，弹出“图层样式”对话框，设置角度为 120 度、距离为 2 像素、大小为 6 像素，如图 5-56 所示，效果如图 5-57 所示。

⑨ 打开素材文件夹中的素材图片“黄河.png”，将其拖到当前文档中，修改图层为“CD 封面”，调整位置及大小，如图 5-58 所示。

⑩ 单击“CD 封面”图层前面的“指示图层可见性”按钮，隐藏“CD 封面”。使用椭圆选框工具，以两条参考线交叉点为圆心绘制正圆选区，选区比插入的黄河图像稍大一些，设置前景色为红色，按< Alt+Delete >组合键填充前景色，效果如图 5-59 所示。

⑪ 单击“CD 封面”图层前面的“指示图层可见性”按钮，显示“CD 封面”，效果如图 5-60 所示。

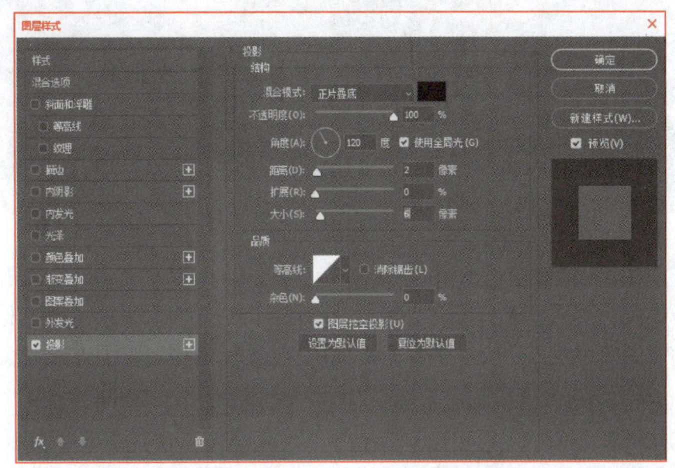

图 5-56
设置投影

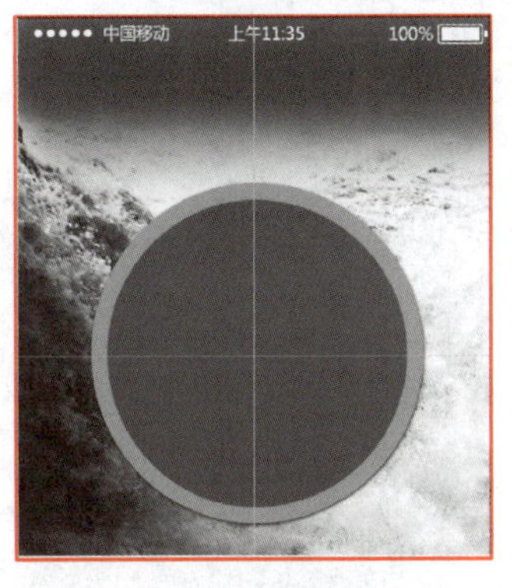

图 5-57
添加投影效果

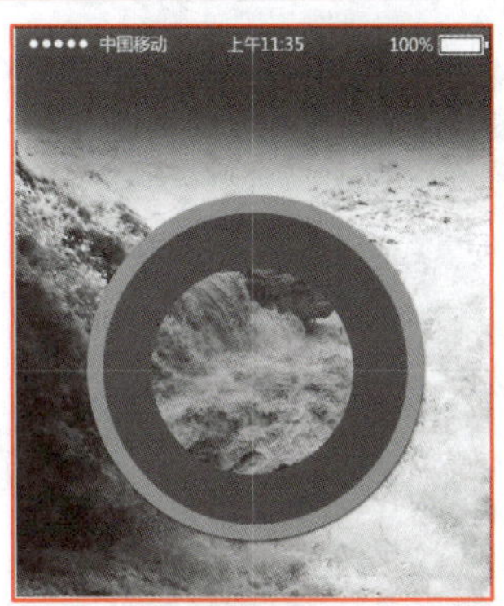

图 5-58
插入背景图片

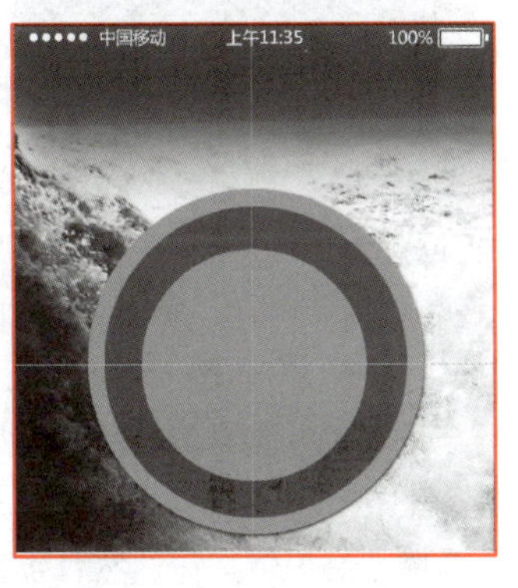

图 5-59
添加红色背景

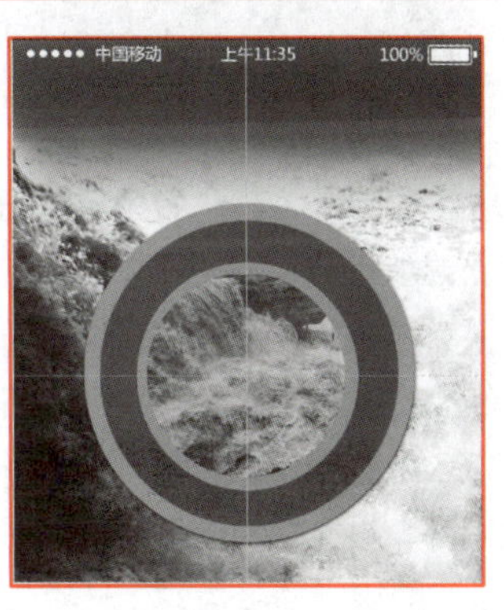

图 5-60
显示图案后的效果

⑫ 使用多边形套索工具，绘制一个不规则图形，如图 5-61 所示，按<Delete>键删除，效果如图 5-62 所示。

⑬ 使用横排文字工具，输入文本“保卫黄河”，设置字体为“黑体”、大小为“10 点”，效果如图 5-63 所示。

图 5-61
创建选择区
图 5-62
删除多余进度条效果
图 5-63
添加文字

⑭ 在“图层”面板中单击“创建新组”按钮，新建一个“播放按钮”图层组，设置前景色为白色，使用直线工具绘制高度为 6 像素的进度条，采用同样的方式，绘制高度为 6 像素的深红色进度条，使用椭圆工具，按住<Shift>键绘制直径为 20 像素的进度圆点，效果如图 5-64 所示。

⑮ 使用横排文字工具输入播放时刻“00:47”，大小为 6 点，调整位置放在进度条左侧，同样使用横排文字工具输入播放时刻“03:01”，调整位置放在进度条右侧；继续使用横排文字工具输入歌曲词“黄河在咆哮”，设置颜色为黄色、大小为 8 点，调整位置，同样输入歌词“河西山冈万丈高”，设置颜色为土黄色（#e2a933）、大小为 8 点，调整位置，效果如图 5-65 所示。

图 5-64
绘制进度条

图 5-65
添加文字

⑯ 新建图层，将其命名为“按钮”，执行“视图”→“新建参考线”菜单命令，在弹出的“新建参考线”对话框中设置取向为水平、位置为 1050 像素，结合前面添加的垂直 360 像素参考线，为播放按钮确定圆心位置。

⑰ 单击“自定义形状工具”按钮，在形状中选择“窄边圆形边框”，设置前景色为白色，按<Alt+Shift>组合键，从水平 1050 像素与垂直 360 像素的交叉点为圆心，绘制一个白色圆环，再使用矩形工具绘制两个矩形，从而构成一个暂停按钮，如图 5-66 所示。

⑱ 新建图层，命名为“上一首”，在形状中选择“后退”按钮，然后绘制一个白色的后退按钮，效果如图 5-67 所示。

⑲ 选择“上一首”图层，按<Ctrl+J>组合键，自动创建“上一首 拷贝”图层，按<Ctrl+T>组合键，右击“上一首 拷贝”图层，执行“水平翻转”操作，调整大小与位置，即可实现播放上一首的按钮效果，效果如图 5-49 所示。

图 5-66
绘制暂停按钮

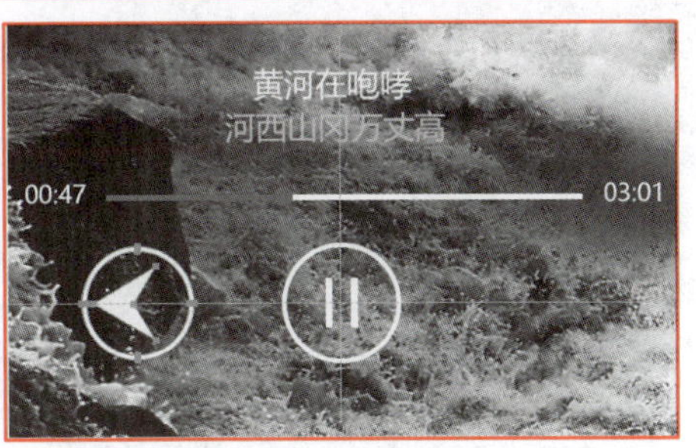

图 5-67
绘制上一首按钮

任务实施：电子名片制作

1. 任务分析

名片又称卡片，中国古代称名刺，是标示姓名及其所属组织、公司单位和联系方法的纸片。名片是新朋友互相认识、自我介绍的最快有效的方法。Photoshop 软件具有的矢量图形绘制功能，该功能对图像进行区域以及辅助抠图、绘制平滑和精细的图形、定义画笔等工具的绘制痕迹，以及输出输入路径和与选区之间的转换等领域。本任务将充分发挥矢量图形绘制功能来完成该任务。

2. 技能要点

核心技能要点：文字工具、钢笔工具、图形工具，路径与图形的计算等。

3. 实现过程

微课 5-10
电子名片的制作

本任务可以先完成花纹背景绘制，然后完成蓝橙曲线背景绘制，最后绘制 Logo 图标与输入文本。具体操作步骤如下。

① 打开 Photoshop 软件，执行“文件”→“新建”菜单命令，新建一个宽为 9 厘米、高为 5.5 厘米、分辨率为 300 像素/英寸、颜色模式为 RGB 的文档。

② 新建图层 1，选择渐变工具，设置前景色为蓝色（#53b3d2）、背景色为白色，选择线性渐变，从图像右上方至左下方绘制渐变，效果如图 5-68 所示。

③ 选择工具箱中的钢笔工具绘制花朵，在画布中绘制一个花瓣形状的闭合路径，效果如图 5-69 所示。

图 5-68
背景填充渐变

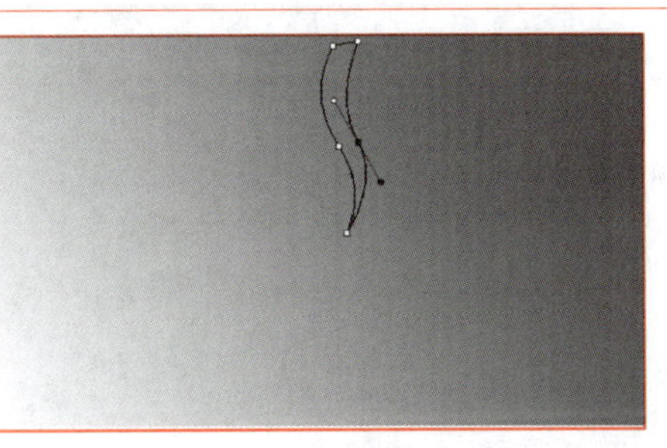

图 5-69
绘制路径

④ 路径绘制完成后，按<Ctrl+Alt+T>组合键，对其应用变换复制，将旋转中心调整

到左下角的变换点，效果如图 5-70 所示。

⑤ 在工具选项栏的“角度”文本框中输入旋转的角度“20”，按<Enter>键，效果如图 5-71 所示。

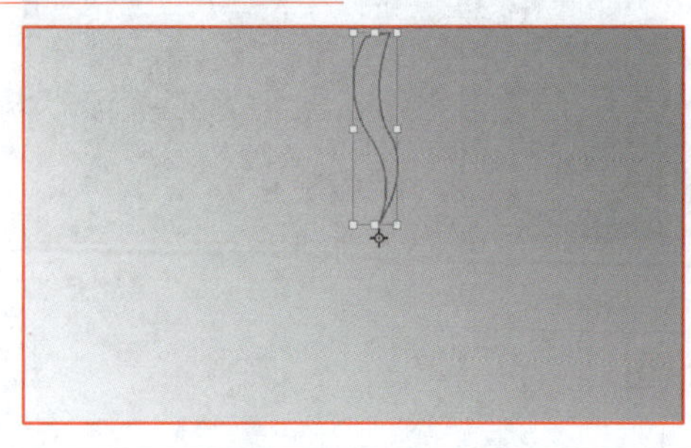

图 5-70
调整中心点

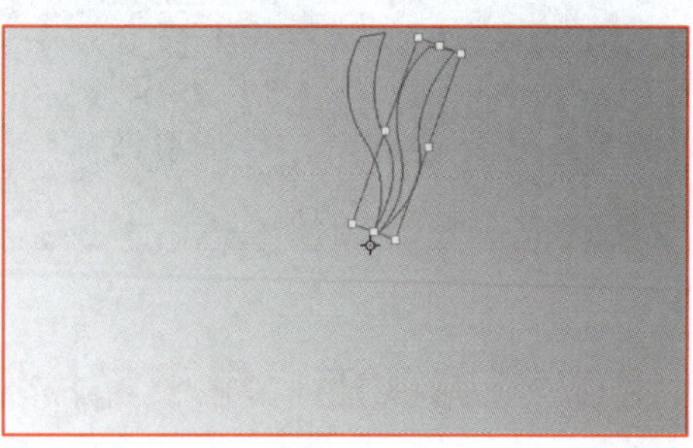

图 5-71
复制并选择路径

⑥ 按<Shift+Ctrl+Alt+T>组合键，将路径旋转并复制多份，效果如图 5-72 所示。

⑦ 路径复制完成后，选择工具箱中的路径选择工具，将所有路径选中。然后按<Ctrl+T>组合键对其执行自由变换命令，将其适当缩小置于画布中央，按<Enter>键，效果如图 5-73 所示。

图 5-72
复制并旋转后的效果

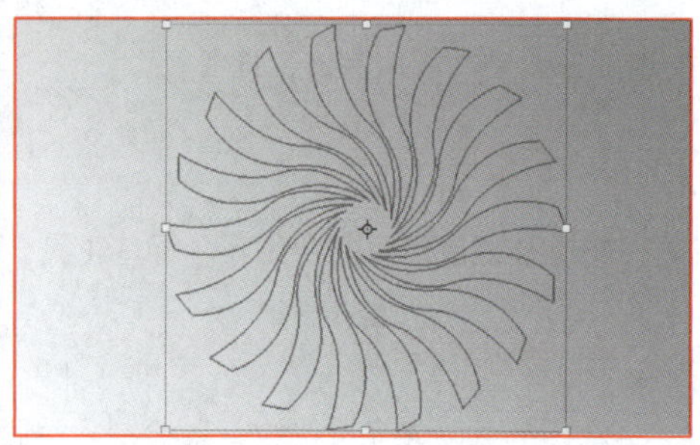

图 5-73
调整路径位置

⑧ 按<Ctrl+Enter>组合键将路径载入选区，新建图层并填充为白色，效果如图 5-74 所示。

⑨ 按<Ctrl+D>组合键取消选区，然后按<Ctrl+T>组合键将其适当放大置于画布右上角，设置该图层的不透明度为 40%、图层混合模式为柔光，按<Ctrl+J>组合键将其复制一层。接着按<Ctrl+T>组合键对其执行自由变换命令，右击，在弹出的快捷菜单中选择“旋转 180 度”命令，并将其适当缩小置于画布左下角，效果如图 5-75 所示。

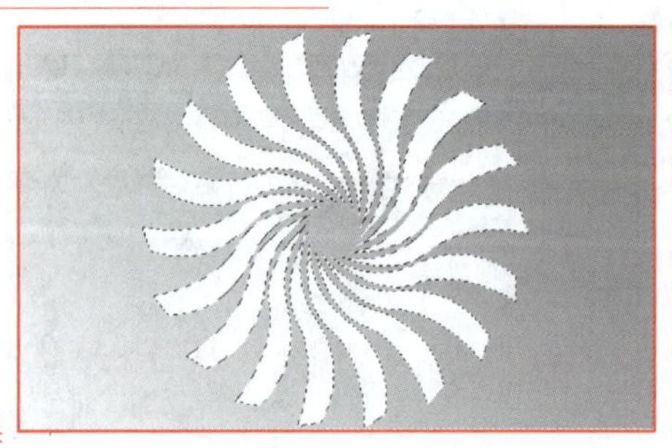

图 5-74
路径转换并填充选区

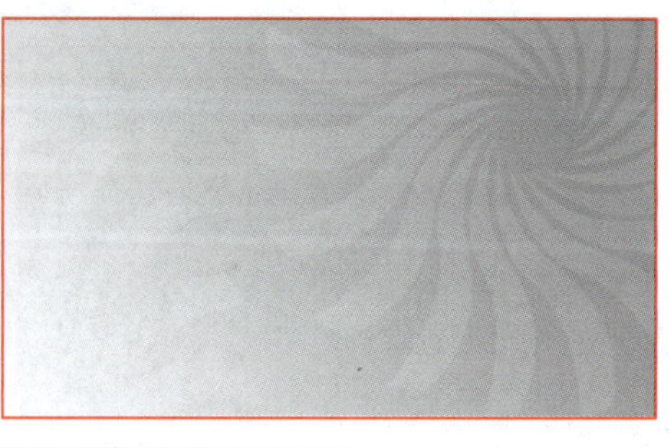

图 5-75
图层调整位置后的效果

⑩ 新建一个图层，命名为“蓝背景”，在工具箱中选择钢笔工具，绘制路径，如

图 5-76 所示。

⑪ 设置前景色为深蓝色（#1256a0），按<Ctrl+Enter>组合键将路径载入选区，然后按<Alt+Delete>组合键填充前景色，按<Ctrl+D>组合键取消选区，效果如图 5-77 所示。

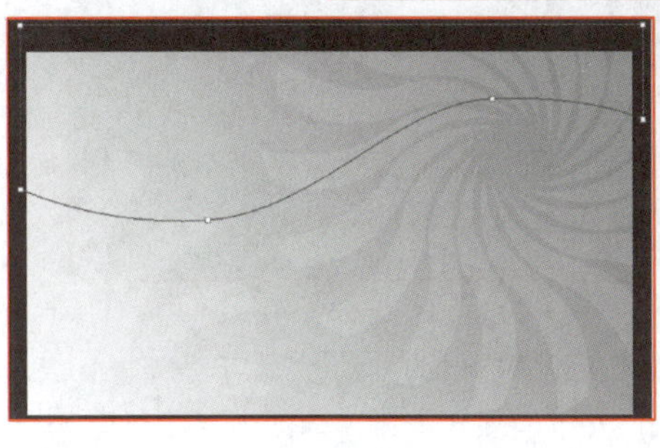

图 5-76 绘制路径

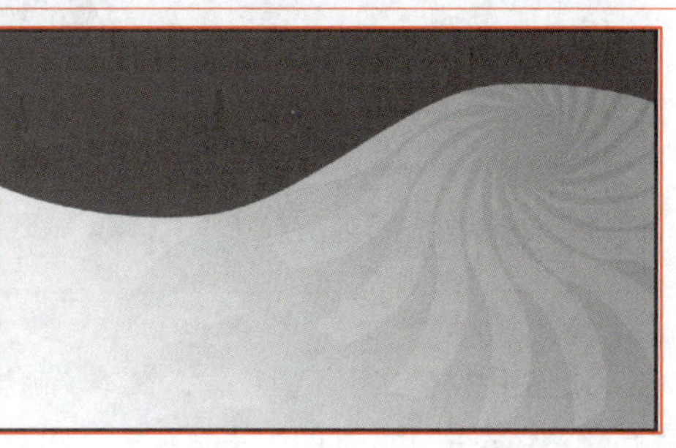

图 5-77 填充路径区域为深蓝色

⑫ 新建一个图层，执行"编辑"→"变换路径"→"扭曲"菜单命令，对路径进行调整。也可以使用在工具箱中选择路径选择工具和直接选择路径工具对路径进行细节调整，如图 5-78 所示。

⑬ 设置前景色为橙色（#f3a51a），按<Ctrl+Enter>组合键将路径载入选区，然后按<Alt+Delete>组合键填充前景色，按<Ctrl+D>组合键取消选区，将橙色图层调整到蓝色图层的下方，单击图层下方的"添加图层样式"按钮 *fx*，选择"投影"选项，设置颜色为灰色（#7e7e7e）、不透明度为 60%、角度为 90 度、距离为 4 像素、扩展大小为 4 像素、大小为 10 像素，效果如图 5-79 所示。

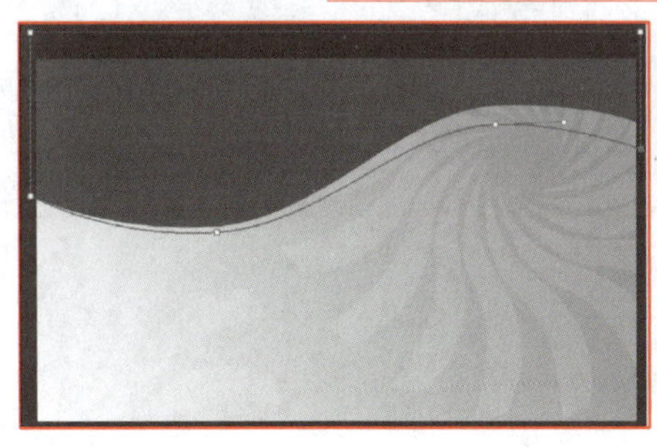

图 5-78 复制并调整路径

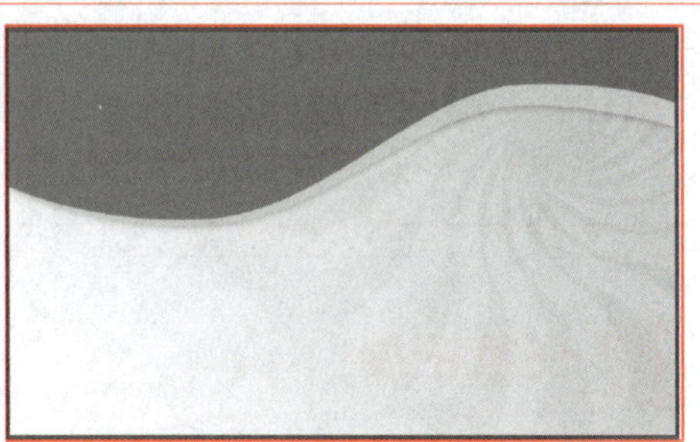

图 5-79 调整后的效果

⑭ 设计"商学院"的 Logo 图标，设计思路与效果如图 5-80 所示。

图 5-80 Logo 设计思路与效果

⑮ 切换到"路径"面板，新建一个路径，命名为 logo，使用钢笔工具绘制基本形状，如图 5-81 所示。

⑯ 单击"路径"面板中的"将路径作为选区载入"按钮（或按快捷键<Ctrl+Enter>），将路径转换为选区，新建一个图层，命名为 logo，填充白色（#ffffff），效果如图 5-82 所示。

图 5-81
绘制出 logo 路径形状

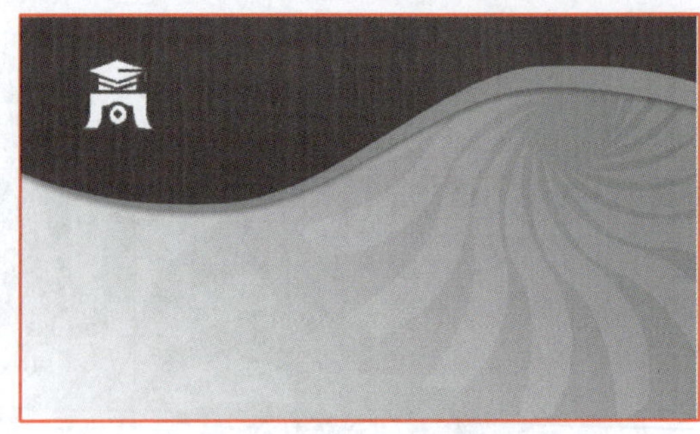

图 5-82
填充选区

⑰ 使用横排文字工具，输入文本“商学院”，设置字体为“幼圆”、字号为 14 点、颜色为白色；采用同样的方法输入文本 BUSINESS SCHOOL，设置字体为“幼圆”、字号为 6 点、字间距为 0、颜色为白色，效果如图 5-83 所示。

⑱ 使用矩形选框工具，绘制蓝色矩形框，填充蓝色（# 165b90），输入文字“副教授”，设置文字为白色，效果如图 5-84 所示。

⑲ 输入其他文本“姓名占位符”和地址、电话、手机等文本信息，效果如图 5-1 所示。

图 5-83
添加“商学院”文字

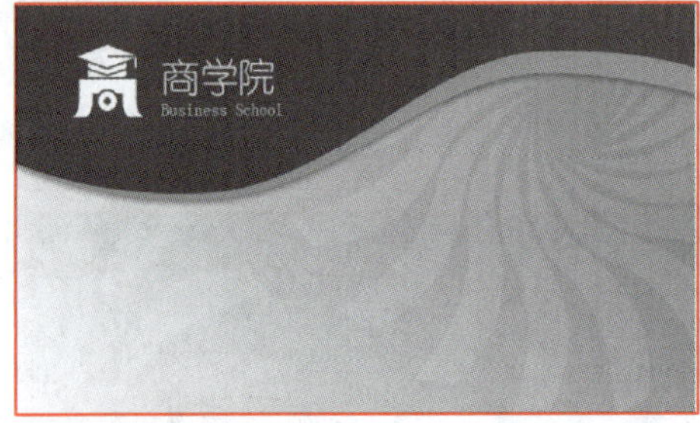

图 5-84
添加图案“副教授”文字

任务拓展

1. 钢笔工具的使用技巧

钢笔工具在使用过程中有以下技巧，应用这些技巧可以提高工作效果。

技巧 1:

使用其他路径工具时，按住<Ctrl>键使鼠标指针暂时变成路径选取范围工具。

技巧 2:

按住<Alt>键后，单击“路径”面板中的垃圾桶图标，可以直接删除路径。

技巧 3:

在单击“路径”面板下方的几个按钮（如用前景色填充路径、用前景色描边路径、将路径作为选区载入）时，按<Alt>键可以看见一系列可用的工具或选项。

技巧 4:

如果需要移动整条或是多条路径，选择所需移动的路径然后使用快捷键<Ctrl+T>，即可拖动路径至任何位置。

技巧 5:

使用笔形工具绘制路径时，按住<Shift>键可以强制路径或方向线成水平、垂直或 45 度角；按住<Alt>键将笔形指针置于黑色节点上单击，可以改变方向线的方向，使曲线能够转折；按住<Alt>使用路径选取工具单击路径，会选取整条路径；要同时选取多条路径，可以按住<Shift>键逐个单击；使用路径选择工具时，按<Ctrl+Alt>组合键移近路径，会切换到增加节点与减少节点笔形工具。

2. App 界面设计与项目流程

在手机 App 产品团队中，App 界面设计者通常在前期就参与产品定位、设计风格、颜色、控件等多个问题的讨论，这样做更有利于设计者深入了解产品的设计风格，有利于设计出成熟可用的 App 界面。

App 界面设计与项目流程具体包括以下几步。

(1) 背景分析与产品定位

产品的功能是什么？根据什么而做这个产品？要达到什么目的？

例如，手机音乐 App 是一个集在线播放、搜索、下载于一体的音乐播放软件。

分析不同场景下的网络环境、光线和使用条件等，针对共性因素和特定因素，提供相应功能和界面设计。

考虑用户的系统体验，用户再使用其他音乐 App 时，积累了大量的使用经验，并且自觉地养成了一定的使用习惯，要符合界面设计的可用性和有效性。

笔 记

(2) 产品风格

产品定位直接影响产品的风格。产品不应只是看上去的样子，关键在于它如何发挥作用。

根据产品的功能、商业价值等内容，可以设计许多不同的风格。当产品是以面向人群为定位，那产品的风格应该是清新、绚丽的；当产品是以商品价值为定位，那产品的风格应该是稳重、大气的。

(3) 统一图标和控件设置

制作过程中要统一 ICON 图标和界面的尺寸。

对产品界面用下拉菜单还是使用下拉滑屏，用多选框还是单选框，控件的数量应该限制在多少比较合适等问题，要有清晰的设计。

(4) 制订方案

当产品的定位、风格、控件等都确定后，需要制订一套详尽的方案。一般需要提供两套以上的方案，以便于对比与选择。

(5) 提交并选定方案

将方案提交后，邀请各方人员对方案进行评定，选择最佳方案。

(6) 美化方案

方案选定后，就需要更详细地根据效果图进行美化设计，对方案的细节进行推敲，如文字、颜色、ICON 大小等，统一规范，整体对齐，相应位置等间距等，这样会使得整体感觉更好，还要考虑交互细节、交互操作是否符合用户的操作习惯。

项目实训：绘制中国青年志愿者标志

中国青年志愿者标志整体构图为心的造型，同时也是英文“青年”第一个字母 Y；图案中央既是手，也是鸽子的造型，寓意青年志愿者向需要帮助的人们奉献一份爱心，伸出友爱之手，立足新时代、展现新作为，弘扬奉献、友爱、互助、进步的志愿精神，以实际行动书写新时代的雷锋故事。

制作说明：图案中白色为纯白色，红色色号为 M100Y100。下载中国青年志愿者标志，自行完成图标的模仿绘制，效果如图 5-85 所示。

图 5-85
中国青年志愿者标志

任务 6 使用蒙版

图层蒙版是制作图像混合效果时常用的一种方式，通俗而言，蒙版就是“蒙在上面的板子”的意思。图层蒙版是在当前图层上面覆盖一层玻璃，这种玻璃有透明的、磨砂的、完全不透明的，所以，它具有高级的选择功能，也是 Photoshop 中一项十分重要的功能。

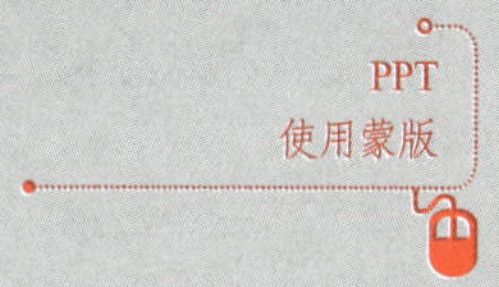

教学导航

知识目标	● 了解蒙版的概念、作用与原理 ● 了解蒙版的分类与使用场景
能力目标	● 掌握快速蒙版、剪贴蒙版的使用方法 ● 掌握图层蒙版、矢量蒙版的使用方法
素质目标	● 加强环保意识，积极践行环境保护公益宣传 ● 加强文化传承，锻炼自我学习的能力
本单元重点	● 快速蒙版、剪贴蒙版的使用方法 ● 图层蒙版、矢量蒙版的使用方法 ● 图层蒙版与矢量蒙版的混合使用
本单元难点	● 图像制作蒙版的使用方法 ● 图层蒙版与矢量蒙版的混合使用
教学方法	任务驱动法、讲授法、演示法、案例教学法
建议课时	6 课时

任务展示：保护海洋环境宣传海报设计

本例在展示缤纷海底世界、神秘海洋生物的基础上，通过设计富有清爽感和神秘感的海底世界为载体，倡导人们保护海洋环境，案例效果如图 6-1 所示。

图 6-1
海底世界海报效果

素养小贴士 认识《中华人民共和国海洋环境保护法》

《中华人民共和国海洋环境保护法》在 1982 年 8 月 23 日颁布，之后历经 1999 年修订，2013 年、2016 年、2017 年 3 次修正，以及 2023 年修订，主要是为了保护和改善海洋环境，保护海洋资源，防治污染损害，维护生态平衡，保障人体健康，促进经济和社会的可持续发展而制定。

知识准备

微课 6-1
认识蒙版

6.1 蒙版简介

6.1.1 了解蒙版

图层蒙版是制作图像混合效果时常用的一种手段。使用图层蒙版混合图像的好处在

于可以在改变图层中图像像素的情况下，实现多种混合图像的方案并进行反复修改，从而得到需要的效果。

蒙版的工作原理就是使用一张灰度图，有选择地屏蔽当前图层中的图像，从而得到混合效果。可以简单理解成一块玻璃，玻璃上有沙子（也就是黑色），把沙子拨开一部分（也就是白色），在有沙子的地方人们看不到玻璃下面的东西（蒙版下面的图层），在没有沙子的地方可以看到玻璃下面的东西（蒙版下面的图层），沙子比较稀少的地方可以模模糊糊看到一些下层中图像的内容。

下面，通过图片认识蒙版，浏览素材图片“黄山”和“迎客松”，如图 6-2 和图 6-3 所示，使用自上而下从白色到黑色的渐变蒙版，如图 6-4 所示，效果如图 6-5 所示。

图 6-2
“黄山”素材图片

图 6-3
“迎客松”素材图片

图 6-4
使用由白到黑的蒙版

图 6-5
应用蒙版的效果

从图 6-5 可以看出，通过改变蒙版图层中黑白程度的变化，可以控制图像对应区域的显示或者隐藏状态，从而实现不同的特殊效果。例如，蒙版中使用了自上而下从白色到黑色的渐变，从而使“迎客松”与背景的“黄山”云海融为了一体。

如果使用图 6-6 所示的黑白格子蒙版，效果如图 6-7 所示。可以看出，两个黑色区域的蒙版将“迎客松”保护起来，所以显示底层的“黄山”，两个白色区域显示上层“迎客松”图形。

图 6-6
使用黑白格子蒙版

图 6-7
应用黑白格子蒙版的效果

总结一下，可以得到以下 3 点。

- 图层蒙版中黑色区域部分可以使图像对应的区域被隐藏，显示底层图像。
- 图层蒙版中白色区域部分可以使图像对应的区域显示。
- 如果有灰色部分，则会使图像对应的区域半隐半显。

蒙版共分为 4 种，分别为快速蒙版、图层蒙版、剪贴蒙版以及矢量蒙版。虽然分类不同，但是这些蒙版的工作方式是相同的。

微课 6-2
快速蒙版

6.1.2 快速蒙版

快速蒙版是蒙版最基础的操作方式，使用快速蒙版可以快速创建需要的选区，在快速蒙版模式下可以使用各种编辑工具或滤镜命令对蒙版进行编辑。

快速蒙版智能通过黑、白、灰进行绘制，使用黑色绘制的部分在画面中呈现出透明度不同的红色覆盖的效果，使用白色画笔可以擦掉“红色部分”，灰色绘制为半透明区域，类似羽化效果。在工具箱中单击“以快速蒙版模式编辑”按钮 （或按<Q>键），进入快速蒙版模式编辑状态，该按钮变为 状态。在快速蒙版模式中，使用画笔工具绘制的区域就会被保护起来，呈现半透明的红色，绘制的不透明度越高，绘制的红色颜色越深，被保护得越多，相反不透明度越低，绘制的红色颜色越浅，被保护得越少。在快速蒙版模式中，可以使用画笔工具、橡皮擦工具、渐变工具、油漆桶工具等。如果红色绘制得多了，可以使用橡皮擦工具将其擦除。

下面通过实例来学习快速蒙版。

① 打开素材图片“快速蒙版.psd”，在工具箱中单击“以快速蒙版模式编辑”按钮（或按<Q>键），进入快速蒙版模式编辑状态，设置前景色为黑色，使用画笔工具（软画笔）绘制，效果如图 6-8 所示。

② 单击“以标准模式编写”按钮（或按<Q>键），进入标准模式编辑状态，此时快速绘制的内容变成了选区，如图 6-9 所示。

图 6-8
快速蒙版绘制

图 6-9
标准模式中蒙版转换后的选区

③ 执行“选择”→“反选”菜单命令（或按快捷键<Ctrl+Shift+I>），按<Delete>键将多余部分删除，效果如图 6-10 所示。

图 6-10
删除背景后的效果

在这样的操作中可以建立不规则且同时有多种不同羽化值的选区，这种选区的随意性和自由性很强，是利用常规选择选框工具所得不到的特殊选区。也就是说，快速蒙版的功能就是建立自定义的特殊选区。所以，当需要用特殊的选区来选择图像操作时，需要使用快速蒙版。

6.1.3　图层蒙版

微课 6-3
图层蒙版

图层蒙版可以让图层中的图像部分显示或隐藏。用黑色绘制的区域是隐藏的，用白色绘制的区域是可见的，而用灰色绘制的区域则会出现在不同层次的透明区域中。

图层蒙版可以简单理解为，与图层捆绑在一起，用于控制图层中图像的显示与隐藏的蒙版，且该蒙版中装载的全部为灰度图像，并以蒙版中的黑、白图像来控制图层缩览图中图像的隐藏或显示。图层蒙版的最大优势是在显示或隐藏图像时，所有操作均在蒙版中进行，不会影响图层中的图像。

通过例子学习图层蒙版的创建过程。

① 打开两幅素材图像素材“金秋.jpg”和“窗户相框门.jpg”，如图 6-11 和图 6-12 所示。

图 6-11
“金秋”素材

图 6-12
“窗户相框门”素材

② 使用移动工具将素材“窗户相框门.jpg”拖至“金秋.jpg”的上方，调整大小与位置，效果如图 6-13 所示。

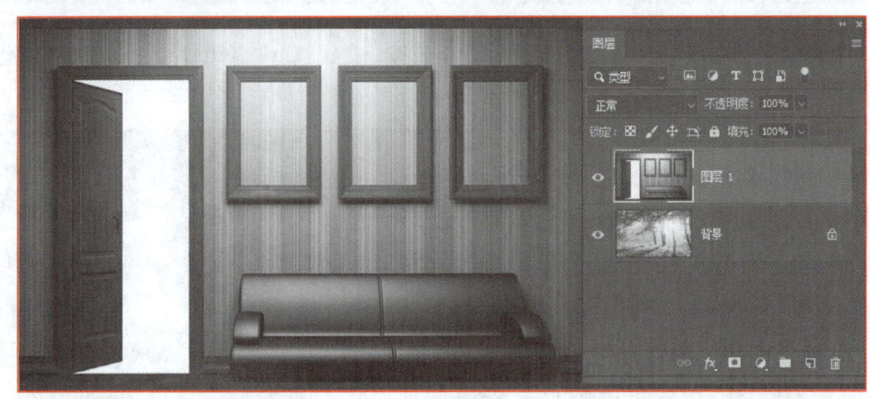

图 6-13
图像简单组合后的
层次关系

③ 使用魔棒工具选择图 6-13 中的白色区域，切换到矩形选框工具，按住<Shift>键选择 3 个相框区域，然后执行“选择”→“反选”菜单命令（或按快捷键<Ctrl+Shift+I>），实现选择白色以外的区域。

④ 单击“图层”面板底部的“添加图层蒙版”按钮，创建一个图层蒙版，如图 6-14 所示，实现了门和窗户展现清新美景的效果。

图 6-14
图层蒙版使用后的
页面效果

在整个蒙版创建完成后，按住<Alt>键单击图 6-14 中“图层”面板中的蒙版缩览图，即可显示蒙版图层的具体内容，如图 6-15 所示。

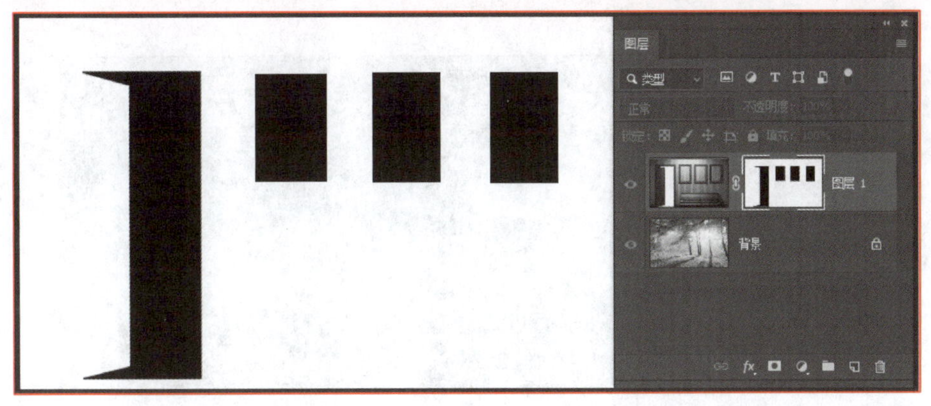

图 6-15
图层蒙版信息

如果按住<Ctrl>键单击图 6-14 中“图层”面板中的蒙版缩览图，则可以将蒙版图层中的白色区域变为选区。

单击“图层”面板底部的“添加图层蒙版”按钮，可以创建一个白色图层蒙版，按住<Alt>键单击该按钮可以创建一个黑色图层蒙版。创建蒙版后既可以在图像中操作，也可以在蒙版中操作。以白色蒙版为例，创建后蒙版缩览图显示一个矩形框，说明该蒙版处于编辑状态，这时在画布中绘制黑色图像后，绘制的区域将图像隐藏。单击图像缩览图进入图像的编辑状态，在画布中绘制黑色图像，呈现黑色图像。

如果将图 6-14 中右侧 3 个画框的区域填充为从黑色到白色的渐变，如图 6-16 所示，则会实现从上到下完全不透明到透明的效果，如图 6-17 所示。

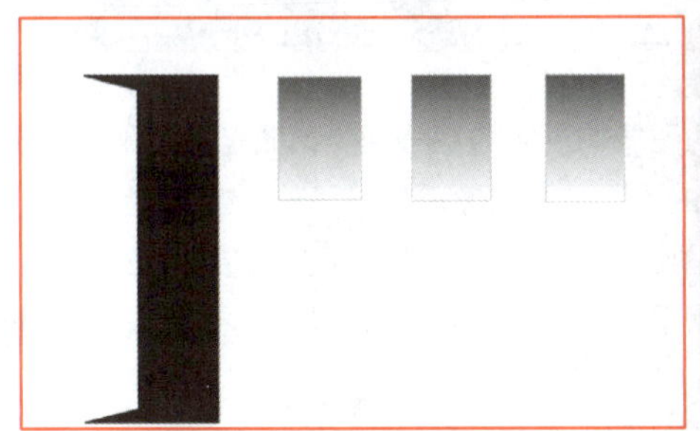

图 6-16
黑白渐变的
3 个画框选区

图 6-17
使用蒙版后的效果

6.1.4 剪贴蒙版

微课 6-4
剪贴蒙版

剪贴蒙版是一种常用于混合文字、形状与图像的技术。剪贴蒙版由两个以上图层构成，处于下方的图层成为基层，用于控制其上方图层的显示区域，而其上方的图层被称为内容图层。在每一个剪贴蒙版中，基层都只有一个，内容图层可以有若干个。

1. 创建剪贴蒙版

新建一个 Photoshop 文档，打开素材文件夹中的“海岸美景.jpg”，使用文字工具输入“碧波荡漾”，将素材“海岸美景.jpg”拖到“碧波荡漾”的上方，效果如图 6-18 所示。

当“图层”面板中存在两个或者两个以上的图层时，如图 6-18 就可以创建剪贴蒙版。方法是：选择“图层”面板中的“图层 1”（“海岸美景.jpg”），执行“图层”→“创建剪贴蒙版”菜单命令，该图层会与其下方的图层创建剪贴蒙版，如图 6-19 所示。

图 6-18
文档的层次关系

创建剪贴蒙版后，发现蒙版中的下方图层名称带有下画线，内容图层的缩览图是缩进的，并且显示一个剪贴蒙版图标，而画布中的图像也会随之发生变化。

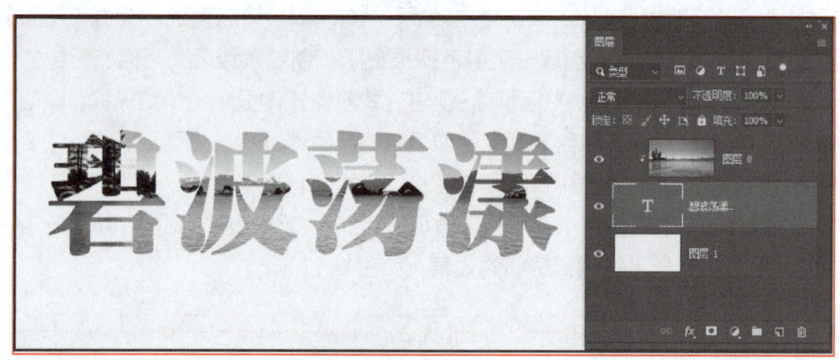

图 6-19
创建剪贴蒙版的图层

创建剪贴蒙版后，蒙版中两个图层中的图像均可以随意移动。如果是移动下方图层的图像，那么会在不同位置显示上方图层中的不同区域图像；如果移动上方图层的图像，那么会在同一位置显示该图层的不同区域的图像，并且可能会显示下方图层中的图像。

剪贴蒙版的优势就是形状图层可以应用于多个图层，只要将其他图层拖至蒙版中即可，但只有最上方的图层显示其图像。

在 Photoshop 中，文字图层、填充图层等均可以创建剪贴蒙版。当遇到两幅图像合成为一幅图像时，可以使用填充图层剪贴蒙版，方法是：在两幅图像所在的图层中间创建渐变填充图层，将渐变设定为“前景色到透明渐变”的方式，然后将渐变填充图层与其上方图像图层创建剪贴蒙版即可，如图 6-20 所示。

图 6-20
使用渐变填充方式创建蒙版

2. 编辑剪贴蒙版

创建剪贴蒙版后，还可以对其中剪贴蒙版图层进行编辑，如图层的不透明度与图层混合模式等，这些选项均可以在剪贴蒙版中的所有图层中编辑。剪贴蒙版使用下方图层的不透明度可以控制整个剪贴蒙版组的不透明度。而调整上方的内容图层只是控制其自身的不透明度，不会对整个剪贴蒙版产生影响，将图 6-20 中下方剪贴蒙版图层的不透明度设置为 75%，混合模式设置为“溶解”，效果如图 6-21 所示。

图 6-21
调整剪贴蒙版后不透明度与图层溶解方式后的效果

6.1.5 矢量蒙版

图层蒙版是依靠路径来限制图像的显示与隐藏，因此它创建的都是具有规则边缘的蒙版。图层矢量蒙版是通过钢笔工具或者形状工具所创建的矢量图形，因此，在输出时矢量蒙版的光滑度与分辨率无关，能够以任意一种分辨率进行输出。

矢量蒙版可在图层上创建锐边形状，因为矢量蒙版是依靠路径图形来定义图层中图像的显示区域。与剪贴蒙版不同的是，它仅能作用于当前图层，且与剪贴蒙版控制图像显示区域的方法也不尽相同。

微课 6-5
矢量蒙版

1. 创建矢量蒙版

通过例子学习矢量蒙版的创建过程。

① 打开素材文件夹中的图片素材“七彩光.jpg”，使用文字工具输入“走进新时代”，调整文字的大小，效果如图 6-22 所示。

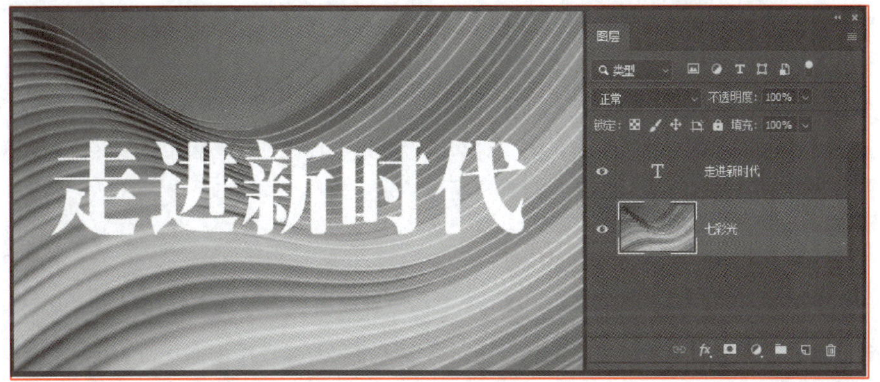

图 6-22
调整剪贴蒙版后的效果

② 选择文字所在的图层，执行“文字”→“转换为形状”菜单命令，将文字转换为矢量形状，如图 6-23 所示。

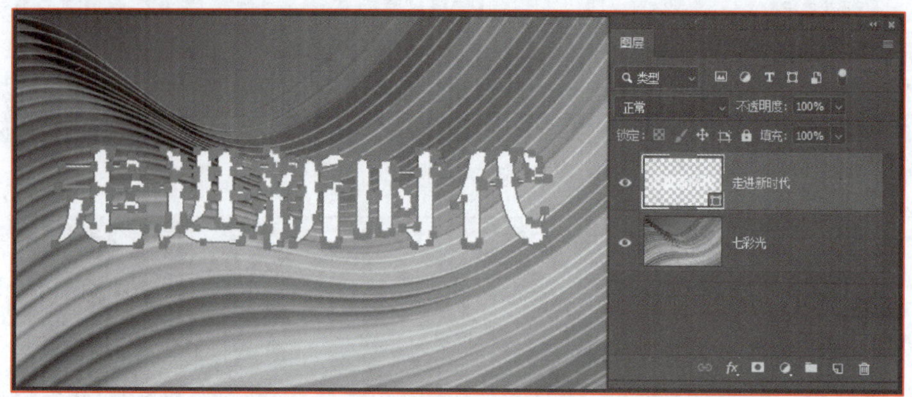

图 6-23
将文字转换为矢量形状

③ 选择转换后的文字形状，按快捷键<Ctrl+C>复制文字形状中的路径，单击“路径”面板中的“创建新路径”按钮，新建一个路径，然后按快捷键<Ctrl+V>将文字形状路径粘贴到“路径 1”中。在“路径”面板中选择“路径 1”，在“图层”面板中隐藏“走进新时代”图层，选择“七彩光”图层，执行“图层”→“矢量蒙版”→“当前路径”菜单命令，将文字转换为矢量形状，在底层添加一个白色的背景图层，效果如图 6-24 所示。

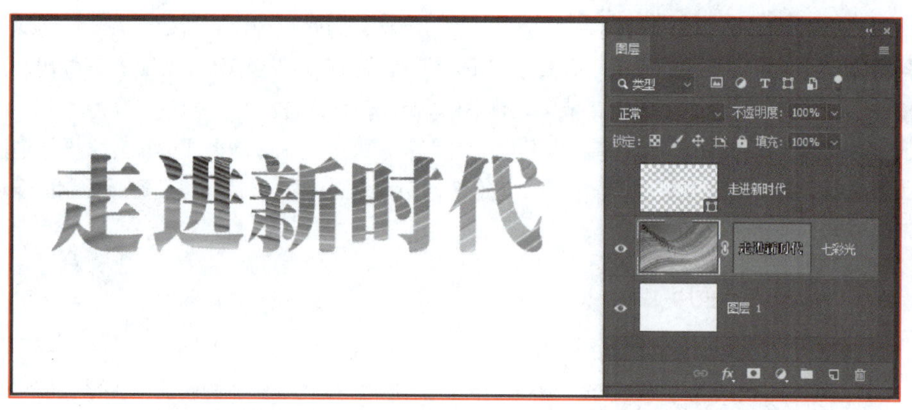

图 6-24
添加文字矢量蒙版后的效果

通常，还可以执行“图层”→“矢量蒙版”→“显示全部”菜单命令，可以创建显示整个图层图像的矢量蒙版；执行“图层”→“矢量蒙版”→“隐藏全部”菜单命令，可以创建隐藏整个图层图像的矢量蒙版。前者创建的矢量蒙版呈现白色，后者呈现灰色。创建矢量蒙版后，还可以在蒙版中添加路径形状设置蒙版的遮罩区域，选择自定形状工具后，启用工具选项栏中的“路径”选项与“计算路径”选项，在矢量蒙版中计算路径。在蒙版中的路径和在“路径”面板中的路径一样可以编辑。

2. 将矢量蒙版转化为图层蒙版

对于一个矢量蒙版，它比较适合于为图像添加边缘界限明显的蒙版效果，但仅能用钢笔工具、矩形工具等对其进行编辑，此时可以通过将矢量蒙版栅格化，从而将其转化为图层蒙版，再继续使用其他绘图工具继续编辑。方法是：执行“图层”→“栅格化”→“矢

量蒙版”菜单命令，或者右击要栅格化的蒙版缩览图，在弹出的快捷菜单中选择“栅格化矢量蒙版”命令即可。

6.2 蒙版的编辑与应用

6.2.1 图层蒙版的其他操作

微课 6-6
编辑与修改图层蒙版

当图像蒙版创建完成后，可以对蒙版进行相关的编辑、应用、删除、停用和取消链接等操作。

1. 编辑图层蒙版

要对图层蒙版进行编辑，只需要按住<Alt>键单击“图层”面板中的蒙版缩览图，就能显示蒙版图层的具体内容，如图 6-15 所示，然后可以使用各种绘图工具进行操作，如画笔工具、渐变工具等。

2. 应用图层蒙版

应用图层蒙版效果可以减小图像文件。例如，图 6-25 所示为应用图层蒙版的图像效果以及“图层”面板，右击图层蒙版缩览图，在弹出的快捷菜单中选择“应用图层蒙版”命令（或者执行“图层”→“图层蒙版”→“应用”菜单命令），可以实现应用图层蒙版，应用图层蒙版后的效果和“图层”面板如图 6-26 所示。

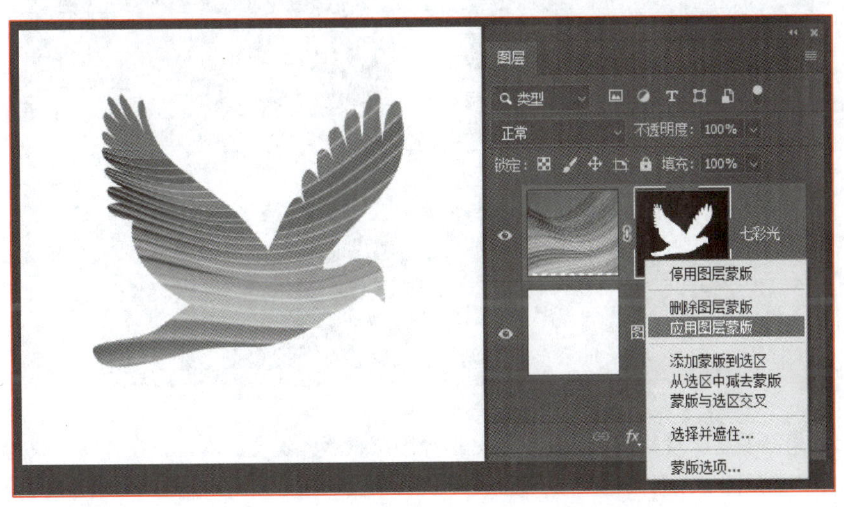

图 6-25
应用图层蒙版命令

由此可见，在应用图层蒙版后蒙版中的黑色所对应的区域被删除，而白色部分被保留下来，同时减少了图层蒙版的图层，也减小了图像文件的大小。

3. 删除图层蒙版

要删除图层蒙版，首先选择需要删除的图层蒙版缩览图，然后单击“图层”面板下方的“删除图层”按钮，在弹出的对话框中单击“删除”按钮即可。

此外，还可以通过右击，在弹出的快捷菜单中选择“删除图层蒙版”命令来删除，或执行“图层”→“图层蒙版”→“删除”菜单命令来实现。

图 6-26
应用图层蒙版后的图像与图层面板

4. 停用图层蒙版

要停用图层蒙版，首先选择需要停用的图层蒙版缩览图，右击，在弹出的快捷菜单中选择“停用图层蒙版”命令即可实现停用图层蒙版。当然，还可以通过执行“图层”→“图层蒙版”→“停用”菜单命令来实现，停用后的图像与“图层”面板如图 6-27 所示。

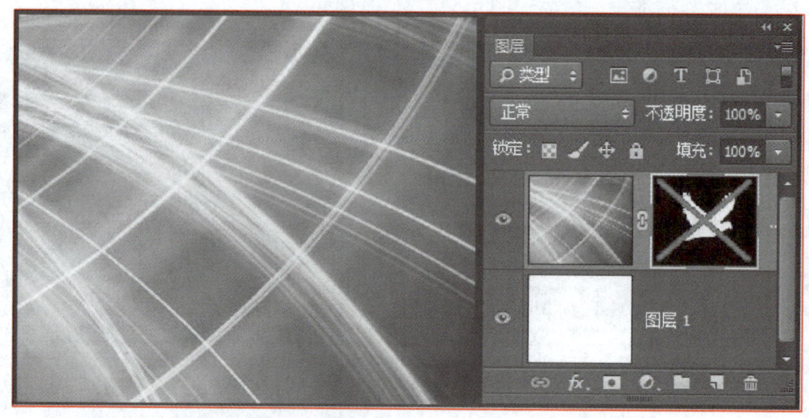

图 6-27
停用图层蒙版的图像与“图层”面板

如果需要再次使用图层蒙版，那么选择图层蒙版缩览图，右击，在弹出的快捷菜单中选择“启用图层蒙版”命令来实现。

5. 图层蒙版取消链接

默认情况下，图层蒙版创建后，图像层与蒙版层是通过链接捆绑在一起的，会一起移动，如果要取消图层蒙版的链接，首先选择需要取消链接的图层蒙版缩览图，执行“图层”→“图层蒙版”→“取消链接”菜单命令来实现，停用后的图像与“图层”面板如图 6-28 所示，图像层与蒙版层中间的链接图标消失。

图 6-28
取消图层与图层蒙版链接

6.2.2 选区与蒙版的互为转换

选区转换为图层蒙版的方法很简单，打开素材文件“迎客松.psd”，使用椭圆工具绘制一个圆形，右击，在弹出的快捷菜单中选择“羽化”命令，设置羽化值为“30 像素”，素材与“图层”面板如图 6-29 所示。

选区创建后，单击“图层”面板底部的“添加图层蒙版”按钮，直接在选区中填充白色显示，在选区外填充黑色被遮罩，使选区外的图像隐藏，如图 6-30 所示。

微课 6-7
选区与蒙版的互为转换

图 6-29
创建选区

图 6-30
羽化后的选区转换为蒙版

如果要将图层蒙版转换为选区，只需要按住<Ctrl>键单击“图层”面板中的蒙版缩览图，蒙版图层中的白色区域变为选区。

微课 6-8
认识图层蒙版与通道的关系

6.2.3 认识图层蒙版与通道的关系

蒙版与通道都是 256 级色阶的灰度图像，它们有许多相同的特点，例如，黑色代表隐藏区域，白色代表显示区域，灰色代表半透明区域，所以可以将通道转化为蒙版。

例如，图 6-30 中实现了选区向蒙版的转换，此时，在面板区打开“通道”面板，可以看到在“通道”面板中多了一个 Alpha 通道，其实就是一个选区，如图 6-31 所示。

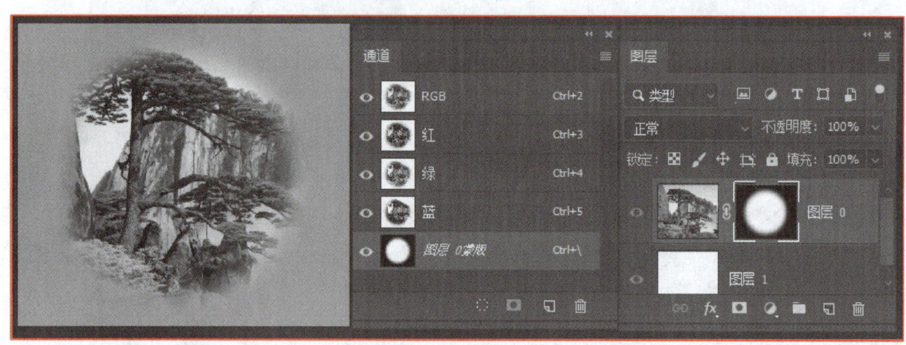

图 6-31
认识与图层蒙版的关系

微课 6-9
图层蒙版中使用滤镜

6.2.4 在图层蒙版中使用滤镜

创建图层蒙版后，可以结合滤镜命令创建特殊的图层合成效果。在图层蒙版中，大部分滤镜命令均可以使用。

下面举例讲解滤镜在蒙版图层中的使用。

① 打开素材文件夹中的“古镇.jpg”，使用矩形选框工具创建图层蒙版后，选区中的区域显示图像，选区外的区域隐藏图像，并且显示其下方图层中的图像，如图 6-32 所示。

图 6-32
使用矩形选框工具创建蒙版

② 单击图层蒙版缩览图，使之处于编辑状态（周围显示白色边框），执行“滤镜”→“滤镜库”菜单命令，在弹出的“滤镜库”面板中选择“扭曲”→“玻璃”选项，得到的边缘效果如图 6-33 所示。

③ 在图层蒙版中执行“滤镜”→“像素”→“晶格化”菜单命令，得到的边缘效果如图 6-34 所示。

图 6-33
使用“玻璃”滤镜后的效果

图 6-34
使用“晶格化”滤镜后的效果

6.2.5 使用图像制作蒙版

微课 6-10
使用图像制作蒙版

在 Photoshop 中，可以将通道转换为图层蒙版，也可以将外部图像复制到图层蒙版中，然后把外部颜色图像变成灰度图像，图层蒙版会根据不同程度的灰色隐藏图层内容。

下面举例学习使用图像制作图层蒙版的方法。

① 在 Photoshop 中，新建一个文档，打开素材文件夹中的“竹林.jpg”，将“竹林”素材图像拖到文档中，单击图层底部的“添加图层蒙版”按钮，添加一个新的蒙版图层，如图 6-35 所示。

② 打开素材文件夹中的“树.jpg”素材图像，按<Ctrl+C>组合键复制图像内容，在“图层”面板中按住<Alt>键单击蒙版缩览图，进入蒙版图层，按<Ctrl+V>组合键将“树”素材图像粘贴到蒙版图层中，此时彩色图像转换为灰度图像，如图 6-36 所示。

图 6-35
添加图层蒙版

图 6-36
将素材图像复制到图层蒙版

③ 单击竹林缩览图，页面效果如图 6-37 所示，在蒙版图层中选择蒙版层，执行“图像”→“调整”→“反相”菜单命令，将蒙版图层中的颜色反相后，单击“竹海”图层，退出蒙版图层的编辑状态，页面效果如图 6-38 所示。

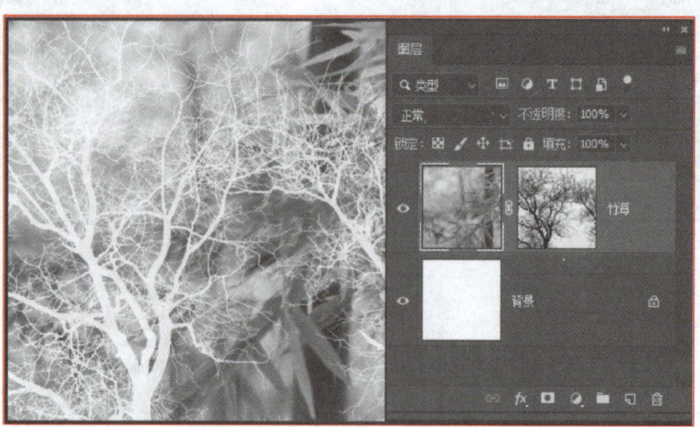

图 6-37
图像应用到图层蒙版后的效果

图 6-38
将图像蒙版反相后的效果

6.3　综合案例：茶文化宣传海报设计

6.3.1　效果展示

本案例将通过制作中国茶文化为主题展示茶文化，效果如图 6-39 所示。

图 6-39
茶文化宣传海报效果

素养小贴士　中华传统文化——茶文化

茶文化的核心为茶道、茶德、茶艺。茶文化意为饮茶活动过程中形成的文化特征，包括茶道、茶德、茶精神、茶联、茶书、茶具、茶画、茶学、茶故事、茶艺等。道，就是品赏茶的美感之道，亦被视为一种烹茶饮茶的生活艺术，一种以茶为媒的生活礼仪，一种以茶修身的生活方式。茶有八德，即康、乐、甘、香、和、清、敬、美，自唐代从中国传播到国外，丰富了这些国家的茶文化内涵。茶艺包括选茗、择水、烹茶技术、茶具艺术、环境的选择创造等一系列内容。茶艺背景是衬托主题思想的重要手段，它渲染茶性清纯、幽雅、质朴的气质，增强艺术感染力。

6.3.2　实现过程

微课 6-11
茶文化宣传海报设计

整个案例的实现过程如下。

① 使用 Photoshop 创建一个宽为 1000 像素、高为 1400 像素的文档，在“图层”面板中创建一新图层组，命名为“整体背景”。

② 设置前景色为绿色（#479f2f），选择画笔工具，在“画笔预设”中选择“干介质画笔”→“KYLE 额外厚实碳画笔”形状，在整体背景图层组中新建一个图层，命名为“画笔绘制”，使用画笔工具绘制绿色背景，效果如图 6-40 所示。

③ 打开素材图片“朦胧茶山.jpg”，拖入文档中，将其所在图层命名为“朦胧茶山”，调整大小置于绘制的绿色背景上方，单击“图层”面板底部的“添加图层蒙版”按钮，创建一个图层蒙版，设置前景色为黑色、画笔为“柔边缘”画笔，在蒙版中将底部涂为黑色，效果如图 6-41 所示。

图 6-40
绘制的绿色背景效果

图 6-41
设置素材与蒙版

④ 在“图层”面板中创建一新图层组，命名为“茶田”。

⑤ 打开素材图片“绿色水彩.png”，拖入文档中，将其所在图层命名为“绿色水彩”，调整大小置于绘制的绿色背景上方，效果如图 6-42 所示。也可以根据需要使用画笔工具自行绘制类似效果，但需要设置画笔为“湿介质画笔”中的墨水盒画笔，将画笔大小不断变换调整，同时设置不透明度为 50%左右、流量为 60%左右，也可以实现同样的效果。

⑥ 打开素材图片“茶山.jpg”，拖入文档中，将其所在图层命名为“茶山”，调整大小与位置，效果如图 6-43 所示。

图 6-42
导入或绘制绿色水彩背景

图 6-43
导入“茶山”后的效果

⑦ 选择上层的“茶山”，执行“图层”→“创建剪贴蒙版”菜单命令（或按快捷键<Ctrl+Alt+G>），该图层会与下方图层创建剪贴蒙版，也可把鼠标指针置于两层中间，按住<Alt>键，当指针变换为■时，单击即可，页面效果如图 6-44 所示。

⑧ 为了减少茶山图像中的深色调部分，单击“图层”面板底部的“添加图层蒙版”按钮■，可以创建一个图层蒙版，设置前景色为黑色、画笔为“柔边缘”画笔，在蒙版中将茶山的暗色部分涂为黑色，效果如图 6-45 所示。

图 6-44
创建剪贴蒙版后的效果

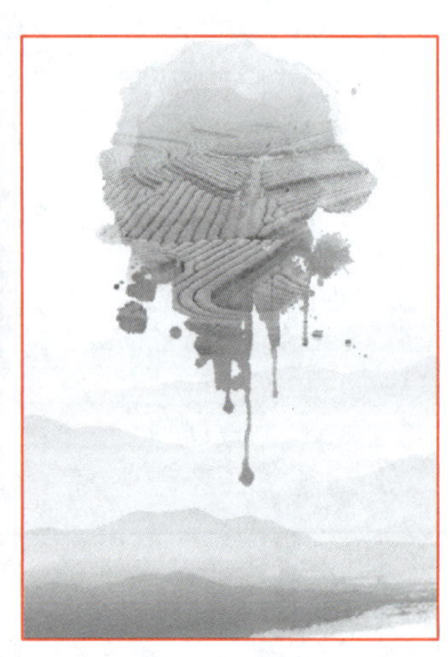

图 6-45
减少“茶山”深色调后的效果

⑨ 打开素材图片“远山.jpg”，拖入文档中，将其所在图层命名为“远山”，调整大小与位置，效果如图 6-46 所示。

⑩ 为了减少“茶山”图像中的深色调部分，单击“图层”面板底部的“添加图层蒙版”按钮■，创建一个图层蒙版，设置前景色为黑色、画笔为“柔边缘”画笔，在蒙版中将下方的区域涂为黑色。选择“远山”图层，执行“图层”→“创建剪贴蒙版”菜单命令（或按快捷键<Ctrl+Alt+G>），该图层会与下方图层创建剪贴蒙版效果，效果如图 6-47 所示。

⑪ 在“图层”面板中创建一新图层组，命名为“茶杯”，打开素材图片“绿茶茶杯.tif”，

将茶杯抠出粘贴到文档中，调整茶杯大小与位置，效果如图 6-48 所示。

图 6-46
插入“远山”后的效果

图 6-47
为“远山”图层添加蒙版与剪贴蒙版后的效果

⑫ 打开素材图片“墨韵.jpg”，将墨韵区域抠出粘贴到文档中，如图 6-49 所示，执行“图像”→“调整”→“色彩平衡”菜单命令（或按快捷键<Ctrl+B>），调出“色彩平衡”对话框，设置色阶为“+100，+100，-50”、图层的混合模式为“颜色加深”，从而实现茶杯的阴影立体感，调整茶杯大小与位置，效果如图 6-50 所示。

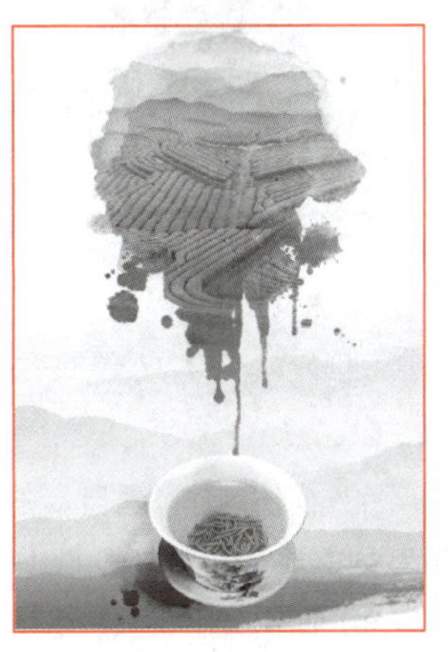

图 6-48
插入“茶杯”后的效果
图 6-49
插入“墨韵”的效果
图 6-50
调色和设置混合模式

⑬ 打开素材图片“茶树叶.jpg”，使用多边形套索工具将茶叶嫩芽选中并复制到文档中，将其所在图层命名为“嫩芽”，调整大小与位置，单击“图层”面板底部的“添加图层蒙版”按钮，创建一个图层蒙版，设置前景色为黑色、画笔为“柔边缘”画笔，嫩芽底部涂为黑色，效果如图 6-51 所示。

⑭ 继续打开素材图片“茶树叶.jpg”，使用多边形套索工具将茶叶嫩芽选中并复制其他几个嫩芽到文档中，调整大小与位置，效果如图 6-52 所示。

图 6-51
插入嫩芽并设置蒙版

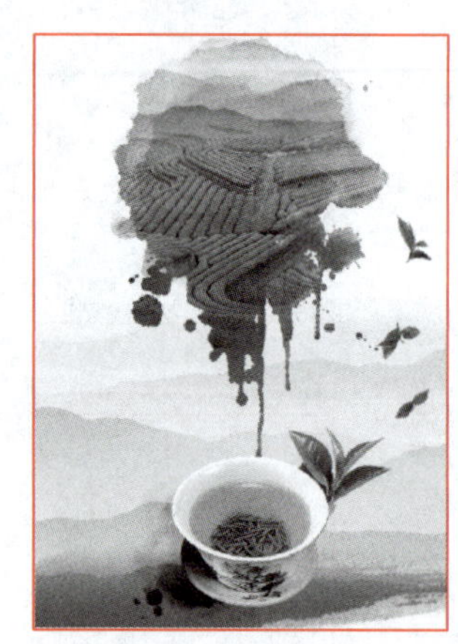

图 6-52
插入其他嫩芽的效果

⑮ 在“图层”面板中创建一新图层组，命名为“文字”，打开素材图片“茶字.tif”，将“茶”字粘贴到文档中，调整“茶”的大小与位置，效果如图 6-53 所示。

⑯ 设置前景色为绿色（# 71b35a），使用自定形状工具，选择“圆形边框”形状，在“像素模式”下绘制两个圆环，效果如图 6-54 所示。

⑰ 单击“图层”面板底部的“添加图层蒙版”按钮，创建一个图层蒙版，设置前景色为黑色、画笔为“柔边缘”画笔，将两个圆环交接的部分涂为黑色，使其产生双环背景，使用文字工具输入“香叶”，效果如图 6-55 所示。

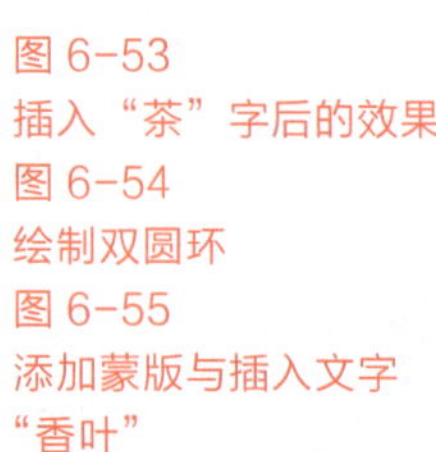

图 6-53
插入“茶”字后的效果
图 6-54
绘制双圆环
图 6-55
添加蒙版与插入文字“香叶”

⑱ 模仿制作“香叶”的方式，选择“双圆圈”图层，执行“图层”→“复制图层”菜单命令（或按快捷键<Ctrl+J>），制作“嫩芽”两个字的效果，如图 6-56 所示。

⑲ 使用文字工具，选择直排模式，输入“茶 香叶　嫩芽 慕诗客……”，设置文字大小为 6 像素、字体为隶书、颜色为绿色，效果如图 6-57 所示。

图 6-56
制作“嫩芽”文字的效果

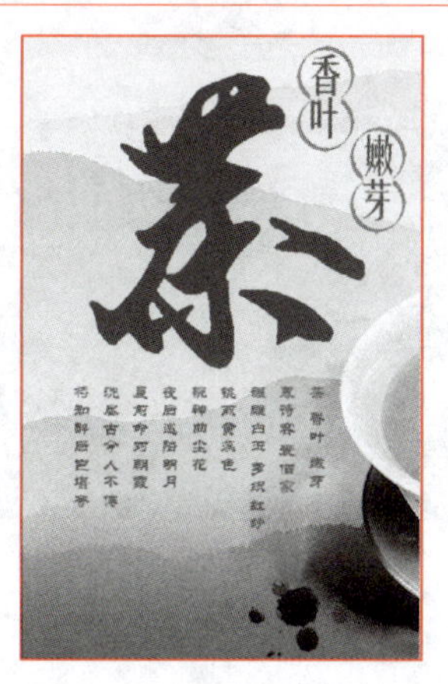

图 6-57
插入其他文字的效果

⑳ 整体调整大小与位置，效果如图 6-39 所示。

任务实施：保护海洋环境宣传海报设计

1. 任务分析

微课 6-12
保护海洋环境宣传海报设计

要表现海底世界的清爽感和神秘感就需要使用夸张的手法，例如，模拟打开盒子的感觉，同时借鉴图像的蓝色色调调整展现一幅富有奇幻色彩的画面，依托清澈的蓝色调，传达给观众清爽感与神秘感，再配上环境保护标语达到宣传的目的。

2. 技能要点

核心技能要点：图层蒙版、文字工具、画笔工具、图层的混合模式、“颜色填充”图层、图层样式、图层混合模式等。

3. 实现过程

本任务可以先制作装饰效果，然后制作箱体立体效果，最后完成装饰效果与输入文本。具体操作步骤如下。

① 打开 Photoshop，执行“文件”→“打开”菜单命令，设置名称为“保护海洋环境宣传海报设计”、宽度为 20 厘米、高度为 12 厘米、分辨率为 150 像素/英寸。执行“文件”→“存储”菜单命令，将文档保存为“保护海洋环境宣传海报设计.psd”。

② 在“图层”面板中单击“创建新组”按钮，新建一个“海底”图层组，打开素材文件夹中的“海豚.jpg”，将其拖到文档中，同时调整图像位置，单击“图层”面板下方的“添加蒙版”按钮，添加图层蒙版，设置前景色为黑色，使用画笔工具在蒙版中涂抹，隐藏部分图像色调，效果如图 6-58 所示。

③ 打开素材文件夹中的素材图片“水波纹.jpg”，将其拖动到文档中，执行“编辑”→“自由变换”菜单命令，调整图像的大小与位置，设置图层的混合模式为“叠加”，单击“图层”面板下方的“添加蒙版”工具，添加图层蒙版，设置前景色为黑色，使用画笔工具在蒙版中涂抹，隐藏部分图像色调，效果如图 6-59 所示。使用“水波纹.jpg”素材图片的主要目的是使用图像中水的波纹。

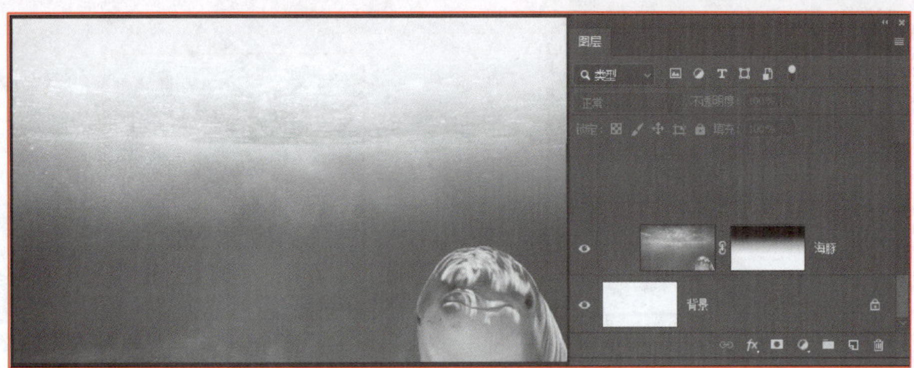

图 6-58
给“海豚”背景添加蒙版的效果

图 6-59
添加“水波纹”素材增加水的波纹感

④ 打开素材文件夹中的素材图片“珊瑚.jpg”，将其拖动到文档中，执行“编辑”→“自由变换”菜单命令（或按快捷键<Ctrl+T>），调整图像的大小与位置，单击“图层”面板下方的“添加蒙版”工具，添加图层蒙版，设置前景色为黑色，使用画笔工具在蒙版中涂抹，隐藏部分图像色调，效果如图 6-60 所示。

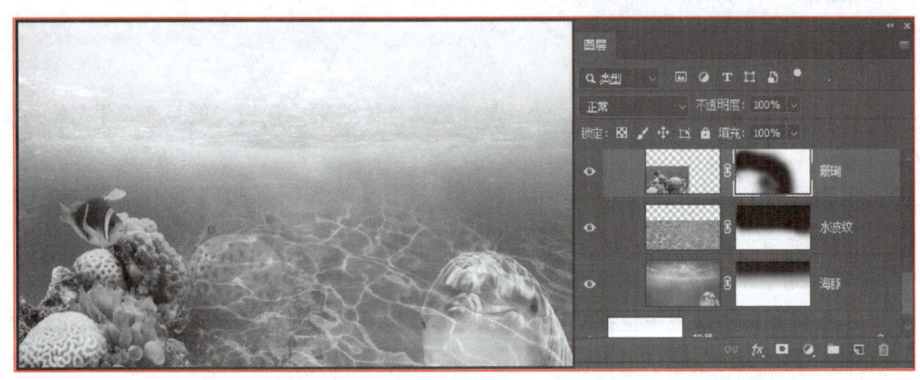

图 6-60
添加“珊瑚”素材并设置蒙版后的效果

⑤ 为进一步加强水底的效果，打开素材文件夹中的素材图片“海面.jpg”，将其拖到文档中，设置图层的混合模式为“柔光”，然后添加图层蒙版，使用画笔工具在蒙版中涂抹，进一步加强波纹的感觉，效果如图 6-61 所示。

⑥ 单击“图层”面板下方的“创建新的填充图层”工具，在“珊瑚”图层上方创建“颜色填充”，设置颜色为墨绿色（# 02440a），同样给填充图层添加图层蒙版，使用画笔工具在蒙版图层中涂抹，恢复局部色调，设置图层的混合模式为“色相”，按住<Alt>键

在填充图层与“珊瑚”图层间创建剪贴蒙版，效果如图 6-62 所示。

图 6-61
添加“海面”素材并设置柔光与蒙版后的效果

图 6-62
为“珊瑚”添加填充颜色后的效果

⑦ 在“图层”面板中单击“创建新组”按钮，新建一个“立体”图层组，使用钢笔工具，在左侧绘制一个不规则形状，复制“形状 1”图层并调整位置，单击“图层”面板中的“添加蒙版”按钮，添加图层蒙版，设置前景色为黑色，使用画笔工具在蒙版中涂抹，隐藏部分图像色调，效果如图 6-63 所示。

图 6-63
添加立体背景的效果

⑧ 继续使用钢笔工具，在左侧依次绘制背景形状、顶部左侧形状、顶部右侧形状，并结合图层蒙版和画笔工具，隐藏部分图像色调，绘制立体水箱般的感觉，效果如图 6-64 所示。

⑨ 打开素材文件夹中的素材图片“海边风景.jpg”，将其复制到“立体”图层组形状图层的上方，选择“海边风景”，调整位置并为其添加蒙版，使用画笔工具在蒙版中涂抹，

隐藏部分图像色调，调整其混合模式为“柔光”，效果如图 6-65 所示。

图 6-64
添加完整的立体背景

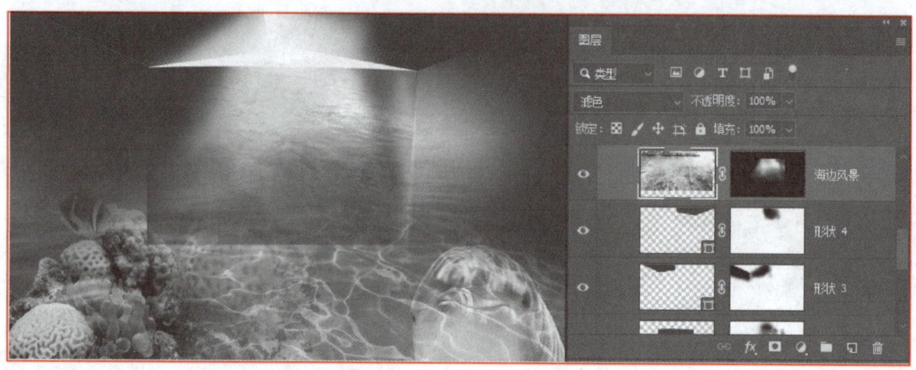

图 6-65
添加的后背景立体图片的效果

⑩ 使用同样的方法将“海边风景”图层多次复制，并调整其大小和位置，结合图形变换工具实现其左侧、右侧、顶部的效果，如图 6-66 所示。

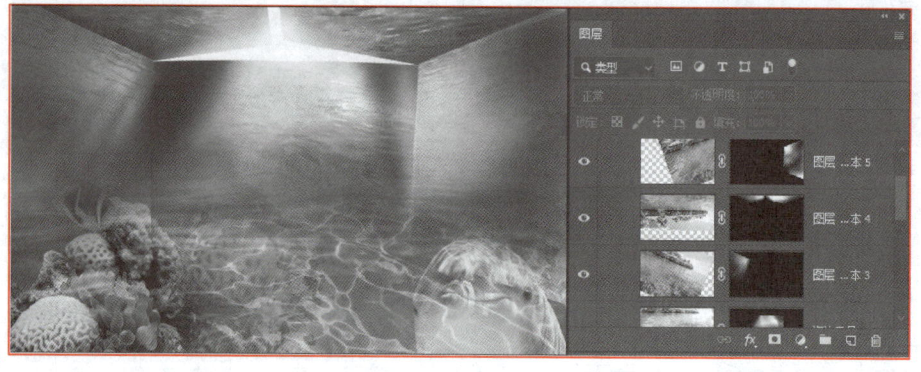

图 6-66
添加的整体的立体效果

⑪ 打开素材文件夹中的素材图片“乌龟.jpg”，将其拖到文档中，执行“编辑”→“自由变换”菜单命令（或按快捷键<Ctrl+T>），调整图像的大小与位置，添加图层蒙版，隐藏部分图像色调，效果如图 6-67 所示。

⑫ 在“图层”面板中单击“创建新组”按钮，新建一个“装饰”图层组，打开素材文件夹中的素材图片“水花.png”，将其拖到文档中，执行“编辑”→“自由变换”菜单命令，调整图像的大小与位置，设置其混合模式为“颜色减淡”，效果如图 6-68 所示。

图 6-67
添加海龟后的立体效果

图 6-68
添加水花后的效果

⑬ 打开素材文件夹中的素材图片“潜水员.jpg”，将其拖到文档中，执行“编辑”→“自由变换”菜单命令（或按快捷键<Ctrl+T>），调整图像的大小与位置，添加图层蒙版，隐藏部分图像色调，效果如图 6-69 所示。

图 6-69
添加潜水员后的效果

⑭ 使用文字工具输入“探秘神秘海洋”，设置文字颜色为白色、大小为 42 像素，效果如图 6-70 所示。

⑮ 使用文字工具输入“保护海洋 人人有责”，设置文字颜色为白色、大小为 30 像素，给文字设置 1 像素的深蓝色描边效果和投影效果；同样输入文字“环境你我他维护靠大家”，设置大小为 16 像素，按住<Alt>键拖动“保护海洋 人人有责”层的样式到新输入的文字上，效果如图 6-58 所示。

图 6-70
添加标题文字的效果

任务拓展

1. 蒙版的应用技巧

在使用 Photoshop 蒙版时，有很多技巧，如果能熟练掌握，就可以大大提高工作效率。

技巧 1:

创建图层蒙版后，可以在画布中显示蒙版内容，方法是按住<Alt>键单击蒙版缩览图即可。

技巧 2:

按住<Shift>键单击缩览图可将蒙版关闭。

技巧 3:

按住<Alt+Shift>组合键单击蒙版缩览图，可以在画布中显示彩色蒙版，类似快速蒙版的显示效果。

技巧 4:

想将某一图层的蒙版复制到其他图层，可以按住<Alt>键拖动蒙版缩览图到想要复制的图层即可，直接单击并拖动图层蒙版缩览图，可以将该蒙版转移到其他图层。如果按住<Shift+Alt>组合键拖动蒙版缩览图，除了将该图层蒙版转移到其他图层外，还将转移后的蒙版反相处理，即蒙版与显示的区域相反。

2. 结合蒙版与滤镜实现老照片效果

在使用蒙版时，结合滤镜会出现意想不到的效果，下面介绍如何使用蒙版与滤镜进行特殊处理。

① 在 Photoshop 中创建一个宽与高均为 600 像素的文档，将背景图层填充为黑色。打开素材图片“人物.jpg”，如图 6-71 所示，双击背景图层将其转换为普通图层，将素材图像拖至新创建的画布中，将所在图层命名为“照片”，执行“文件”→“保存”菜单命令，将文件保存为“老照片效果.psd”。

② 在背景图层的上方新建一个图层，命名为“照片背景”，并将其填充为深黄色（# daad7c），执行“滤镜”→“滤镜库”→“艺术效果”→“胶片颗粒”菜单命令，设置颗粒大小为 8，隐藏“照片”图层，得到如图 6-72 所示的颗粒效果。

③ 显示“照片”图层，在画布中照片的周围建立矩形选区，如图 6-73 所示。选择“照片背景”图层，依据刚建立的选区建立图层蒙版。单击“照片背景”图层中的蒙版，

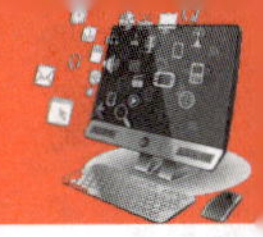

使四周出现边框，处于选中状态。执行“滤镜”→“滤镜库”→“画笔描边”→“喷溅”菜单命令，在弹出的对话框中设置喷溅半径为“10”、“平滑度”为“5”，单击“确定”按钮，形成如图 6-74 所示的老照片撕边的效果。

图 6-71
素材图片

图 6-72
“胶片颗粒”滤镜效果

图 6-73
建立的矩形选区

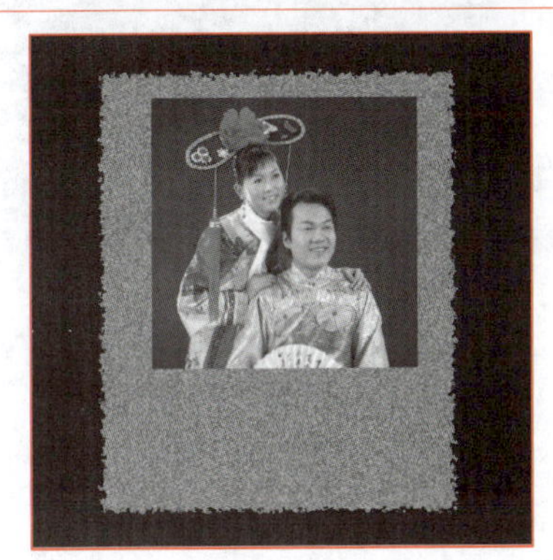

图 6-74
“喷溅”滤镜效果

④ 单击“照片”所在图层，设置图层模式为“颜色加深”，使照片和背景很好地融合在一起，效果如图 6-75 所示。

⑤ 使用画笔工具在照片下方添加一些装饰，并利用文字工具在图像与装饰之间输入文字，形成如图 6-76 所示的效果。

图 6-75
“颜色加深”效果

图 6-76
最终效果

微课 6-13
绿色城市特效制作

项目实训：绿色城市特效制作

绿色城市是充满绿色空间、生机勃勃的开放城市，绿色城市是具有特色和风貌的文化城市，绿色城市是环境、经济和社会可持续发展的动态城市。依据素材图片（如图 6-77 所示），使用蒙版功能，结合图层样式、图层混合模式等功能对图像进行处理，制作绿色城市宣传海报，效果如图 6-78 所示。

图 6-77
相关素材

图 6-78
海报效果

任务 7 使用通道

图层、蒙版、通道是 Photoshop 中的三大核心技能，通道是 Photoshop 的高级功能，与图像内容、颜色和选区相关，通道具有存储图像的色彩资料、存储和创建选区、抠图等功能。

教学导航

知识目标	● 了解通道的概念、作用 ● 了解通道的分类与使用场景
能力目标	● 掌握 Alpha 通道的创建、复制、修改、删除操作方法 ● 掌握通道的综合应用方法
素质目标	● 借助中国书法、中国画的审美，提高传统文化的审美与实践 ● 借助动物保护公益宣传服务，加强环保意识
本单元重点	● 通道的复制、删除的操作方法 ● Alpha 通道的创建与修改 ● 运用通道抠取图像元素
本单元难点	● 运用通道抠取图像元素 ● 运用“应用图像”与“计算”命令
教学方法	任务驱动法、讲授法、演示法、案例教学法
建议课时	6 课时

任务展示：婚纱照设计与制作

本例应用通道完成龙凤呈祥的中式婚纱照设计制作，效果如图 7-1 所示。

图 7-1
中式风格婚纱照效果

素养小贴士　红色在中国传统文化中的使用习惯及象征意义

红色，在中国传统文化中有一个很美的名字曰“中国红”，它与青花蓝、烟墨黑、玉脂白等色彩，构成了中华文化独特的色彩风貌。它在重要事件、场所中，象征庄严、尊贵、权威。它在婚庆喜事中，象征喜庆、吉祥。婚礼上的红色盖头、红色嫁衣、红喜字、红色婚床、红色灯笼、红蜡烛等，都是中国传统婚事喜宴上不可或缺的元素，它代表人们向一对新人的祝福，希望他们日子过得红红火火。它在传统节日中，象征吉利、驱邪镇妖。它在日常运用中，象征阳刚、热烈、浓郁、美好。

知识准备

微课 7-1
认识通道

7.1　通道简介

7.1.1　通道的概念

无论 Photoshop 的通道有多少种功能，通道的本质都是选区。只要想修改一幅图像

的任何部位，就代表已经无形地接触到通道。通道具有存储图像的色彩资料、存储和创建选区、抠图等的功能。

在 Photoshop 中，通道主要分为颜色通道、专色通道和 Alpha 通道 3 种，它们均以图标形式出现在“通道”面板中，如图 7-2 所示。

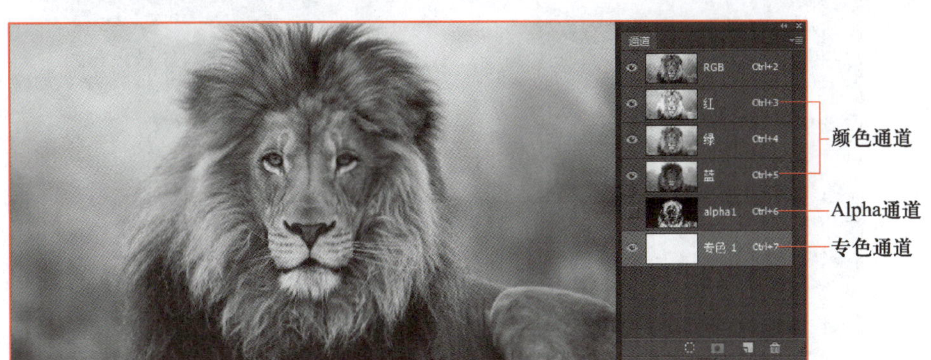

图 7-2
认识通道

1. 颜色通道

保存图像颜色信息的通道称为颜色通道。颜色通道将图像分解成一个或多个色彩成分，图像的模式决定了颜色通道的数量，RGB 模式有 3 个颜色通道，CMYK 模式有 4 个颜色通道，灰度图只有一个颜色通道，它们包含了所有将被打印或显示的颜色。这些就是 Photoshop 处理的图像的色彩模式。不同的色彩模式，表示图像中像素点采用不同的颜色描述方法。换句话说，在 Photoshop 中，同一图像中的像素点在处理和存储时，都必须采用同样的颜色描述方法（如 RGB、CMYK、Lab 等）。不同的色彩模式具有不同的呈色空间和不同的原色组合。

在图像中，像素点的颜色就是由这些色彩模式中的原色信息描述的。所有像素点包含的某一种原色信息，便构成了一个颜色通道。例如，一幅 RGB 图像中的红（Red）通道便是由图像中所有像素点的红色信息所组成的，同样，绿（Green）通道或蓝（Blue）通道则是由所有像素点的绿色信息或蓝色信息所组成的，它们都是颜色通道，这些颜色通道的不同信息配比便构成了图像中的不同颜色。

打开素材图片“玫瑰花.jpg”，单击“通道”面板，在 RGB 图像的“通道”面板中看到 R（红）、G（绿）、B（蓝）3 个颜色通道和一个 RGB 的复合通道，如图 7-3 所示。

执行“图像”→“模式”→“CMYK 颜色”菜单命令，可以看到“通道”面板中的 RGB 颜色通道变为了 CMYK 模式的 C（青色）、M（洋红色）、Y（黄色）、K（黑色）4 个颜色通道和一个 CMYK 的复合通道，如图 7-4 所示。

颜色通道都是黑、白、灰色，白色是当前通道中颜色较多，如红通道，白色区域就是红色，黑色没有，灰色是红色较少，表示为浅红。

2. 专色通道

专色通道是一种特殊的颜色通道，用来存储专色。专色是特殊的预混油墨，用来替代或补充标准印刷色油墨，它可以使用除了青色、洋红、黄色、黑色以外的颜色来绘制图像，专色通道一般用得较少，且多与打印相关，专色通道扩展了通道的含义，同时也实现了图像中专色版式的制作。

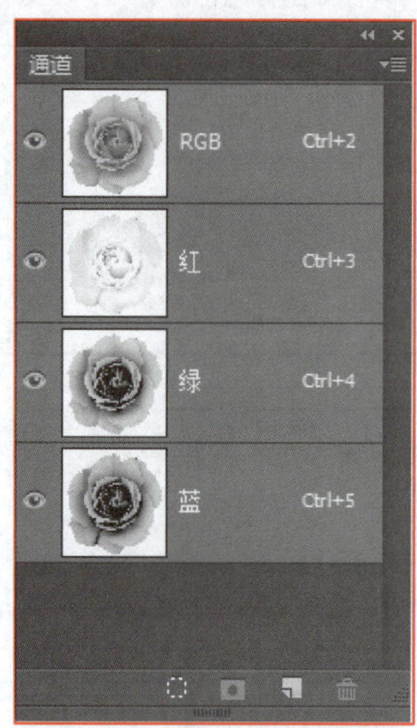

图 7-3
RGB 颜色通道

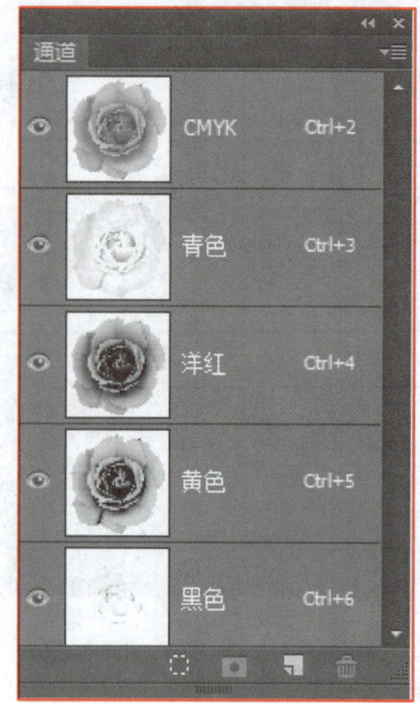

图 7-4
CMYK 颜色通道

每种专色在付印时要求专用的印版。也就是说，当一个包含有专色通道的图像进行打印输出时，这个专色通道会成为一张单独的页（即单独的胶片）被打印出来。

使用“通道”面板弹出菜单中的“新专色通道”命令（或按住<Ctrl>键，单击“创建新通道”按钮），可打开“新专色通道”对话框。在其“油墨特性”选项组中，单击“颜色”框可以打开拾色器对话框，选择油墨的颜色。该颜色将在印刷图像时起作用，这里的设置能够为用户更容易地提供一种专门油墨颜色，在“密度”文本框中可以输入 0%～100% 之间的数值来确定油墨的密度。

3. Alpha 通道

Alpha 通道是计算机图形学中的术语，指的是特别的通道。Alpha 通道有两大用途：一是它可以将创建的选区保护起来，以后需要时，可重新载入到图像中使用；二是在保存选区时，它会将选区转化为灰度图像存储于通道中。

有时它特指透明信息，但通常的意思是“非彩色”通道。可以说，在 Photoshop 中制作出的各种特殊效果都离不开 Alpha 通道，它最基本的用处在于保存选区范围，并不会影响图像的显示和印刷效果。在以快速蒙版制作选择区域时，“通道”面板中会出现一个以斜体字表示的临时蒙版通道，它表示蒙版所代替的选择区域，切换回正常编辑状态时，这个临时通道便会消失，而它所代表的选择区域会重新以虚线框的形式出现在图像中。实际上，快速蒙版就是一个临时的选区通道。如果制作了一个选择区域，然后执行“选择”→“存储选区”菜单命令，便可以将这个选择区域存储为一个永久的 Alpha 通道。此时，“通道”面板中会出现一个新的图标，它通常会以 Alpha1、Alpha2 等方式命名，即 Alpha 通道。Alpha 通道是存储选择区域的一种方法，需要时，再次执行“选择”→“载入选区”菜单命令，即可调出通道表示的选择区域。Alpha 通道中白色代表已选区，黑色代表未选区。

例如，在打开素材图片“玫瑰花.jpg”的“通道”面板中，新建一个空白的 Alpha 通

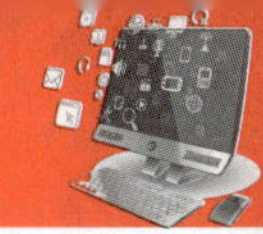

道“Alpha1”，选择“Alpha1”通道，使用画笔工具，设置画笔颜色为黑色，将画笔工具的不透明度分别设置为20%、40%、60%、80%、100%，依次画5条色条，按住<Ctrl>键单击“Alpha1”通道，则选区被选择，如图7-5所示。

创建完选区后，会发现，不透明度高于50%的区域能显示，不透明度低于50%的区域看不到，这并不是没有选区，因为这个灰色表示的是透明度，此时，切换到RGB综合通道，利用刚创建的选区，复制玫瑰花图案，再新建一个文档，将其粘贴后就能看到选区的不透明度变换，如图7-6所示。

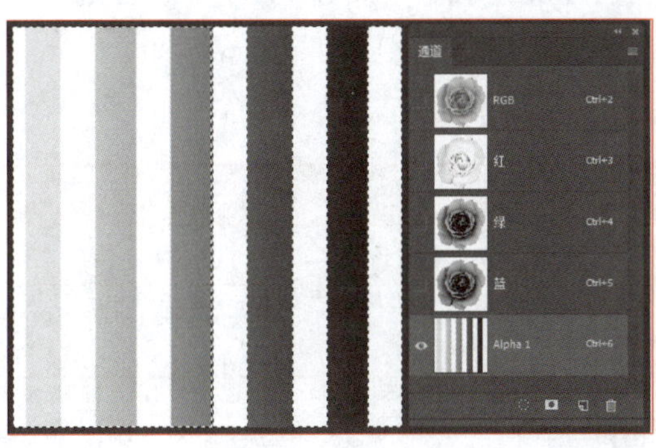

图7-5
认识Alpha通道

图7-6
利用灰色选区复制的玫瑰花图案

7.1.2 认识“通道”面板

微课7-2
认识“通道”面板

“通道”面板用于创建和管理通道，可以通过执行“窗口”→“通道”菜单命令，即可显示“通道”面板，如图7-7所示，通道操作均可在该面板中完成。

- “将通道作为选区载入”按钮：单击该按钮，可以将当前通道中的内容转换为选区。
- “将选区存储为通道”按钮：单击该按钮，可以将图像中的选区作为蒙版保存到一个新建的Alpha通道。
- “创建新通道”按钮：创建Alpha通道，拖动某通道至该按钮可以复制这个通道。
- “删除当前通道”按钮：单击该按钮，可以删除所选通道。

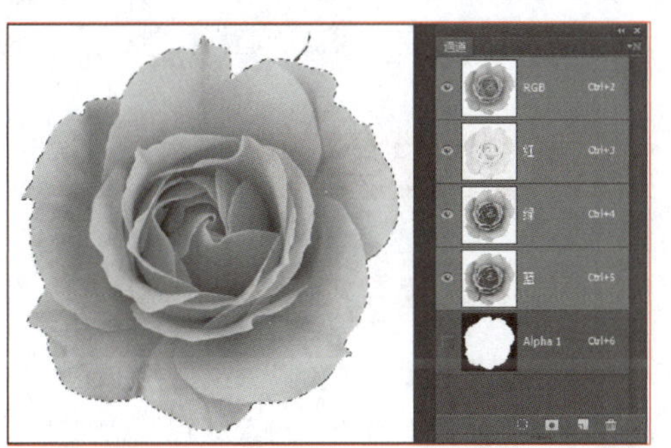

图7-7
认识“通道”面板

通道最主要的功能是保存图像的颜色数据。例如，一个RGB模式的图像，其每一个像素的颜色数据是红色、绿色、蓝色这3个通道来记录的，而这3个单色通道组合定义后合成了一个RGB主通道。颜色信息通道是在打开新图像时自动创建的，图像的色彩模式决定了所创建的颜色通道的数目。

在“通道”面板中可以同时显示出图像中的颜色通道、专色通道及Alpha通道，每个通道就像“图层”面板一样以小图标的形式出现。

选中图像中所有的颜色通道与任何一个Alpha通道前的指示通道可见性图标，便会看到一种类似于快速蒙版的状态：选择区域保持透明，而未选中区域则被一种具有透明度的蒙版色所遮盖，可以直接区分出Alpha通道所表示的选择区域的范围。

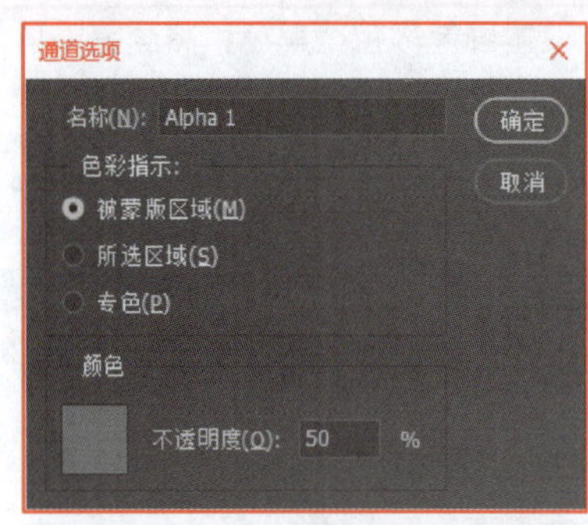

图 7-8
“通道选项”对话框

也可以改变 Alpha 通道使用的蒙版颜色，或将 Alpha 通道转化为专色通道，它们均会影响该通道的观察状态。直接在“通道”面板上双击任何一个 Alpha 通道的图标，或选中一个 Alpha 通道后使用面板菜单中的“通道选项”命令，均可调出 Alpha “通道选项”对话框，如图 7-8 所示，其中可以确定该 Alpha 通道使用的蒙版颜色、蒙版颜色所表示的位置或选择将 Alpha 通道转换为专色通道。

“通道选项”对话框功能见表 7-1。

表 7-1　“通道选项”对话框中的选项及功能

选项		功能
名称		可在该文本框中输入新通道的名称
设置选项（色彩指示）	被蒙版区域	将被蒙版区域设置为黑色，并将所选区域设置为白色。用黑色可扩大被蒙版区域，用白色可扩大选中区域
	所选区域	将被蒙版区域设置为白色（透明），并将所选区域设置为黑色（不透明），用白色可扩大被蒙版区域，用黑色则可扩大选中区域
	专色	将 Alpha 通道转换为专色通道
外观选项（颜色）	颜色	要选取新的蒙版颜色，可以单击颜色框选取新颜色
	不透明度	输入介于 0～100 的值，可以更改不透明度

可见通道并不一定都是可以操作的通道，如果需要对某一个通道进行操作，必须选中这一通道，即在“通道”面板中单击某一通道，使该通道处于被选中的状态。

7.2　通道的基本操作

7.2.1　将选区存储为 Alpha 通道

打开素材文件夹中的“金刚鹦鹉.jpg”素材图片，在图像中制作一个选区后，直接单击“通道”面板下方的“将选区存储为通道”按钮，即可将选区存储为一个新的 Alpha 通道，该通道会被 Photoshop 自动命名为 Alpha1，选择 Alpha1 通道，如图 7-9 所示。

图 7-9
将选区存储为通道

执行“选择”→“存储选区”菜单命令，弹出“存储选区”对话框，如图 7-10 所示，也可将现有的选择区域存储为一个 Alpha 通道。

如果图像中已经存储了其他 Alpha 通道或专色通道，可以在“存储选区”对话框的“通道”下拉列表框中选择已有的通道，并在“操作”选项组中设定新通道与已有通道的关系，它们之间主要有如下 4 种关系。

- 新建通道：可新建一个新的 Alpha 通道。
- 添加到通道：可将选择范围加入现有的 Alpha 通道中。
- 从通道中减去：可从 Alpha 通道中减去要存储的选择范围。
- 与通道交叉：选取现有的 Alpha 通道和选中范围的公共部分存储为新的 Alpha 通道。

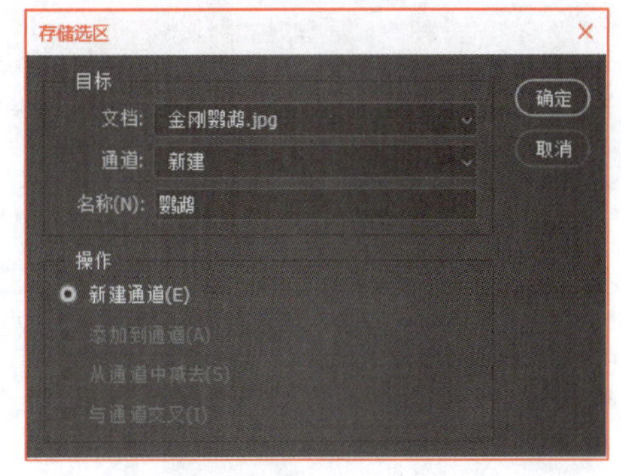

图 7-10
“存储选区”对话框

另外，在“存储选区”对话框中还可以设定以下选项。

- 文档：用来设定选择范围所要存储的目的文件。可以将选择范围所生成的 Alpha 通道存储到当前文件中，也可以将其存储到与当前文件大小相同、分辨率相同的其他文件中，还可以将 Alpha 通道存储为一个新文件。
- 通道：用来设定选择范围所要存储 Alpha 通道的位置。在默认情况下，会存储为一个新的 Alpha 通道，也可以将选择范围存储到现有的任何 Alpha 通道或专色通道上。
- 名称：为选区命名。

7.2.2 载入 Alpha 通道

Alpha 通道中只能表现出黑、白、灰的层次变化，其中，黑色表示未选中区域，白色表示选中区域，而灰色表示具有一定透明度的选择区域。所以，可以通过 Alpha 通道内的颜色变化来修改 Alpha 通道的形状。

在需要时可以随时调用 Alpha 通道中存储的选区，操作方法是：单击“通道”面板下方的“将通道作为选区载入”按钮即可。也可以执行“选择”→“载入选区”菜单命令，调出“载入选区”对话框，如图 7-11 所示，可以选择载入当前 Photoshop 打开的另一幅同样尺寸（大小、分辨率必须完全相同）的图像中 Alpha 通道所表示的选择区域；或选中“反相”复选框，使载入的选区与通道表示的选区正好相反。

如果图像中已经存在选区，当使用“载入选区”命令时，弹出对话框中的“操作”选项组部分将会变为可选，即新载入的选区与原先存在的选区之间的关系。此处的 4 种关系与建立选区中的 4 种关系相一致。

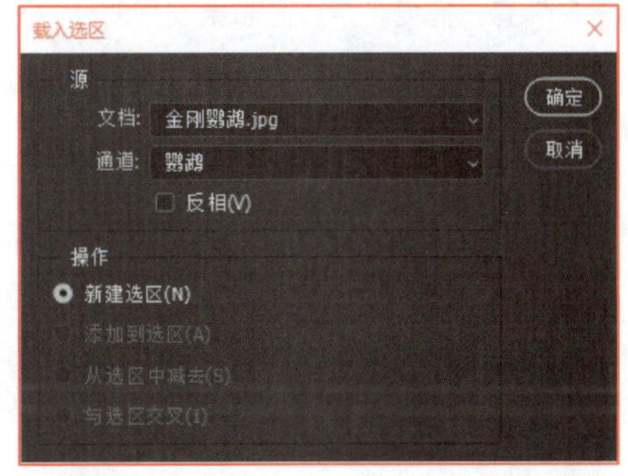

图 7-11
“载入选区”对话框

当按住<Ctrl>键，单击任意通道前面的

微课 7-3
通道基本操作

缩览图时，亦可将通道转换为选区。

7.2.3 新建、复制与删除通道

1. 新建通道

例如，打开素材文件夹中的“老鹰.jpg”素材图片，在图像中制作一个圆形选区，单击“通道”面板底部的“创建新通道”按钮，即可新建一个 Alpha 通道，默认的 Alpha 通道是一个全黑色通道，如图 7-12 所示，如果要在通道内保存选区，需要使用选区工具新建选区，然后填充白色。如果直接绘制了圆形选区，单击“通道”面板底部的“将选区存储为通道”按钮，可以直接创建 Alpha 通道，如图 7-13 所示。

图 7-12
新建通道

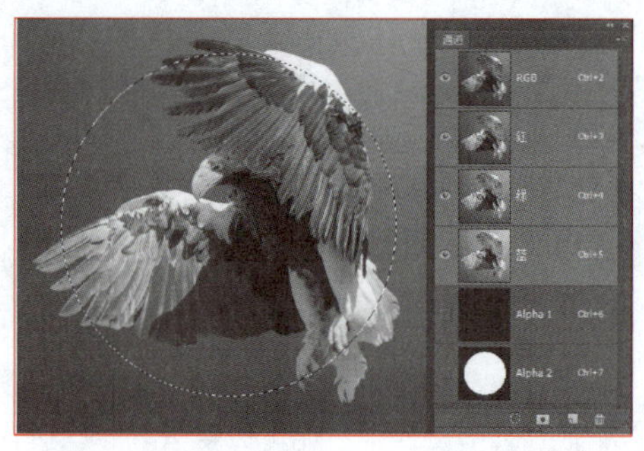

图 7-13
将选区存储为通道

2. 复制通道

通常情况下，编辑单色通道时不要在原通道中进行，以免编辑后不能还原，这时需要将该通道复制一份再进行编辑。

如果想复制一个颜色通道，可直接将某一个通道拖到“通道”面板下方的“创建新通道”按钮上进行复制，或者选中某一个通道，使用面板右上角弹出菜单中的“复制通道”命令完成同样的操作。当拖到“删除当前通道”按钮上时，将会删除此通告；当然也可以右击当前通道，在弹出的快捷菜单中选择“删除通道”或“复制通道”命令。

右击绿通道，在弹出的快捷菜单中选择“复制通道”命令后，会弹出“复制通道”对话框，如图 7-14 所示，在“目标”选项组的“文档”下拉列表框中选择“新建”选项，可将选择的通道复制到新文件中，在“名称”文本框中可给新文件起一个名字。若选择本文件，则单击“确定”按钮，在“通道”面板中就会显示一个复制的通道，通常在名称后面会带有“拷贝”字样。如果启用对话框中的“反相”选项，那么会得到与之明暗关系相反的副本通道，如图 7-15 所示。

7.2.4 通道的分离与合并

如果编辑的是一幅 CMYK 模式的图像，可以使用“通道”面板右上角弹出菜单中的“分离通道”命令，将图像中的颜色通道分为 4 个单独的灰度文件。这 4 个灰度文件会以原文件名加上青色、洋红、黄色、黑色来命名，表明其代表哪一个颜色通道。如果图像中有专色或 Alpha 通道，则生成的灰度文件会多于 4 个，多出的文件会以专色通道或 Alpha 通道的名称来命名。

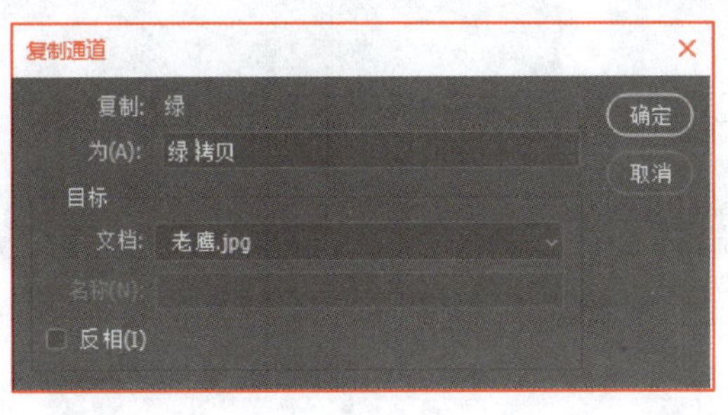

图 7-14
“复制通道”对话框

图 7-15
反相绿通道副本

这种做法通常用于双色或三色印刷中，可以将彩色图像按通道分离，然后选取其中一个或几个通道置于组版软件中，并设置相应的专色进行印刷，以得到一些特定的效果。对于一些特别大的图像，整体操作时速度太慢，可以将其分离为单个通道后，针对每个通道单独操作，最后再将通道合并，这样可以提高工作效率。

对于通道分离后的图像，还可以用“通道”面板右上角弹出菜单中的“合并通道”命令将图像整合为一。合并时，Photoshop 会提示选择哪一种色彩模式，如图 7-16 所示，以确定合并时使用的通道数目，并允许选择合并图像所使用的颜色通道（如“老鹰.jpg_红”“老鹰.jpg_绿”“老鹰.jpg_蓝”），如图 7-17 所示。

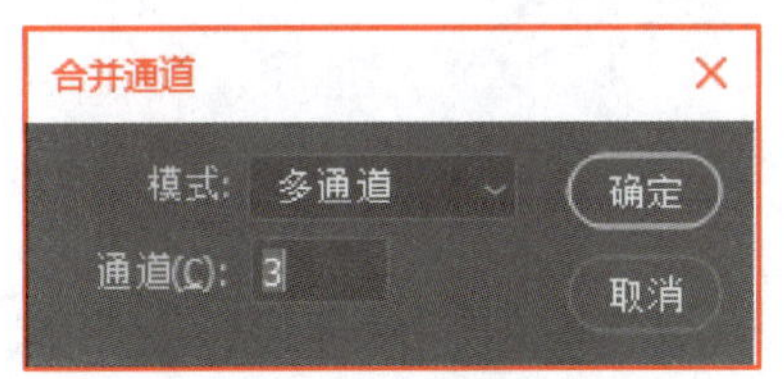

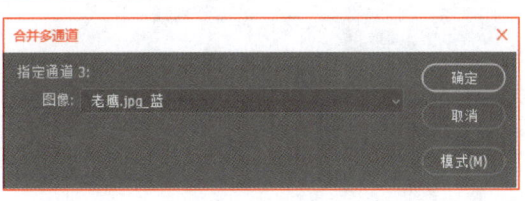

图 7-16
“合并通道”对话框

图 7-17
“合并多通道”对话框

只要图像的文件尺寸相同，分辨率相同，都是灰度图像，便可以选择它作为合并使用的一个文件，并不一定非要选择原先分离的 4 个灰度文件。

如果要合并的通道超过 4 个，合并只能使用多通道模式。可以在合并后将图像模式转化为所需的彩色模式，要注意选择多通道模式合并时的文件顺序。例如，对于带有一个 Alpha 通道的 CMYK 图像，将其分离为 5 个通道后，合并通道时就只能选择多通道模式，这时 Photoshop 会逐个提问合并时的通道顺序，只要回答的顺序正确，则通道合并后，再将其转为 CMYK 模式时，仍可恢复 4 个颜色通道加一个 Alpha 通道的原样。

7.2.5 Alpha 通道形状的修改

如果建立的选区通道不是很满意，可以根据实际需要进行手动修改。修改原理就是利用黑白层次的变化，黑色表示未选中区域，白色表示选中区域。

当要扩大选区时可以选择白色作为前景色，用笔刷将想要的部分刷出，如果要缩小选区，则选择黑色作为前景色，使用笔刷刷出想要的效果。在图 7-18 中建立一个不透明度为 100%的红色通道（双击 Alpha 通道，在“通道选项”对话框中设置），通道形状如图 7-18 所示。利用笔刷分别设置不同的前景色扩大和缩小一部分选区，如图 7-19 所示。

图 7-18
正常方式建立的通道

图 7-19
扩大和缩小通道

微课 7-4
利用通道合成书画作品

7.2.6　案例：利用通道合成书画作品

本例应用通道选取书法与国画作品合成一幅“梅花香自苦寒来”的扇面书画作品，效果如图 7-20 所示。

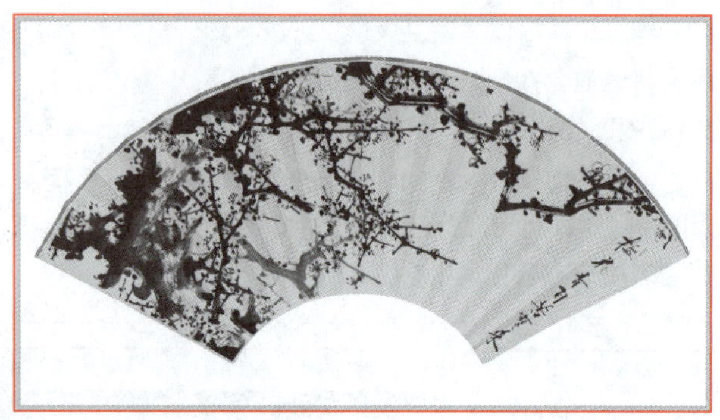

图 7-20
“梅花香自苦寒来”的扇面效果

本案例操作步骤如下。

① 在 Photoshop 中打开“墨梅.jpg”素材，打开“通道”面板，会发现其中存在默认的“红”“绿”“蓝” 3 个原色通道及一个复合通道。分别选中 3 个原色通道，对比度基本相似，选择“红”通道将其拖至“创建新通道”按钮上，复制一红色通道，得到“红 拷贝”通道。接下来选中“红 拷贝”通道，并让其他通道处于隐藏状态，如图 7-21 所示。

图 7-21
“红 拷贝”通道

② 执行“图像”→“调整”→“反相”菜单命令（或按快捷键<Ctrl+I>）将“红 拷贝”通道进行反相处理，效果如图 7-22 所示。

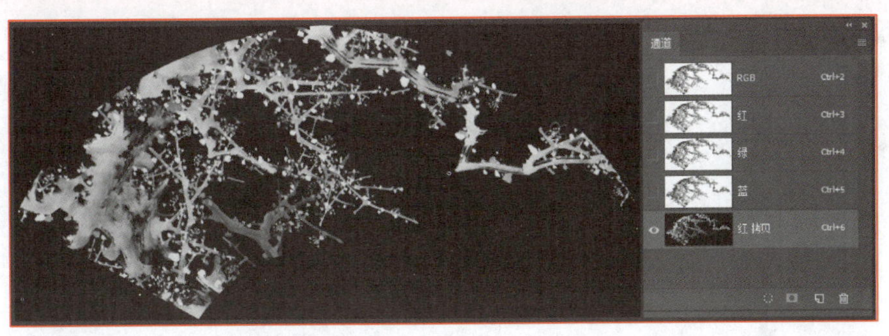

图 7-22
通道反相后的效果

③ 为进一步除去画面中的一些杂色，执行“图像”→“调整”→“色阶”菜单命令（或按快捷键<Ctrl+ L>），打开“色阶”对话框，在其中单击“在图像中取样以设置黑场”按钮吸取图像中书法部分，单击“在图像中取样以设置白场”按钮吸取画面中纸面的灰色部分，将杂色转换为白色，调整画面对比度，如图 7-23 所示，单击“确定”按钮，效果如图 7-24 所示。

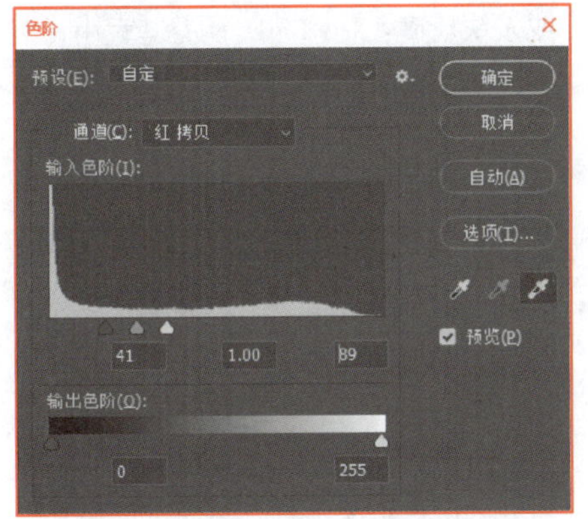

图 7-23
“色阶”对话框

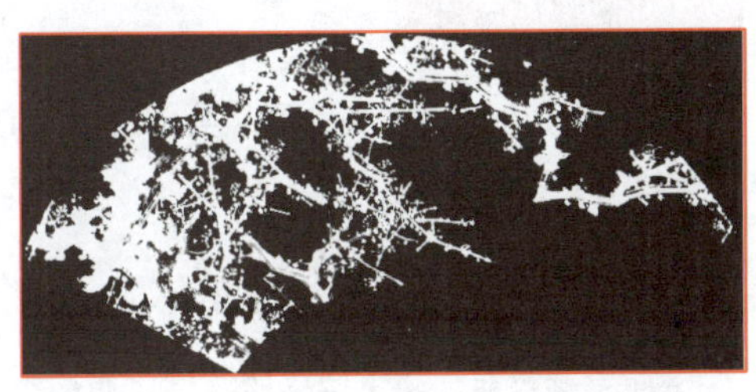

图 7-24
调整色阶后的效果

④ 按住<Ctrl>键单击“红 拷贝”通道（或者单击“通道”面板下方的“将通道作为选区载入”按钮），将通道转换为选区，单击 RGB 综合通道，切换至“图层”面板，单击背景图层。执行“编辑”→“拷贝”菜单命令（或按快捷键<Ctrl+C>），对选区内的“墨梅”进行复制，打开素材“扇面.jpg”，如图 7-25 所示，执行“编辑”→“粘贴”菜单命令（或按快捷键<Ctrl+V>），将“墨梅”复制到扇面中去，调整大小，其效果如图 7-26 所示。

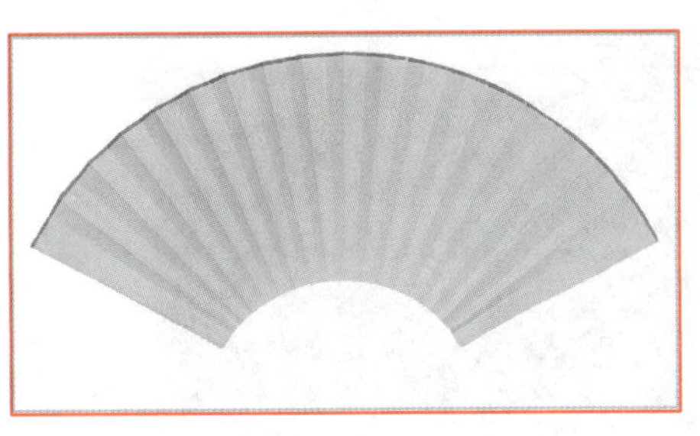

图 7-25
“扇面”素材图像

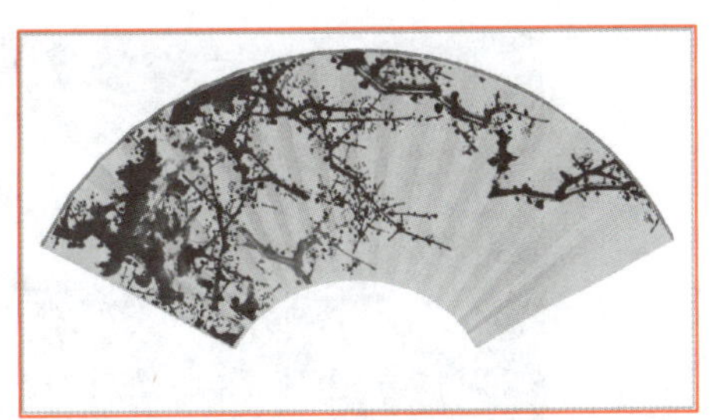

图 7-26
将“墨梅”插入扇面中的效果

⑤ 打开素材图片“梅花香自苦寒来.jpg”，如图 7-27 所示，采用同样的办法将书法

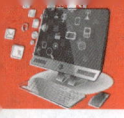

抠取出来，插入到扇面中，其效果如图 7-28 所示。

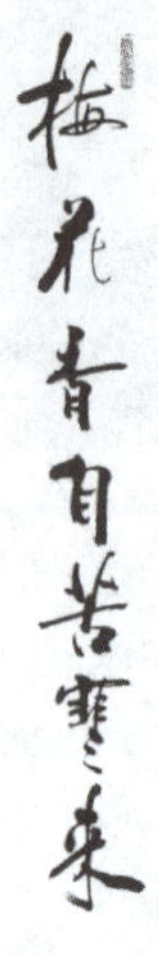

图 7-27
“梅花香自苦寒来”文字素材

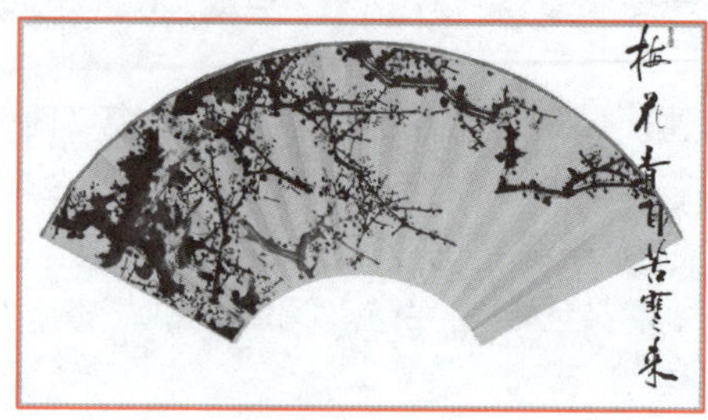

图 7-28
将书法插入扇面中的效果

⑥ 执行“编辑”→“自由变换”菜单命令（或按快捷键<Ctrl+T>），调整其大小，然后右击，在弹出的快捷菜单中选择“旋转”命令，效果如图 7-18 所示。

7.3　通道混合

微课 7-5
使用通道混合器

在 Photoshop 中，有 3 种工具能进行通道混合，分别是通道混合器、应用图像命令和计算命令。

7.3.1　通道混合器

通道混合器是一个通过调整颜色通道来改变色彩的图像调整工具。它通过借用其他通道的亮度来改变源通道的颜色，所以其他通道的颜色不会被影响。该命令提供了两种混合模式：相加和相减。

- 相加模式可以增加两个通道中的像素值，使通道图像变亮。
- 相减模式则会从目标通道中相应的像素上减去源通道中的像素值，使通道图像变暗。

在 Photoshop 中打开“戏剧脸谱.jpg”素材图片，执行“图像”→“调整”→“通道混合器”菜单命令，打开“通道混合器”对话框。需要调整哪个通道，就在“输出通道”下拉列表框中选择该通道，如选择“红”通道，如图 7-29 所示。

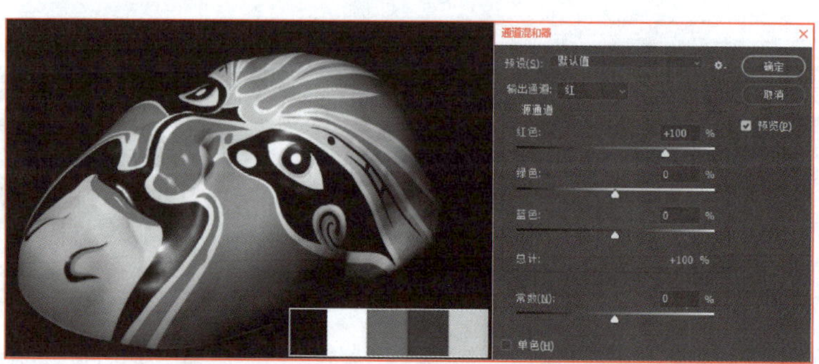

图 7-29
选择“红”通道

在图 7-29 中，选择了红通道，如果改变这里的蓝色，即将蓝色的光借给红色。如果选择了蓝色，那图中有蓝色光的是白色（255、255、255），蓝色（0、0、255），然后将这个蓝光借给红色，即将白色和蓝色中的蓝光减少。例如，将蓝色增加到 100%，结果如图 7-30 所示。

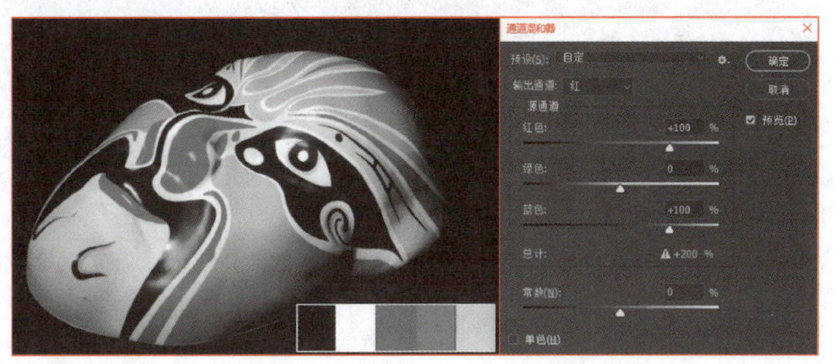

图 7-30
蓝通道以“相加”模式与红通道混合

能看到红色区域中白色、绿色和黑色都没有变换，只有蓝色变成了洋红色。因为蓝色之前的亮度为 255，所以加一倍，即增加了 255，然后将这个 255 给红色，即在白色和之前的蓝色中加入红色：255 等级光，因为白色的红绿蓝的亮度等级都是 255（最高的），所以再加也不会有什么变化，只能减少亮度等级才有变化。同理，在蓝色中加入 255 的红色，就是洋红色（255、0、255），这里也证明了通道混合器是通过改变通道的亮度来改变色彩，而不是通过改变颜色来改变色彩。向左侧拖动滑块，蓝通道会采用“相减”模式与红通道混合，这样蓝通道变暗，画面中的蓝色减少，如果白色中减少了蓝色，则白色变成了青色。

所以，如果想要把图中的绿色给减少，增加红色，就可以选择红通道，然后把绿色的亮度借给红色；相反，如果想要将这里的红色借给绿色，那就要选择绿通道，然后把红色借给绿色；如果想要将红色借给蓝色，那就要选择蓝通道，然后把红色借给蓝色。

7.3.2 “应用图像”命令

“应用图像”命令是一个功能强大、效果多变的命令，可以将一个图像的图层及通道与另一幅具有相同尺寸图像中的图层及通道合成。“应用图像”命令提供了 20 多种混合模式，与图层混合模式相似。

使用“应用图像”命令前，需要先选择一个通道作为被混合的目标对象。为了避免颜色通道混合后改变图像的色彩，通常将需要混合的图像通道复制一份，用副本来进行操作。

执行“图像”→“应用图像”菜单命令，弹出“应用图像”对话框。在“通道”下拉列表框中选择“绿 拷贝”通道，设置“混合”模式为“浅色”，背景图层将会与“绿 拷贝”通道混合，如图 7-31 所示。

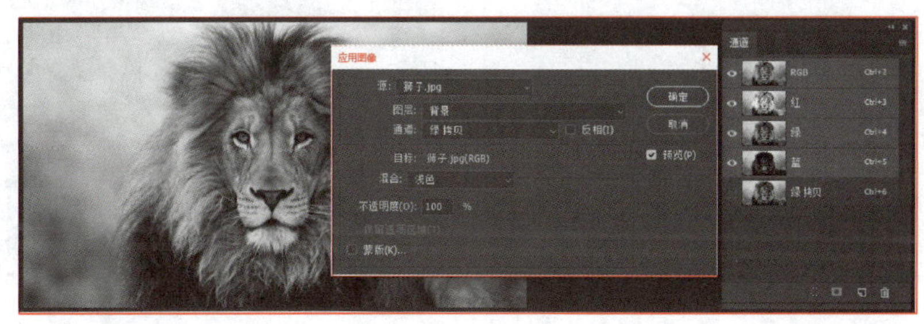

图 7-31
“绿 拷贝”通道以“浅色”模式混合

如果将混合模式设置为相加或相减模式，则混合效果与使用通道混合器处理完全相同。“应用图像”命令还包含更多的混合模式。

“应用图像”对话框中各个选项的含义见表 7-2。

表 7-2　“应用图像”对话框各选项及含义

选项	含义	选项	含义
源	选择一个当前打开的图像与当前操作图像进行混合	混合	选择用于制作混合模式效果的混合模式
图层	选择要进行混合模式的源图层	不透明度	设置源图像在混合时的不透明度
通道	选择用于混合的通道	保留透明区域	当目标图像存在透明像素时，该选项被激活，选中后，目标图像透明区域不与源图像混合
反相	该选项可以将所选的用于混合的通道反相后再进行混合	蒙版	选择该项后，出现扩展对话框，其中显示有关蒙版的参数

注意：

进行混合的两幅图像最好具有相同的尺寸（如宽度、高度、分辨率），且其色彩模式应该为 RGB、CMYK、Lab 或灰度色彩模式中的一种。

微课 7-6
使用“计算”命令

7.3.3　“计算”命令

在通道混合中“计算”命令最灵活。从效果方面看，它包含与“应用图像”命令完全相同的 20 多种混合模式，因此，二者的混合效果是相同的。但“计算”命令所生成的混合效果不像“应用图像”命令那样会修改通道，它会将混合效果保存到新通道中，也可以将其创建为选区，或者生成一个黑白图像文件。

在 Photoshop 中打开“婚纱照.psd”素材图片，绘制了两个选区，第一个选区中包含人物的身体（即完全不透明的区域），第二个选区中包含半透明的婚纱，如图 7-32 所示。

如果运用选区的计算命令运算，将合成一个完整的人物婚纱选区。执行“图像”→“计算”命令，打开“计算”对话框，让“婚纱”通道与“人物”通道采用“相加”模式混合，如图 7-33 所示。

图 7-32
图像与两个 Alpha 通道

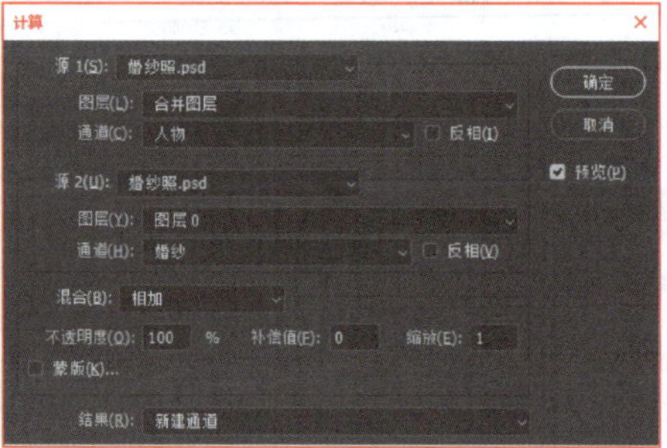

图 7-33
两个通道相加混合出人物与透明婚纱通道

“婚纱”通道与“人物”通道采用“相加”模式混合后形成一个新的 Alpha1 通道，如图 7-34 所示。按住<Alt>键单击 Alpha1 通道，即可获取人物与婚纱选区，复制并粘贴到新背景，效果如图 7-35 所示。

图 7-34
混合形成的 Alpha1 通道

图 7-35
通过通道获取的人物与透明婚纱照片效果

7.3.4 案例：利用通道抠取头发

微课 7-7
利用通道抠取头发

本例将运用通道与色阶结合实现头发的抠取。

① 在 Photoshop 中打开素材“女士.jpg”，如图 7-36 所示，切换至“通道”面板，分别查看“红”“绿”“蓝”3 个通道，找出一个头发与背景的亮度对比度最高的通道，这里选择“蓝”通道。

② 右击“蓝”通道，在弹出的快捷菜单中选择“复制通道”命令，得到“蓝 拷贝”通道，如图 7-37 所示。

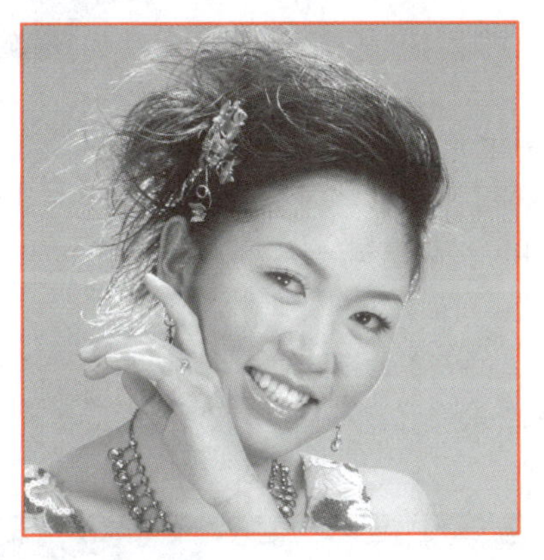

图 7-36
素材图片

图 7-37
“蓝 拷贝”通道

③ 执行“图像”→“调整”→“色阶”菜单命令（或按快捷键<Ctrl+L>），打开“色阶”对话框，使用“在图像中取样以设置黑场”按钮吸取图像的黑色头发部分，使用“在图像中取样以设置白场”按钮吸取素材画面中的背景颜色，以此调节画面中人物头发与背景的对比度，将头发更方便地选取出来，效果如图 7-38 所示。

④ 在实际应用中，选取头发只是工作的一部分，更重要的是将整个人物选取出来。而在通过“色阶”命令调整后的图像中，可以看出人物的一部分图像未被选取，执行“图像”→“调整”→“反相”菜单命令（或按快捷键<Ctrl+I>），设置前景色为白色，使用画笔工具将画面中需要选取的黑色区域涂抹成白色，效果如图 7-39 所示。

图 7-38
应用“色阶”命令后的效果

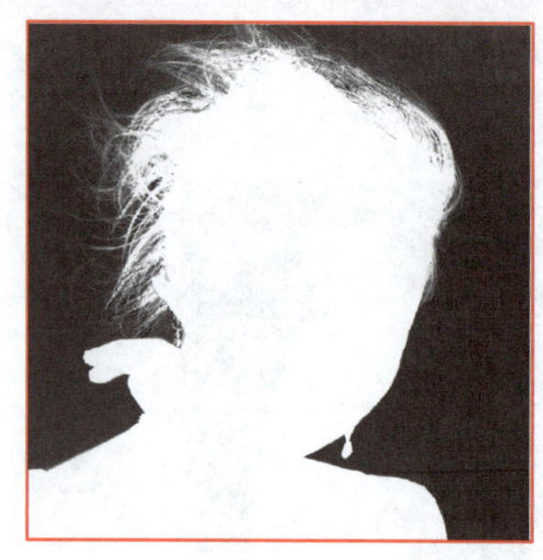

图 7-39
涂抹后效果

⑤ 通过调整，可以看出女士头发的边缘仍然存在灰色区域，这也影响了人物选区的建立，继续使用“色阶”命令，如图 7-40 所示，将头发的边缘与背景更加明显地分离出来，如图 7-41 所示。

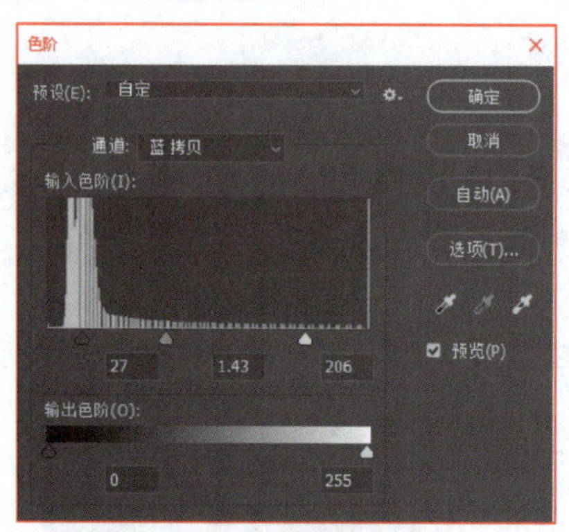

图 7-40
“色阶”对话框

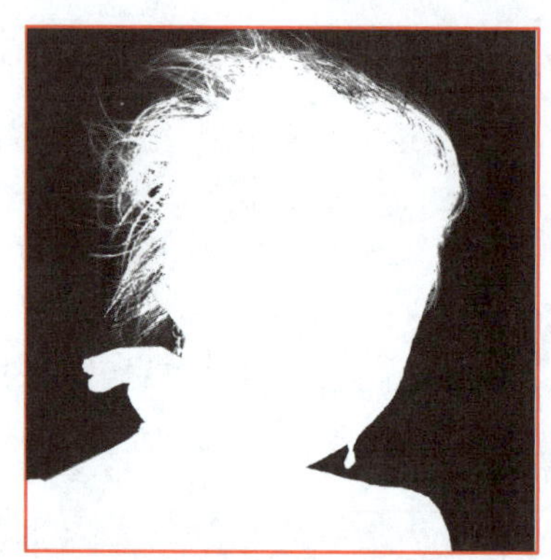

图 7-41
调整“色阶”后的效果

⑥ 这时可以看出人物的轮廓更加清晰，按住<Ctrl>键单击“蓝 拷贝”通道的缩览图，将通道转化为选区，单击“RGB”通道，切换至“图层”面板，单击人物所在的图层将其激活。

⑦ 按快捷键<Ctrl+C>复制图层，将选区中的图像复制到新图层中，隐藏其他图层，效果如图 7-42 所示。

⑧ 如果在抠出图像中头发的边缘存在杂色，可在将通道建立选区前，执行“滤镜”→“杂色”→“减少杂色”菜单命令，将杂色去掉，效果如图 7-43 所示。

图 7-42
选出的人物效果图

图 7-43
“减少杂色”对话框

⑨ 打开素材文件夹中的“花草.jpg”，将人物复制到图像中，效果如图 7-44 所示。打开素材文件夹中的“绿草.jpg”，将人物复制到图像中，效果如图 7-45 所示。

图 7-44
合成后的效果 1

图 7-45
合成后的效果 2

7.4 综合案例：企鹅保护宣传页制作

7.4.1 效果展示

本例就是使用通道和选区混合，抠取一个晶莹剔透的冰雕，制作动物保护宣传页，效果如图 7-46 所示。

图 7-46
企鹅保护宣传页效果

素养小贴士　认识技术创新

技术创新指生产技术的创新，包括开发新技术，或者将已有技术进行应用创新。科学是技术之源，技术是产业之源，技术创新建立在科学道理发现的基础上，而产业创新主要建立在技术创新的基础上。

7.4.2 实现过程

微课 7-8
透明玻璃抠取方式

本案例操作步骤如下。

① 在 Photoshop 中打开素材文件“冰雕.jpg”，如图 7-47 所示，可以看出这个冰雕表面光滑，可以使用钢笔工具选出轮廓，冰雕内部可以使用通道进行选取。

② 在“通道”面板中查看到“绿”通道的轮廓比较清晰，效果如图 7-48 所示。

图 7-47
“冰雕”素材

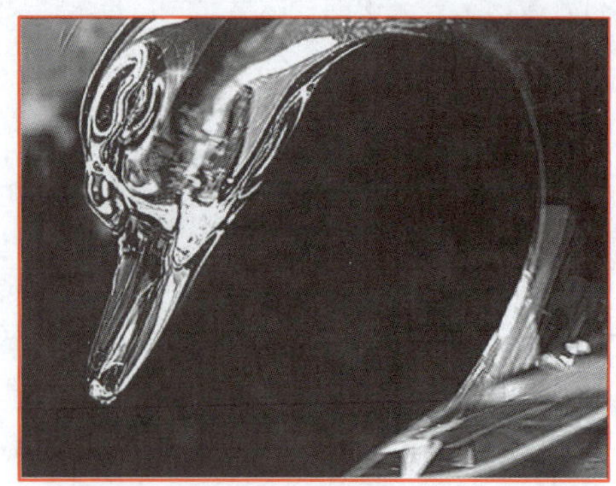

图 7-48
冰雕“绿”通道

③ 单击“绿”通道，使用钢笔工具，选择“路径”模式，绘制路径的轮廓，如图 7-49 所示，按快捷键<Ctrl+Enter>将路径转换为选区，效果如图 7-50 所示。

图 7-49
绘制路径

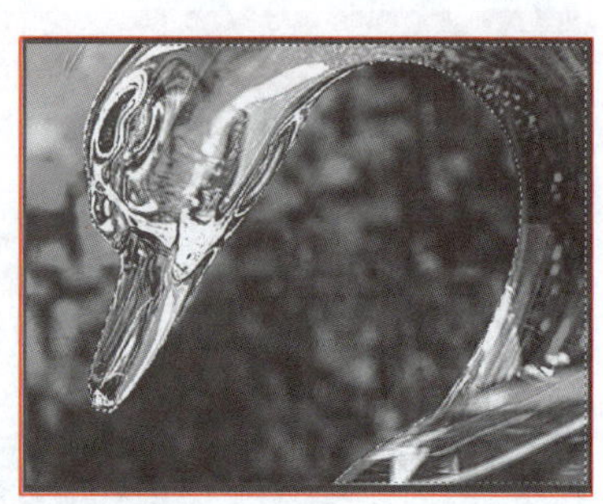

图 7-50
路径转换为选区

④ 执行“图像”→“计算”菜单命令，打开“计算”对话框，如图 7-51 所示，设置源 1 为“选区”、源 2 为通道“红”、混合模式为“正片叠底”，结果为“新建通道”，单击“确定”按钮，将混合一个新的 Alpha1 通道，如图 7-52 所示。

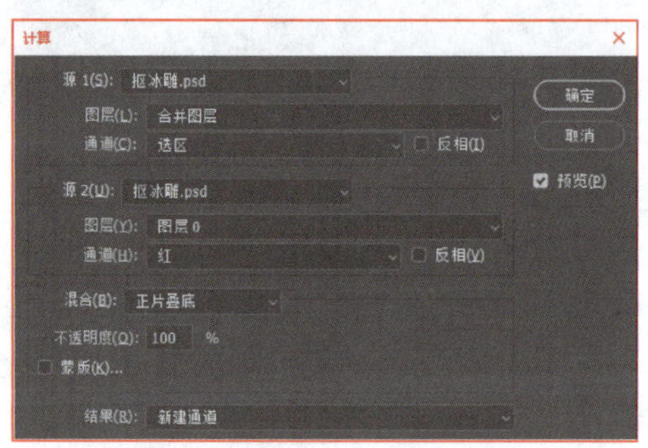

图 7-51
选区与“红”通道执行“正片叠底”计算

注意：

选择“红”通道是因为“红”通道中包括的图像细节最多，因此，在“计算”命令中使用了“红”通道与选区进行计算，而选区又将计算的范围限定在冰雕中，这样，冰雕以外的背景就不会参与计算，Photoshop 会用黑色填充没有计算的区域，背景色会变成黑色。“正片叠底”模式使得通道内的图像变暗，在选取冰雕后，背景图像对冰雕的影响就会变小。

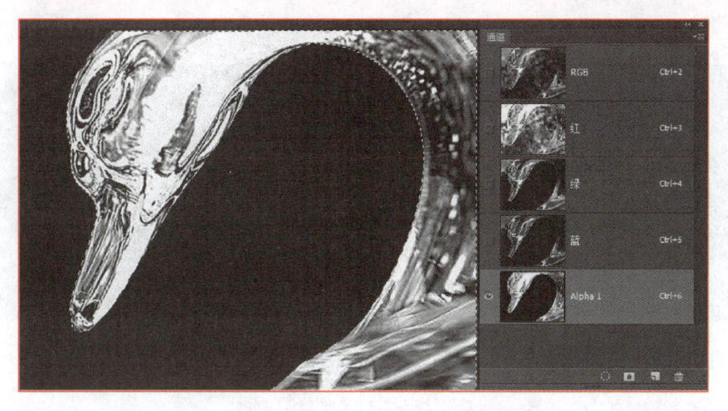

图 7-52
“计算”命令运用后的效果

⑤ 按住<Ctrl>键单击 Alpha1 通道，即可将冰雕区域细节选中，切换到 RGB 混合通道，按快捷键<Ctrl+C>复制选区。新建一个默认大小文件，设置背景为蓝色，按快捷键<Ctrl+V>将复制内容粘贴，效果如图 7-53 所示。

⑥ 设置复制的冰雕图层的混合模式为明度，这会使用上层的明度，与背景层的饱和度和色相，效果如图 7-54 所示。

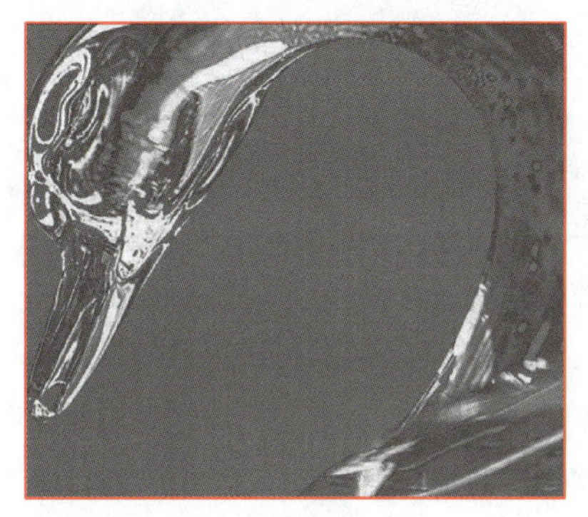

图 7-53
复制透明区域内容

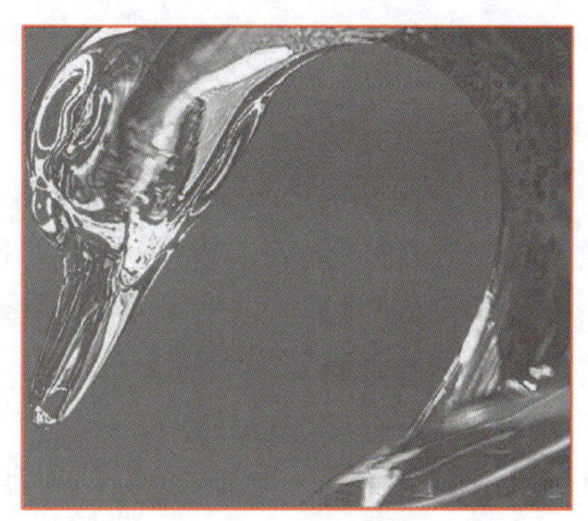

图 7-54
设置混合模式为明度的效果

⑦ 打开素材文件“企鹅.jpg”，如图 7-55 所示，将其复制到文档中，调整大小与位置，效果如图 7-56 所示。

图 7-55
“企鹅”素材图像

图 7-56
合成后的效果

⑧ 使用文字工具输入文本“企鹅是人类的朋友”，设置字体为“黑体”、大小为“48 像素”，为文字设置相关的“描边”样式，如图 7-57 所示，再设置“渐变叠加”样式，如图 7-58 所示，最终效果如图 7-46 所示。

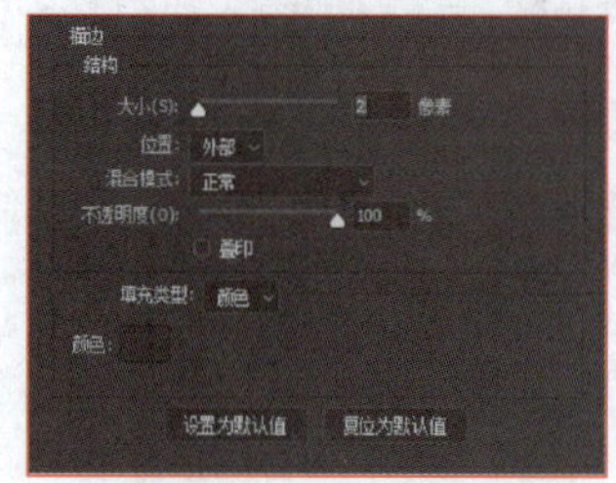

图 7-57
设置“描边”样式

图 7-58
设置“渐变叠加”样式

微课 7-9
婚纱照设计与制作

任务实施：婚纱照设计与制作

1. 任务分析

婚纱照是年轻人为纪念爱情以及婚姻的标志性照片作品。本任务就是充分发挥通道的优势，抠取透明婚纱，利用中国红，并结合传统元素，实现中式龙凤呈祥婚纱效果。

2. 技能要点

核心技能要点：选区的应用、通道的使用、“计算”命令、蒙版的使用等。

3. 实现过程

本任务主要使用通道进行元素的抠取，并应用到场景中实现特效。首先，背景设置为仿古背景与现在背景的效果，所以选择两张图片作为背景，使用蒙版烘托整体的氛围。其次，要完成透明婚纱的抠取，要把需要的抠取的整个人物选取，最后添加装饰效果。

具体操作步骤如下。

① 打开 Photoshop，执行“文件”→“新建”菜单命令，新建一个文档，设置高度为 1280 像素、宽度为 720 像素、分辨率为 72 像素/英寸。执行“文件”→“存储”菜单命令，将文档保存为“中式风格婚纱照设计.psd”。

② 在“图层”面板中单击“创建新组”按钮，新建一个“背景”图层组，打开素材图片“仿古背景.jpg”，将其拖到文档中，同时调整图像位置，将图层命名为“仿古背景”，效果如图 7-59 所示。

③ 在“图层”面板中单击“创建新组”按钮，新建一个“背景”图层组，打开素材图片“粉色玫瑰.jpg”，将其拖到文档中，将图层命名为“仿古背景”，同时调整图像位置，单击“图层”面板下方的“添加蒙版”按钮，添加图层蒙版，设置前景色为黑色，使用画笔工具在蒙版中涂抹，隐藏部分图像色调，效果如图 7-60 所示。

图 7-59
仿古背景效果

图 7-60
粉色玫瑰背景的蒙版效果

④ 在“图层”面板中单击“创建新组”按钮，新建一个“主题人物”图层组，打开素材图片“婚纱照.jpg”，如图 7-61 所示。

⑤ 打开“通道”面板，会发现“蓝”通道中婚纱的细节最多，将“蓝”通道拖到“创建新通道”按钮上，复制一个“蓝 拷贝”通道，如图 7-62 所示，使用“蓝 拷贝”通道制作半透明婚纱选区。

图 7-61
“婚纱照”素材图像

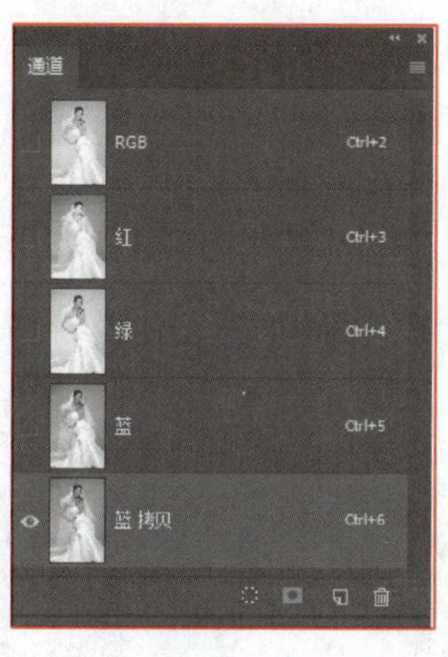

图 7-62
复制创建“蓝 拷贝”通道

⑥ 单击 RGB 复合通道，使用魔棒工具，设置容差为“10”，按住<Shift>键单击选择人物背景，效果如图 7-63 所示。

⑦ 设置前景色为黑色，在“通道”面板中选择“蓝 拷贝”通道，按<Alt+Delete>组合键在选区内填充黑色，如图 7-64 所示。

图 7-63
魔棒工具选取人物背景

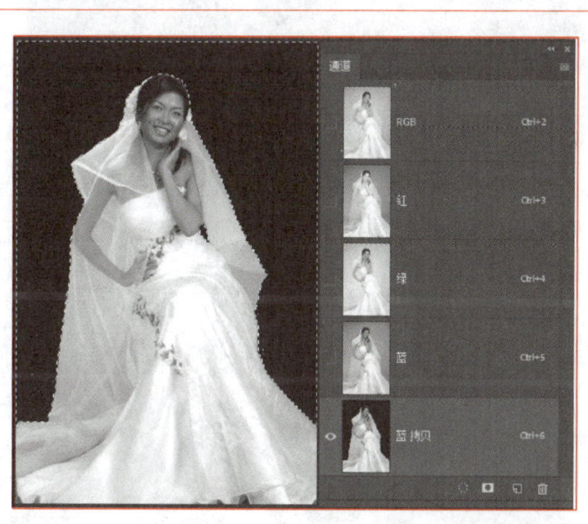

图 7-64
填充“蓝 拷贝”通道
选区中背景为黑色

⑧ 使用钢笔工具，在“路径”模式下选择人物轮廓，如图 7-65 所示。绘制路径时避开半透明部分的区域，使用“减去顶层形状”模式减去右臂下侧的白透明区域，如图 7-66 所示。

⑨ 按<Ctrl+Enter>组合键将路径转换为选区，设置前景色为白色，在“通道”面板中，选择“蓝 拷贝”通道，按<Alt+Delete>组合键在选区内填充白色，如图 7-67 所示。

⑩ 按住<Ctrl>键单击“蓝 拷贝”通道，载入人物与婚纱选区，单击 RGB 复合通道，进入“图层”面板，显示彩色图像，按<Ctrl+C>组合键复制人物与婚纱，进入“中式风格婚纱照

设计.psd”，按<Ctrl+V>组合键粘贴人物与婚纱，调整大小与位置，效果如图 7-68 所示。

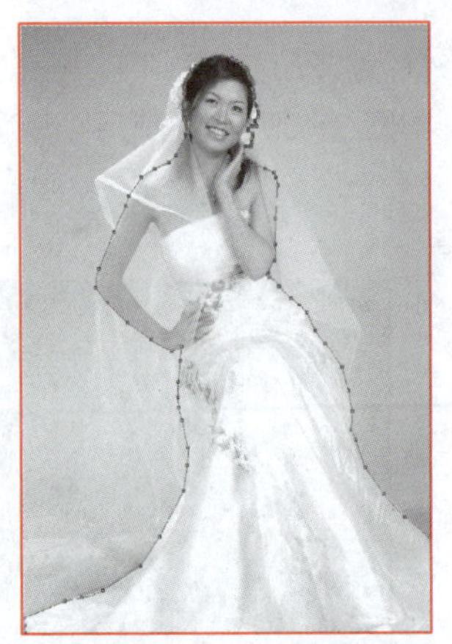

图 7-65
钢笔工具选取外轮廓

图 7-66
钢笔工具选取减去内部轮廓

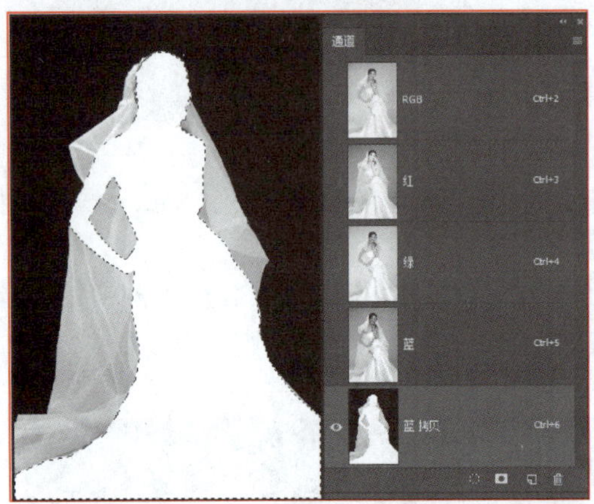

图 7-67
将人物选区部分填充为白色后的通道

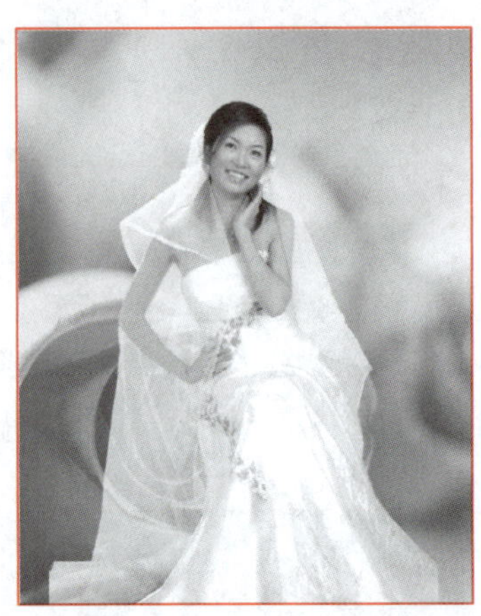

图 7-68
插入婚纱照效果

⑪ 打开素材图片“古装照.jpg”，使用路径工具或魔棒工具，也可以使用多边形套索工具选择人物部分，如图 7-69 所示，按<Ctrl+C>组合键复制人物与婚纱，进入“中式风格婚纱照设计.psd”文档，按<Ctrl+V>组合键粘贴人物与婚纱，调整大小与位置，效果如图 7-70 所示。

图 7-69
选取人物部分

图 7-70
插入古装照效果

⑫ 在“图层”面板中单击“创建新组”按钮■，新建一个“修饰”图层组，打开素材图片“龙凤呈祥图案.jpg”，如图 7-71 所示，进入“通道”面板，按住<Ctrl>键单击“蓝”或“绿”通道，选择白色区域，然后按<Ctrl+Shift+I>组合键实现反选选择所需区域。

⑬ 按<Ctrl+C>组合键复制人物，进入“中式风格婚纱照设计.psd”文档，按<Ctrl+V>组合键粘贴人物与婚纱，调整大小与位置，按住<Ctrl>键单击人物，设置前景色为金黄色，按<Alt+Delete>组合键填充前景色，效果如图 7-72 所示。

图 7-71
图案素材图像

图 7-72
插入图案后的效果

⑭ 打开素材图像“龙凤呈祥书法.psd”，如图 7-73 所示，使用魔棒工具，设置容差为“30”，单击红色区域，执行“选择”→“选取相似”菜单命令选择红色部分。按<Ctrl+C>组合键复制书法文字，进入“龙凤呈祥书法.png”文档，按<Ctrl+V>组合键粘贴书法文字，调整大小与位置，并为文字设置白色描边效果和投影效果，效果如图 7-74 所示。

图 7-73
书法素材图像

图 7-74
插入书法后的效果

⑮ 打开素材文件夹中的“装饰文字.psd”，将其复制到文档中，整体效果如图 7-1 所示。

任务拓展

1. 通道的应用技巧

在使用 Photoshop 通道时，有很多技巧，如果能熟练掌握，可以大大提高工作效率。

技巧 1:

按住<Ctrl>键单击通道层图标，可载入当前通道所对应的区域；若按住<Ctrl+Shift>组合键再单击另一通道层，可以得到两个通道的合并区域；若按住<Ctrl+Alt>组合键再单击另一通道层，可以得到两个通道相减的区域；若按住<Ctrl+Alt+Shift>组合键再单击另一通道层，则得到的为选取两个通道相交的共同区域。

技巧 2:

若要将彩色图片转换为黑白图片，可先将色彩模式转换为 Lab 模式，然后单击“通道”面板中的明度通道，再执行“图像”→“模式”→“灰度”菜单命令，由于 Lab 模式的色域更宽，这样转化后的图像层次感更丰富。

技巧 3:

因为 Alpha 通道中只有黑、白、灰 3 种颜色，如果双击工具箱中的“前景色”或“背景色”色块选择其他颜色，那么得到的是不同程度的灰色。

技巧 4:

要将图像转为“双色调”模式，必须先将图像转为“灰度”模式，图像只有在“灰度”模式下才能转换为“双色调”模式。

微课 7-10
结合通道抠取火焰

2. 结合通道抠取火焰

火焰由于边缘有烟雾，边缘比较淡，其层次性不明显，使用常用的调整色阶、曲线等方式很难较好地抠出火焰图像，本例将结合通道与色阶等命令实现火焰的抠取。

案例实现过程如下。

① 在 Photoshop 中打开素材图片“燃烧的足球.jpg”，如图 7-75 所示，双击“图层”面板中素材所在的背景图层，在弹出的对话框中单击“确定”按钮，将素材的背景图层转化为普通图层。

② 首先需要抠出图像，如果使用普通方式建立选区然后创建通道，很难将球从图像中抠出。这里依次利用“红”“绿”“蓝”分层抠图方式实现。在“通道”面板中依次复制一红色通道“红 拷贝”、一绿通道“绿 拷贝”、一蓝通道“蓝 拷贝”，如图 7-76 所示。

图 7-75
燃烧的足球图片

图 7-76
复制后的“通道”面板

③ 按住<Ctrl>键单击“红 拷贝”通道的缩览图，将该通道转化为选区，进入“图层”面板，创建一新图层，命名为“红色”，设置前景色为红色（#ff0000），在“红色”图层中填充选区，隐藏素材图片层，效果如图 7-77 所示。

④ 回到“通道”面板中，按住<Ctrl>键单击“绿 拷贝”通道，将其转化为选区，继续进入“图层”面板，创建一新图层，命名为“绿色”，设置前景色为绿色（#00ff00），利

用油漆桶工具将“绿色”图层进行填充，隐藏其他图层，效果如图 7-78 所示。

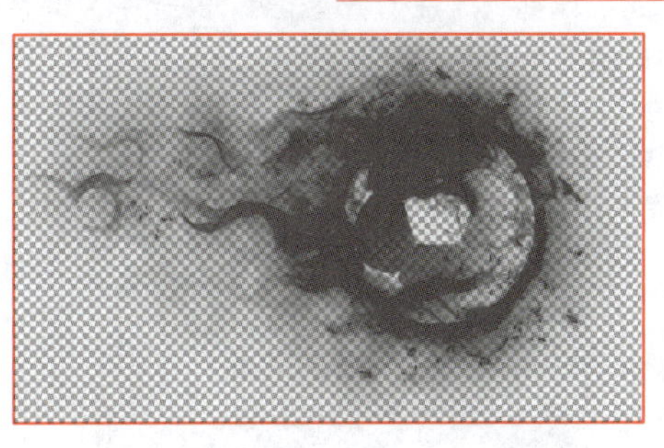

图 7-77
填充红色后的效果

图 7-78
填充绿色后的效果

⑤ 继续回到“通道”面板，采用与前两个步骤相同的方式，将“蓝 副本”通道转换为选区，并在“图层”面板中创建一新“蓝色”图层，设置前景色为蓝色（#0000ff），利用油漆桶工具填充“蓝色”图层的选区，隐藏其他图层，效果如图 7-79 所示。

⑥ 这是依次分离各色后填充的效果。要想真正得到燃烧足球的素材图像，需要将各图层合并形成统一的效果。下面在“图层”面板中将“绿色”“蓝色”图层的混合模式都设置为“滤色”，如图 7-80 所示。

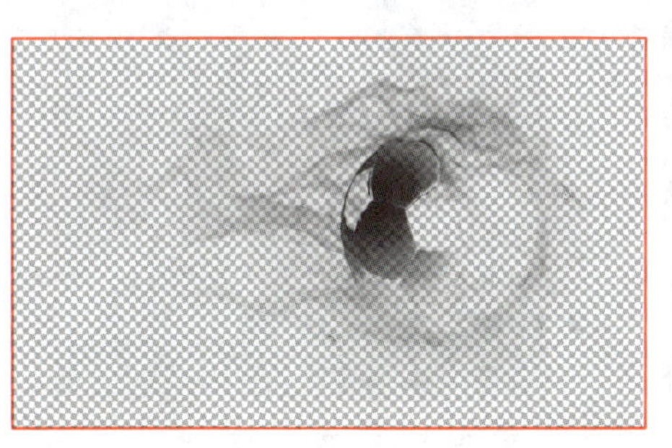

图 7-79
填充蓝色后的效果

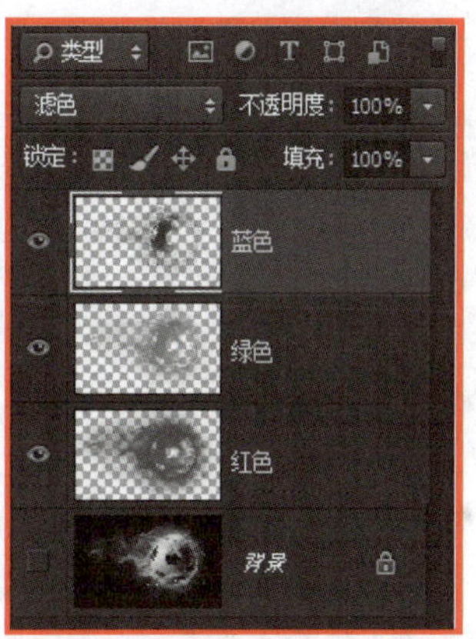

图 7-80
设置为“滤色”的“图层”面板

⑦ 将填充为三基色的 3 个图层“红色”“绿色”“蓝色”显示出来，其他图层全部隐藏。单击“图层”面板右上角的三角形按钮，在弹出的菜单中选择“合并可见图层”命令，将 3 个图层合并，形成一幅完整的图像，如图 7-81 所示。至此，燃烧足球的图像完全被抠出。

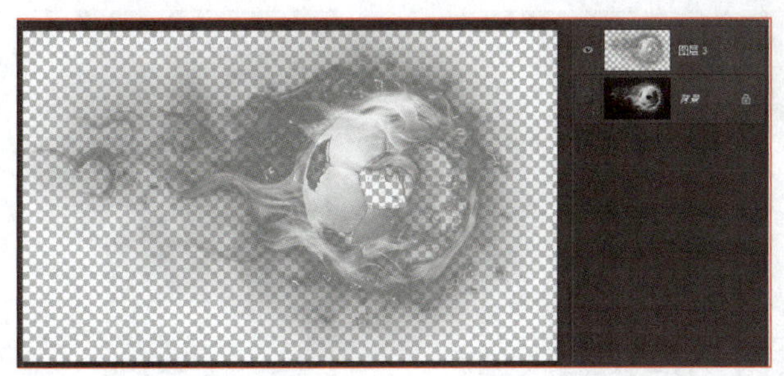

图 7-81
合并图层后的效果

⑧ 在 Photoshop 中创建一个宽度和高度均为 500 像素的文档，打开素材图片“背景.jpg”，将其复制到文档中，调整各素材的大小及位置，将文档保存为“活力青春.psd”，

如图 7-82 所示。

⑨ 切换到刚抠取的燃烧足球中，将合并的足球拖到“活力青春.psd”文档中，调整大小及位置，在足球层下方新建一个图层，使用椭圆工具绘制一个圆形，填充为黑色，效果如图 7-83 所示。

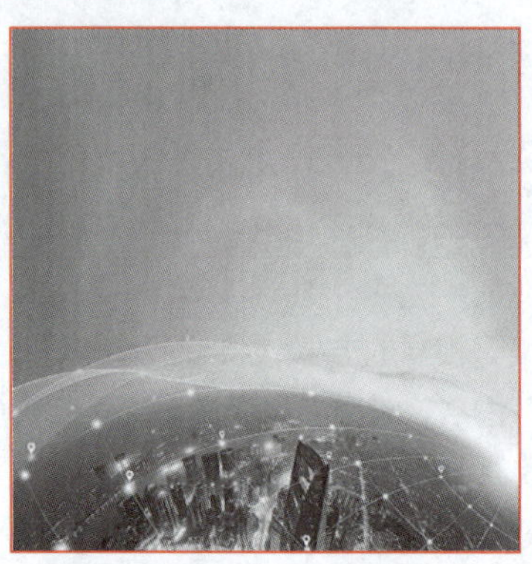

图 7-82
导入背景后的效果

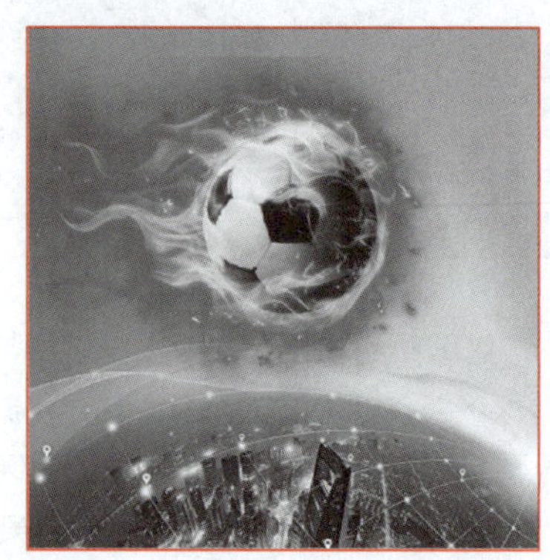

图 7-83
导入足球后的效果

⑩ 执行“图像”→“调整”→“色阶”菜单命令（或按快捷键<Ctrl+L>），调亮整个画面，“色阶”对话框设置如图 7-84 所示，效果如图 7-85 所示。

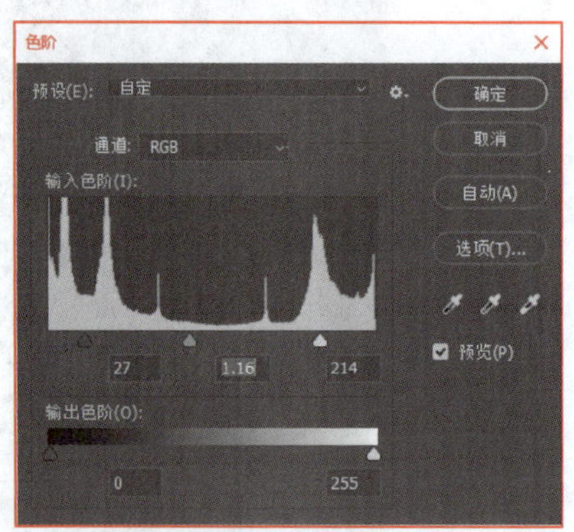

图 7-84
“色阶”对话框

图 7-85
足球调亮后的效果

⑪ 打开素材图片“光晕.jpg”，如图 7-86 所示，选择“蓝”通道，按住<Ctrl>键单击“蓝”通道，切换到 RGB 通道，按<Ctrl+C>组合键复制其光线部分，切换到“活力青春.psd”文档，同样使用色阶将光线调亮，效果如图 7-87 所示。

图 7-86
“光晕”素材

图 7-87
导入并调亮光线后的效果

⑫ 打开素材“文字.jpg”（如图 7-88 所示），使用魔棒工具单击金色部分文字，执行“选择”→“选取相似”菜单命令，按<Ctrl+C>组合键复制内容，切换到“活力青春.psd”文档，按<Ctrl+V>组合键粘贴。

⑬ 单击“图层”面板下方的“添加图层样式”按钮，选择“外发光”选项，设置混合模式为变亮、不透明度为 100%、颜色为白色渐变、扩展为 10%、大小为 15 像素，给文字设置外发光效果，如图 7-89 所示。

图 7-88
“文字”素材图像

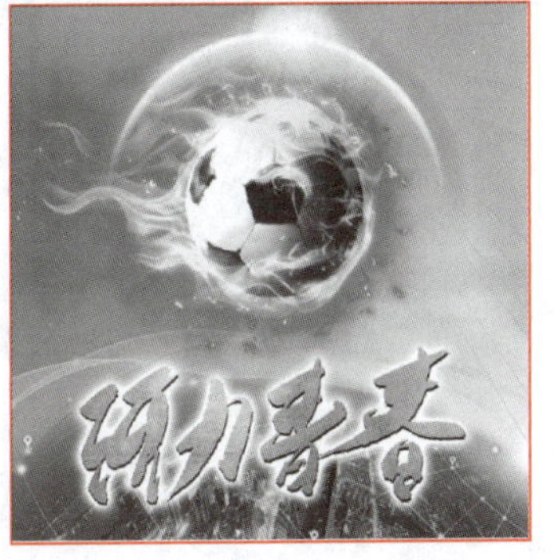

图 7-89
最终效果

 项目实训：使用通道抠取透明玻璃杯

根据学习的通道的相关理论与操作，结合钢笔工具、通道蒙版以及通道，使用“红酒杯子.jpg”素材（如图 7-90 所示），将图像中的透明酒杯与红酒抠取出来，放置到素材“背景.jpg”图片中（如图 7-91 所示），最终效果如图 7-92 所示。

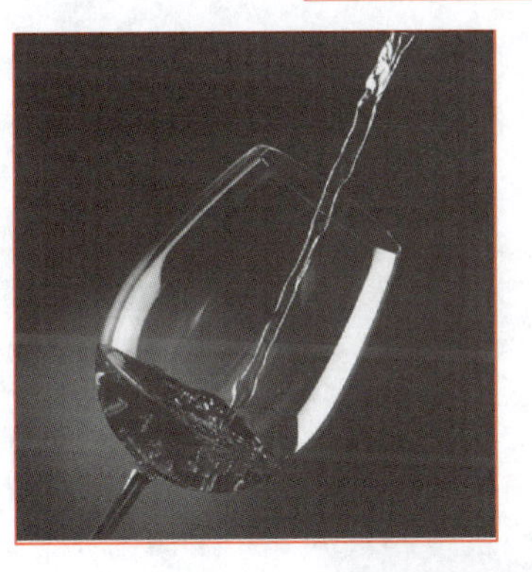

图 7-90
“红酒杯子”素材图像

图 7-91
“背景”素材图像

图 7-92
抠取合成后的效果

任务 8 使用滤镜

滤镜主要用来实现图像的各种特殊效果。Photoshop 提供了多种滤镜效果，且功能强大，被广泛应用于各种领域，合理地应用滤镜可以使用户在处理图像时，便捷地制作绚丽的图像效果。

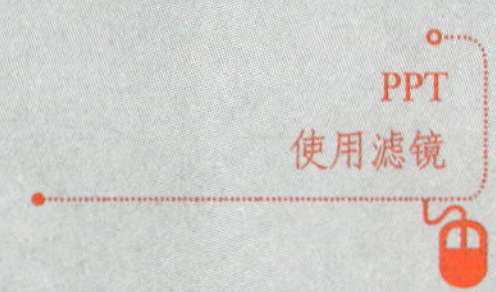

教学导航

知识目标	● 了解滤镜的概念与原理 ● 了解滤镜的分类
能力目标	● 掌握常用滤镜的使用方法 ● 掌握特殊滤镜的使用方法
素质目标	● 提高艺术素养与审美能力 ● 具有勇于创新、敬业乐业的工作作风与质量意识
本单元重点	● 滤镜使用原则与操作方法 ● 常用滤镜的使用
本单元难点	● 特殊滤镜的使用 ● 滤镜的综合使用
教学方法	任务驱动法、讲授法、演示法、案例教学法
建议课时	4 课时

任务展示：中国传统水墨画特效制作

本任务主要将一幅荷花照片，如图 8-1 所示，经过滤镜与其他工具的综合运用模拟中国传统水墨画的效果，效果如图 8-2 所示。

图 8-1
荷花素材原图

图 8-2
滤镜加工后的水墨画效果

素养小贴士　认识中国水墨画

水墨画是由水和墨调配成不同深浅的墨色所画出的画，是绘画的一种形式，更多时候，水墨画被视为中国传统绘画，即国画的代表。水墨画体现了中国的水墨精神，既有写意精神，更有生命精神。中国的水墨气象，既有自然气象，更有人文气象。

知识准备

8.1　滤镜简介

8.1.1　认知滤镜

滤镜主要用来实现图像的各种特殊效果，它在 Photoshop 中具有非常神奇的作用。

滤镜的操作比较简单，但是真正运用起来却难以把握。滤镜通常需要与通道、图层等联合使用，才能取得较好的艺术效果。如果想合适地应用滤镜，除了平常的美术功底之外，还需要用户对滤镜的熟练操控能力，以及丰富的想象力。

现在有许多滤镜软件可以在智能手机上使用，这些软件使滤镜变得更简单，只需一键就能实现，如美颜相机、MIX 滤镜大师、Faceu 激萌、美图秀秀等。

Photoshop 中的滤镜是一种插件模块，它能够操纵图像中的像素。位图是由像素构成的，每一个像素都有自己的位置和颜色值，滤镜就是通过改变像素的位置或颜色来生成各种特殊的效果。

8.1.2　滤镜的分类与用途

滤镜分为内置滤镜和外挂滤镜两大类。内置滤镜就是 Photoshop 自身提供的各种滤镜，外挂滤镜则是由其他厂商开发的滤镜，它们需要安装在 Photoshop 中才能使用。

所有的滤镜都按分类放置在“滤镜”菜单中，如图 8-3 所示，使用时只需要从该菜单中执行相关命令即可。

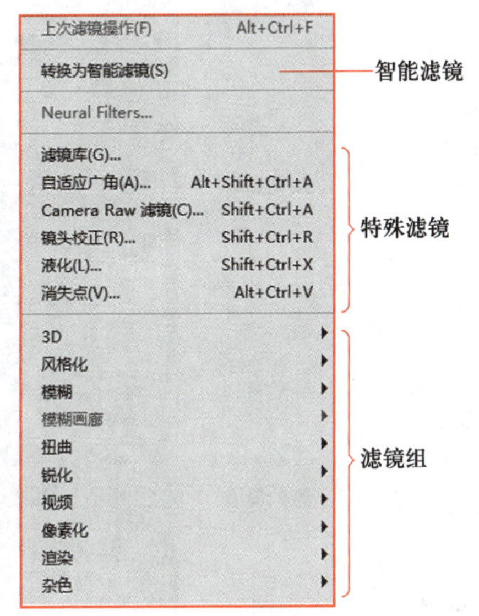

图 8-3
“滤镜”菜单

Photoshop 的内置滤镜主要有以下两类用途。

- 第一类是用于创建具体的图像特效，如可以生成粉笔画、图章、纹理、波浪等各种特殊效果。此类滤镜的数量最多，且绝大多数都在“风格化”“像素化”“渲染”等滤镜组中，除了“扭曲”以及其他少数滤镜外，基本上都是通过“滤镜库”来管理和应用。
- 第二类主要用于编辑图像，如减少杂色、提高清晰度等，这些滤镜在“模糊”“锐化”“杂色”等滤镜组中。此外，“液化”“消失点”“镜头矫正”也属于此类滤镜。这 3 种滤镜比较特殊，它们功能强大，且有自己的工具和独特的操作方法，更像是独立软件。

8.1.3　滤镜的基本操作

微课 8-1
初步体验滤镜

Photoshop 本身带有许多滤镜，其功能各不相同，但是所有滤镜都有相同的特点，只有遵循这些规则，才能准确有效地使用滤镜功能。

首先是 Photoshop 会针对选区范围进行滤镜处理，打开素材文件夹中的“玫瑰.jpg”图片，当绘制圆形选区时，执行“滤镜”→“扭曲”→“水波”菜单命令，设置数量为“30”、起伏为“5”、样式为“水池波纹”，效果如图 8-4 所示，针对选区的只对该选区起作用。如果图像中没有选区，则对整个图像进行处理，效果如图 8-5 所示。

在只对局部图像进行滤镜处理时，可以将选区范围羽化，使处理的区域与原图像能自然地结合，减少突兀的感觉。

在 Photoshop 的绝大多数滤镜对话框中，都有预览功能。例如，执行“滤镜”→“扭

曲”→“水波”菜单命令，会弹出“水波”对话框，如图 8-6 所示，有时执行滤镜需要花费一些时间，使用预览功能可以在设置滤镜参数的同时预览效果。

图 8-4
将滤镜应用到选区内的图像效果

图 8-5
将滤镜应用到整幅图像的效果

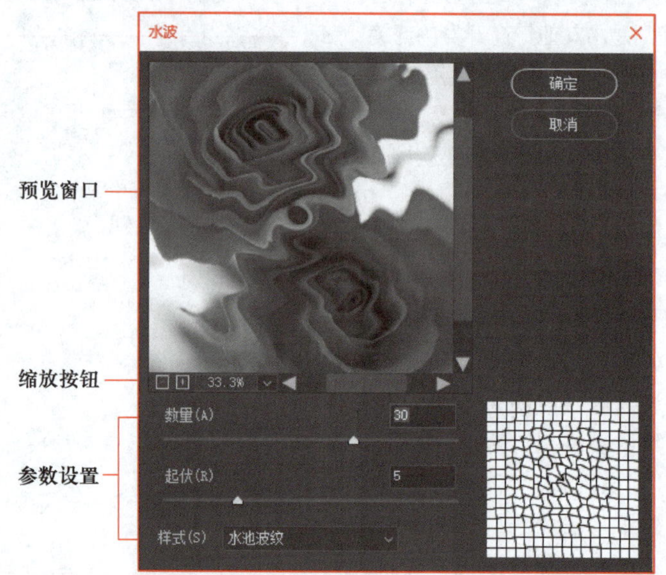

图 8-6
“水波”对话框

将鼠标指针指向预览框后，指针变成手形，这时单击并拖动鼠标即可在预览框中移动图像。如果图像尺寸过大，还可以将指针指向图像，当指针变成方框后再单击，预览框内立刻显示该图像。

如果对文本图层或者形状图层滤镜执行滤镜时，Photoshop 会提示先转换为普通图层（或者栅格化）后再执行滤镜命令。

8.1.4　滤镜的使用原则

所有的滤镜效果都有相同之处，用户遵守这些基本的使用原则，才能准确、有效地使用各种滤镜功能。

滤镜的使用原则具体如下。

- 滤镜处理图像时，可应用于当前选择选区范围、当前图层、图层蒙版或通道，若需要将滤镜应用于整个图层，则不要选择任何图像区域或图层。值得注意的是，如果创建了选区，滤镜只处理选区内的图像，图 8-4 所示就是只作用于白圈内的区域。只有“云彩”滤镜可以应用在没有像素的区域，其他滤镜都必须应用在包含像素的区域，否则不能使用，但外挂滤镜除外。

- 滤镜可以处理图层蒙版、快速蒙版和通道。
- 滤镜的处理效果是以像素为单位进行计算的，因此，相同的参数处理不同分辨率的图像，其效果也会不同。
- 有些滤镜只对 RGB 色彩模式图像起作用，而不能将滤镜应用于位图模式或索引模式图像，也有些滤镜不能应用于 CMYK 色彩模式图像。
- 有些滤镜完全是在内存中进行处理的，因此在处理高分辨率图像时，非常消耗内存。
- 上次使用的滤镜显示在“滤镜”菜单顶部，按<Ctrl＋Alt＋F>组合键，可再次以相同参数应用上一次的滤镜。

8.1.5 混合滤镜的使用效果

微课 8-2
混合滤镜的使用

通过执行“编辑”→“渐隐”菜单命令，即可将应用滤镜后的图像与原图像进行混合。混合滤镜效果的具体使用步骤如下。

① 打开素材图片文件夹中的“荷花.jpg”文件，按快捷键<Ctrl＋J>复制图层，如图 8-7 所示。

② 执行“滤镜”→“滤镜库”菜单命令，在弹出的对话框中选择“扭曲”→“玻璃”选项，设置扭曲度为 5、纹理为“磨砂”、平滑度为 3、缩放为 60%，如图 8-8 所示。

图 8-7
“荷花”素材图像

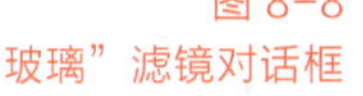

图 8-8
“玻璃”滤镜对话框

③ 单击“确定”按钮，即可应用玻璃滤镜效果，如图 8-9 所示。

④ 执行“编辑”→“渐隐滤镜库”菜单命令，弹出“渐隐”对话框，设置不透明度为 80%、混合模式为“滤色”，单击“确定”按钮，即可制作出混合滤镜效果，如图 8-10 所示。

图 8-9
应用玻璃滤镜后的效果

图 8-10
混合滤镜效果

8.2　使用智能滤镜的方法

智能滤镜指的是应用于智能对象的滤镜，应用智能滤镜，可以将滤镜的参数和设置进行保存，但图像所应用的滤镜效果不会被保存。

智能滤镜可以无损编辑图片，是很受欢迎的方式，而且还可以不断调整滤镜效果。

微课 8-3
使用智能滤镜

8.2.1　创建智能滤镜

当所选择的图层转换为智能对象时，才能应用智能滤镜，“图层”面板中的智能对象可以直接将滤镜添加到图像中，但不破坏图像本身的像素。

创建智能滤镜的具体步骤如下。

① 打开素材图片文件夹中的“蜜蜂.jpg”文件，如图 8-11 所示。

② 执行“滤镜”→“转换为智能滤镜”菜单命令，弹出信息提示框，单击“确定”按钮，即可将“背景”图层转换为智能对象，且图层缩览图的右下角将显示一个智能图标，如图 8-12 所示。

图 8-11
“蜜蜂”素材图像

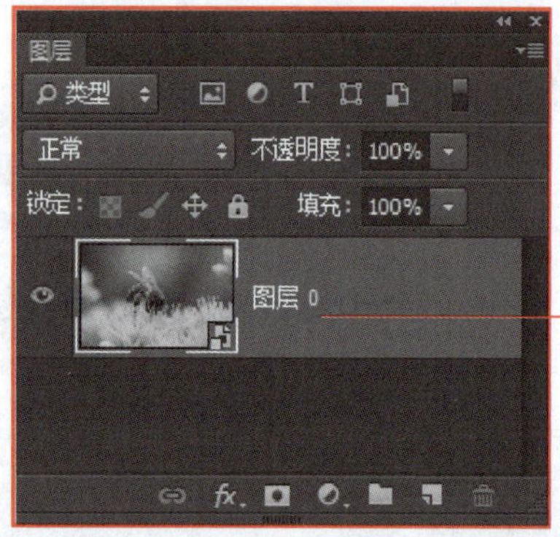

图 8-12
转换为智能滤镜

③ 使用椭圆选区工具，创建中间“蜜蜂”的选区，执行“选择”→“反选”菜单命令（或按快捷键<Ctrl+Shift+I>），使选区进行反选，执行“选择”→“修改”→“羽化”菜单命令，在弹出的“羽化选区”对话框中设置“羽化半径”为 30 像素，如图 8-13 所示。

④ 单击“确定”按钮，即可将选区进行羽化，效果如图 8-14 所示。

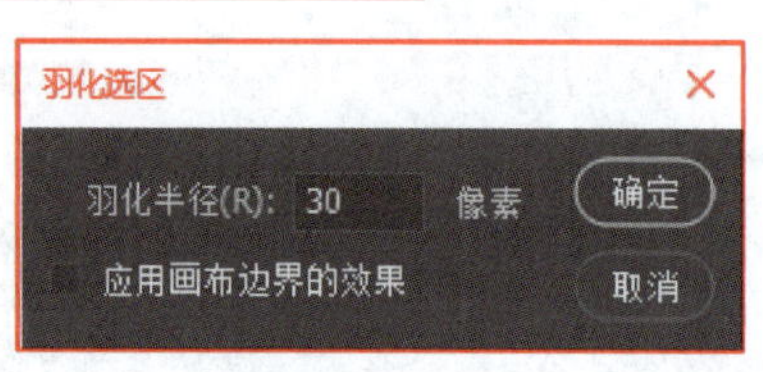

图 8-13
“羽化选区”对话框

图 8-14
羽化选区

⑤ 执行“滤镜”→“模糊”→“径向模糊”菜单命令，在弹出的“径向模糊”对话框中设置数量为 20，选中“旋转”和“最好”单选按钮，如图 8-15 所示。

⑥ 单击“确定”按钮，即可对选区中的图像进行径向模糊，效果如图 8-16 所示，所应用的滤镜效果图层也以“智能滤镜”的名称显示。

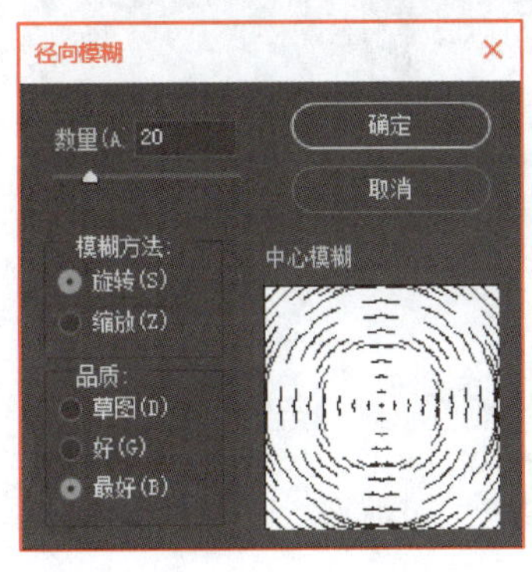

图 8-15
“径向模糊”对话框

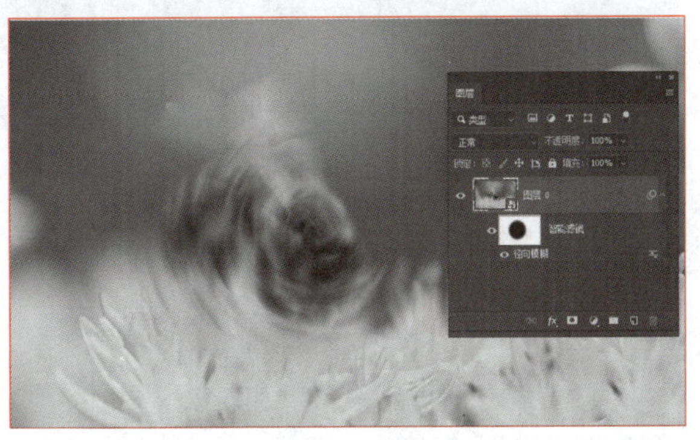

图 8-16
应用智能滤镜后的效果

8.2.2 编辑智能滤镜

用户对图像创建智能滤镜后，若对滤镜的参数设置或效果不满意，则可以根据需要对智能滤镜进行相应属性的更改。编辑智能滤镜的具体步骤如下。

① 在图 8-16 的基础上，右击“径向模糊”子图层，在弹出的快捷菜单中选择“编辑智能滤镜混合选项”命令，如图 8-17 所示。

② 弹出“混合选项(径向模糊)”对话框，设置模式为“正片叠底”、不透明度为 60%，如图 8-18 所示。

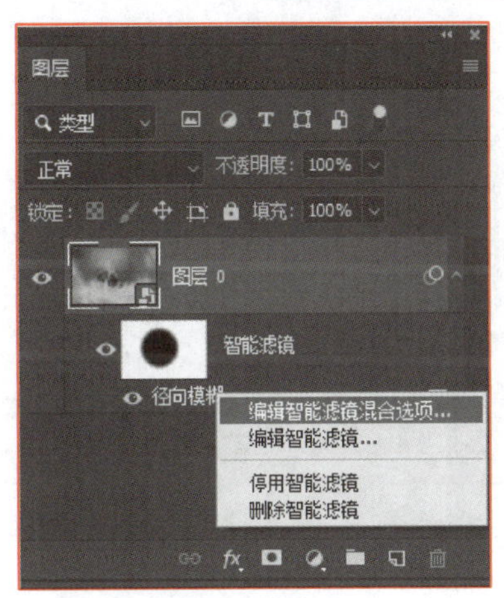

图 8-17
“编辑智能滤镜混合选项”命令

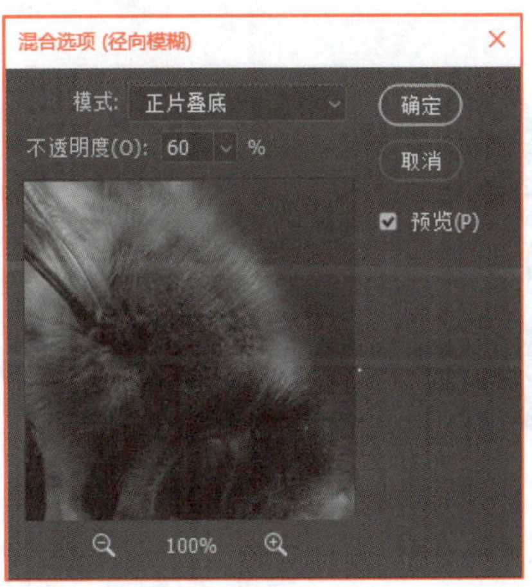

图 8-18
“混合选项(径向模糊)”对话框

③ 单击“确定”按钮，即可更改图像使用智能滤镜的效果，如图 8-19 所示。

④ 参照步骤 1 的操作方法，右击“径向模糊”子图层，在弹出的快捷菜单中选择“编辑智能滤镜”命令，弹出“径向模糊”对话框，设置数量为 80、模糊方法为“缩放”，单击“确定”按钮，即可更改图像使用智能滤镜的效果，如图 8-20 所示。

图 8-19
设置混合选项后的效果

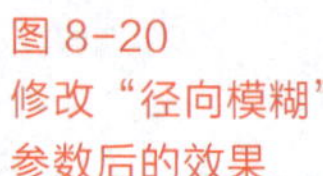

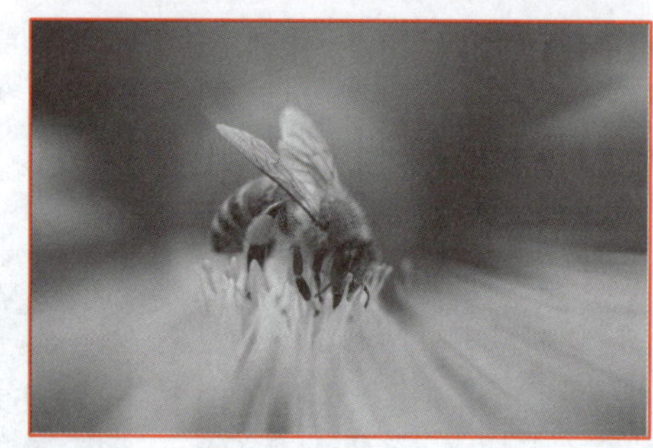

图 8-20
修改“径向模糊”参数后的效果

8.3　常用滤镜

微课 8-4
使用“风格化”滤镜

在 Photoshop 中有很多常用的滤镜，如“风格化”“模糊”“模糊画廊”“扭曲”“锐化”“像素化”“渲染”“杂色”滤镜等，下面将介绍它们的应用。

8.3.1　“风格化”滤镜

“风格化”滤镜可以将选区中的图像像素进行移动，并提高像素的对比度，从而产生印象派等特殊风格的图像效果。“风格化”滤镜包括“查找边缘”“等高线”“风”“浮雕效果”“扩散”“拼贴”“曝光过度”“凸出”“油画效果”等功能。“风格化”滤镜的具体操作步骤如下。

① 打开素材文件夹中的“江南民居.jpg”，如图 8-21 所示。

② 执行“滤镜”→“风格化”→“查找边缘”菜单命令，即可将“查找边缘”滤镜应用于图像中，效果如图 8-22 所示。

图 8-21
“江南民居”素材图片

图 8-22
应用“查找边缘”滤镜后的效果

微课 8-5
使用“模糊”滤镜

8.3.2　“模糊”滤镜

应用“模糊”滤镜，可以使图像中清晰或对比度较强烈的区域产生模糊效果。“模糊”滤镜具体包括“表面模糊”“动感模糊”“方框模糊”“高斯模糊”“进一步模糊”“径向模糊”“镜头模糊”“模糊”“平均”“特殊模糊”“形状模糊”等功能。模糊滤镜的具体操作步骤如下。

① 打开素材文件夹中的“红旗轿车.jpg”，如图 8-23 所示。

② 使用多边形套索工具选取汽车，执行“选择”→“反选”菜单命令，使选区进行

反选，执行“选择”→“修改”→“羽化”菜单命令，在弹出的对话框中设置羽化半径为10，单击“确定”按钮，羽化选区，效果如图 8-24 所示。

图 8-23
“红旗轿车”素材图片

图 8-24
创建选区

③ 执行“滤镜”→“模糊”→“径向模糊”命令，弹出“径向模糊”对话框，设置数量为 25，选中“缩放”和“最好”单选按钮，如图 8-25 所示。

④ 单击“确定”按钮，即可将“径向模糊”滤镜应用于图像中，效果如图 8-26 所示。

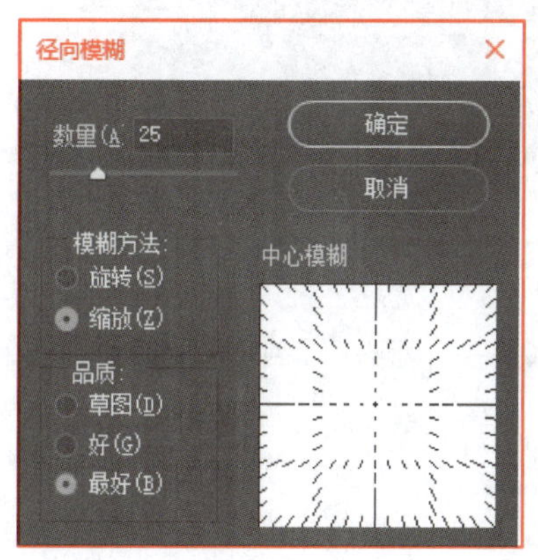

图 8-25
“径向模糊”对话框

图 8-26
应用“径向模糊”滤镜后的图像效果

8.3.3 “模糊画廊”滤镜

微课 8-6
使用“模糊画廊”滤镜

使用“模糊画廊”滤镜，可以通过直观的图像控件快速创建截然不同的照片模糊效果。“模糊画廊”滤镜包括“场景模糊”“光圈模糊”“移轴模糊”“路径模糊”“旋转模糊”等功能，具体如下。

- 场景模糊：可以根据所选中的一个场景进行大范围模糊，能设置多个位置不同的模糊程度。
- 光圈模糊：可以明显看到圆圈以内不模糊，圆圈以外有模糊效果。通过圆圈内小白条的拖动来控制模糊效果，也可以通过属性栏中的小滑块来进行模糊。目的是让人的视觉中心集中在画面中间。还可以在画面中不同的位置拖动小圆圈产生效果。
- 移轴模糊：也叫倾斜偏移，即两根实线以内不会产生模糊效果，两根实线以外产生模糊效果。在拍摄比较大的风景照片时，就可以用这种方法处理近景、中景和远景，做不同的模糊效果。

- 路径模糊：创建一个路径，在路径四周产生模糊效果。可以通过速度来控制其模糊效果，速度是它的一个模糊大小，锥度很少用，一般可以设置为 0。
- 旋转模糊：和光圈模糊类似，圆圈内部的模糊效果类似于光盘，是一圈一圈的。拖动圆圈上的小白条或属性栏的滑块来控制模糊效果。与光圈模糊的区别在于，光圈模糊是以画面的中心点进行模糊的，不可以移动位置，但是旋转模糊是可以移动位置的。

以“江南民居.jpg”文件为例，使用“光圈模糊”调整图像效果。执行“滤镜”→“模糊画廊”→“光圈模糊”菜单命令，弹出“模糊工具”对话框，设置模糊值为 15 像素，设置与效果如图 8-27 所示。

图 8-27
“光圈模糊”滤镜的设置与应用效果

微课 8-7
使用“扭曲”滤镜

8.3.4 “扭曲”滤镜

“扭曲”滤镜的主要作用是将图像按照一定的方式在几何意义上进行扭曲，使用该滤镜可以模拟产生水波、镜面、球面等效果。“扭曲”滤镜包括“波浪”“玻璃”“极坐标”“球面化”等功能。应用“扭曲”滤镜的操作步骤如下。

① 打开素材文件夹中的“雪山.jpg”，如图 8-28 所示。

② 选取椭圆工具，绘制一个大小合适的椭圆选区，执行“选择”→“修改”→“羽化”菜单命令，在弹出的对话框中设置羽化半径为 15，单击“确定”按钮，羽化选区，效果如图 8-29 所示。

图 8-28
“雪山”素材图片

图 8-29
羽化选区

③ 执行“滤镜”→“扭曲”→“波纹”菜单命令，弹出“波纹”对话框，设置数量为 300%、大小为“大”，如图 8-30 所示。

④ 单击“确定”按钮，即可将“波纹”滤镜应用于图像中，效果如图 8-31 所示。

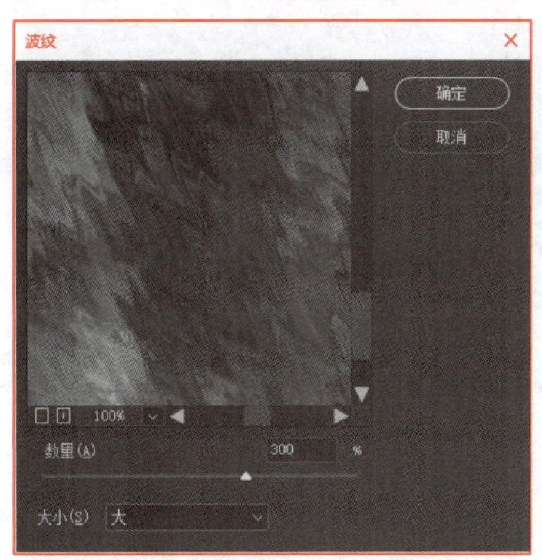

图 8-30
“波纹”对话框

图 8-31
添加“波纹”滤镜后的效果

8.3.5 “锐化”滤镜

微课 8-8
使用“锐化”滤镜

“锐化”滤镜可以通过增加图像相邻像素之间的对比度，使图像变得清晰，该滤镜可以拥有处理因摄影及扫描等原因造成模糊的图像。“锐化”滤镜包括“USM 锐化”“防抖”“进一步锐化”“锐化边缘”“智能锐化”等功能。“锐化”滤镜的具体操作步骤如下。

① 打开素材文件夹中的“火焰字.jpg”，如图 8-32 所示。

② 执行“滤镜”→“锐化”→“USM 锐化”菜单命令，弹出“USM 锐化”对话框，设置数量为 200%、半径为 5、阈值为 5，单击“确定”按钮，即可将“USM 锐化”滤镜应用于图像中，效果如图 8-33 所示。

图 8-32
“火焰字”素材图片

图 8-33
应用“USM 锐化”滤镜后的效果

8.3.6 “像素化”滤镜

微课 8-9
使用“像素化”滤镜

“像素化”滤镜主要是按照指定大小的点或块，对图像进行平均分块或平面化处理，从而产生特殊的图像效果。“像素化”滤镜主要包括“彩块化”“彩色半调”“点状化”“晶格化”“马赛克”“碎片”“铜版雕刻”等功能。现以“晶格化”为例讲解“像素化”滤镜的使用方法，具体步骤如下。

打开素材文件夹中的“蒲公英.jpg”，执行“滤镜”→“像素化”→“晶格化”菜单命令，弹出“晶格化”对话框，参数设置如图 8-34 所示，单击“确定”按钮，即可将“彩色半调”滤镜应用于图像中，效果如图 8-35 所示。

图 8-34
“晶格化”对话框

图 8-35
应用“晶格化”滤镜后的效果

微课 8-10
使用“渲染”滤镜

8.3.7 “渲染”滤镜

应用“渲染”滤镜组中的滤镜可以制作出照明、云彩图案、折射图案和模拟光的效果，其中，分层云彩和云彩效果的图案是根据前景色和背景色进行变换的。渲染滤镜的具体操作步骤如下。

① 打开素材文件夹中的“海洋.jpg”，执行“滤镜”→“渲染”→“镜头光晕”菜单命令，弹出“镜头光晕”对话框，设置亮度为 160%，选中“50-300 毫米聚焦”单选按钮，如图 8-36 所示。

② 单击“确定”按钮，即可将“镜头光晕”滤镜应用于图像中，效果如图 8-37 所示。

图 8-36
“镜头光晕”对话框

图 8-37
应用“镜头光晕”滤镜后的效果

微课 8-11
使用“杂色”滤镜

8.3.8 “杂色”滤镜

应用“杂色”滤镜可以减少图像中的杂点，也可以增加杂点，从而使图像混合时产生色彩漫散的效果。“杂色”滤镜具体的操作步骤如下。

① 打开素材文件夹中的“紫砂壶.jpg”，如图 8-38 所示。

② 执行“滤镜”→“杂色”→“添加杂色”菜单命令，弹出“添加杂色”对话框，设置数量为 12%、分布为“平均分布”，选中“单色”复选框，单击“确定”按钮，效果如图 8-39 所示。

图 8-38
“紫砂壶”素材图片

图 8-39
应用“杂色”滤镜后的效果

8.4 特殊滤镜

微课 8-12
使用“自适应广角”滤镜

特殊滤镜对于众多滤镜组中的滤镜而言，功能相对强大且独立，使用频率较高。Photoshop 中的特殊滤镜主要有“自适应广角”滤镜、“镜头校正”滤镜、“液化”滤镜和“消失点”滤镜。

8.4.1 “自适应广角”滤镜

“自适应广角”滤镜可以拉直在使用广角镜头或鱼眼镜头时产生的弯曲效果，也可以拉直一张全景图。具体步骤如下。

打开素材图片“城市广场.jpg”，执行“滤镜”→“自适应广角”菜单命令，弹出“自适应广角”对话框，如图 8-40 所示，单击“确定”按钮，即可对图像广角进行镜头校正。

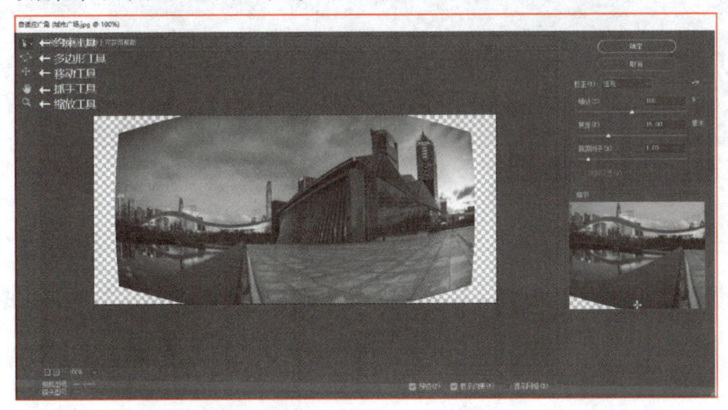

图 8-40
“自适应广角”对话框

“自适应广角”对话框中的主要参数介绍如下。

- 约束工具：选择该工具，可以沿着弯曲对象的边缘绘制约束线，并对约束对象进行自动校正。
- 多边形工具：选择该工具，可以创建多边形约束线。
- 移动工具：选择该工具，可以在画布中移动内容。
- 抓手工具：选择该工具，可以实现图像画面的移动和查看选择区域。
- 缩放工具：选择该工具，单击或拖动可以放大图像。按住<Alt>键单击或拖动，可以缩小图像。
- 校正：单击该下三角按钮，在下拉列表框中可以对校正的投影方式进行设置，其中包含“鱼眼”“透视”“自动”和“完整球面”选项。
- 缩放：通过拖动滑块或在数值框中输入数值，对图像进行缩放调整。
- 焦距：用于设置镜头焦距。

- 裁剪因子：该参数与“缩放”配合使用，以补偿应用滤镜时引入的任何空白区域。
- 细节：在进行校正时，可以在这里看到光标下的校正细节。

例如，软件会先自动进行校正。在默认状态下，可以直接在照片上拖动拉出一条直线段。在绘制过程中，拉出的线条会自动贴合画面中的线条，即表现为曲线，松开鼠标后就会变成直线。

微课 8-13
使用“镜头校正”滤镜

8.4.2 “镜头校正”滤镜

“镜头校正”滤镜可以用于对失真或倾斜的图像进行校对，还可以对图像调整扭曲、色差、晕影和变换效果，使图像恢复正常状态。具体步骤如下。

打开素材文件夹中的“小汽车.jpg”，执行“滤镜”→“镜头校正”菜单命令，弹出“镜头校正”对话框，如图 8-41 所示，选中对话框左侧的移去扭曲工具，将鼠标指针移至预览框中的图像中央，单击并拖动，单击“确定”按钮，即可对图像进行镜头校正。

图 8-41
“镜头校正”对话框

微课 8-14
使用“液化”滤镜

8.4.3 “液化”滤镜

使用“液化”滤镜可以逼真地模拟液体流动的效果，可以对图像调整弯曲、旋转、扩展和收缩等效果，但是该滤镜不能在索引模式、位图模式和多通道色彩模式的图像中使用。

① 打开素材文件夹中的“猫咪.jpg”，执行“滤镜”→“液化”菜单命令，弹出“液化”对话框，选取向前变形工具，将鼠标指针移至图像预览框的合适位置，单击并拖动鼠标，即可使图像变形，如图 8-42 所示。

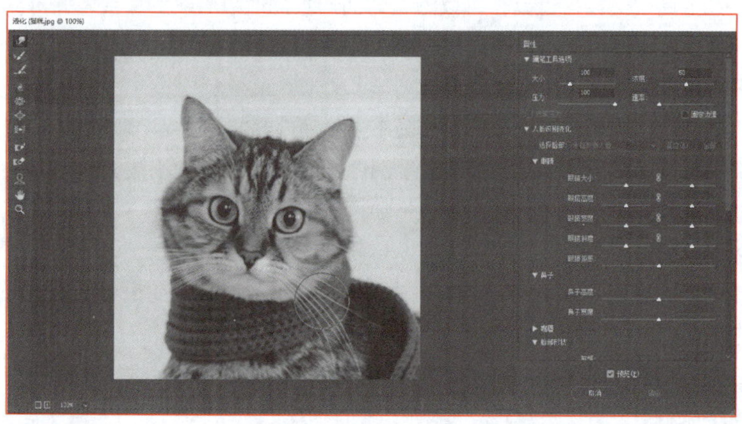

图 8-42
“液化”对话框

② 用同样的方法，在猫咪图像预览框中对图像的眼睛区域进行液化变形，如使用膨胀工具将两只眼睛变大，如图 8-43 所示。

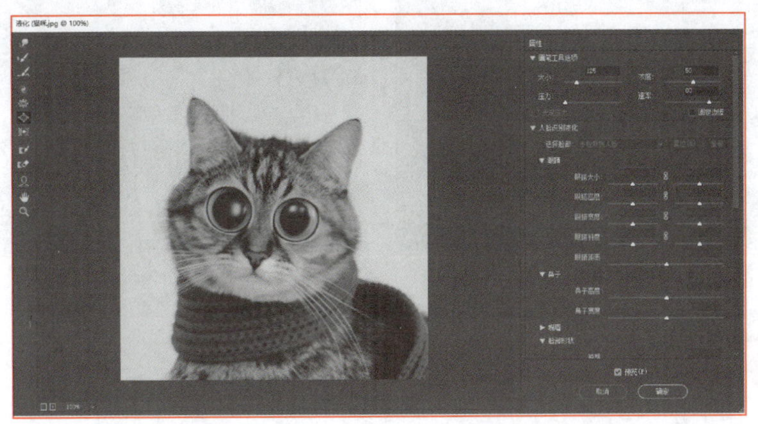

图 8-43
液化变形膨胀猫咪的双眼

③ 单击“确定”按钮，即可将预览窗口中的液化变形应用到图像编辑窗口的图像上，猫咪的双眼就会变大显示。

8.4.4 “消失点”滤镜

微课 8-15
使用“消失点”滤镜

应用“消失点”滤镜时，用户可以自定义透视参考线，从而将图像复制、转换或移动到透视结构上。对图像进行透视校正后，将通过消失点在图像中指定平面，并应用绘画、仿制、粘贴及变换等操作，对图像进行编辑。

① 打开素材文件夹中的“马路.jpg”，新建一个图层，输入“复兴大道”，如图 8-44 所示。

② 按住<Ctrl>键单击文字，得到文字选区，按<Ctrl+C>组合键复制选区内容，按<Ctrl+D>组合键取消选区，然后隐藏该图层。

③ 新建一个空白图层，执行“滤镜”→“消失点”菜单命令，弹出“消失点”对话框，单击“创建平面工具”按钮，依次单击画布中的公路上、下、左、右 4 个点，绘制透视平面，并适当调整透视矩形框，效果如图 8-45 所示。

图 8-44
输入文字“复兴大道”

图 8-45
创建透视矩形选框

④ 按<Ctrl+V>组合键粘贴文字，将鼠标指针移到文字位置，拖动鼠标到下方的消失平面上，这时文字会自动吸附到平面中，效果如图 8-46 所示。

⑤ 单击“确定”按钮，即可为图像添加“消失点”滤镜，效果如图 8-47 所示。

图 8-46
吸附文字到透视区域

图 8-47
应用“消失点”滤镜后的效果

8.5　综合案例：大理石纹理壁纸的制作

微课 8-16
大理石纹理壁纸的制作

8.5.1　效果展示

本例通过运用滤镜来制作大理石纹理石材壁纸，效果如图 8-48 所示。

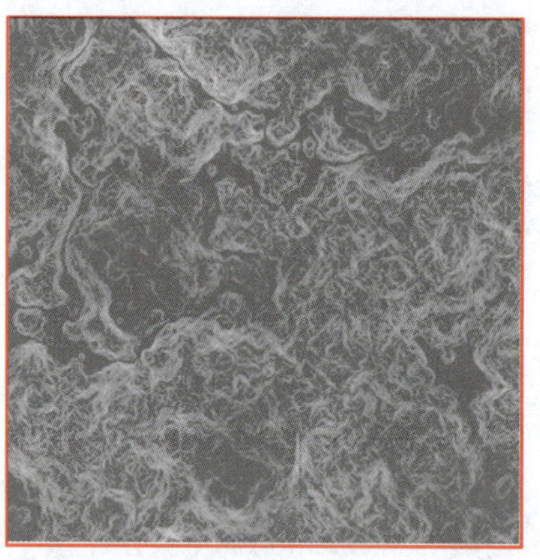

图 8-48
大理石纹理石材壁纸效果

素养小贴士　认识劳动精神

劳动精神是指崇尚劳动、热爱劳动、辛勤劳动、诚实劳动的精神。

8.5.2　实现过程

本案例操作步骤如下。

① 执行“文件”→“新建”菜单命令（或按快捷键<Ctrl+N>），新建一个文件，命名为“大理石纹理石材壁纸.psd”，设置宽度为 600 像素、高度为 600 像素、背景为黑色。

② 执行“滤镜”→“渲染”→“分层云彩”菜单命令，再次或多次应用“分层云彩”滤镜，形成近似大理石的纹理效果，如图 8-49 所示。

③ 执行“图像”→“调整”→“色阶”菜单命令，调整“色阶”参数，如图 8-50 所示，增加对比度的效果，单击“确定”按钮，如图 8-51 所示。

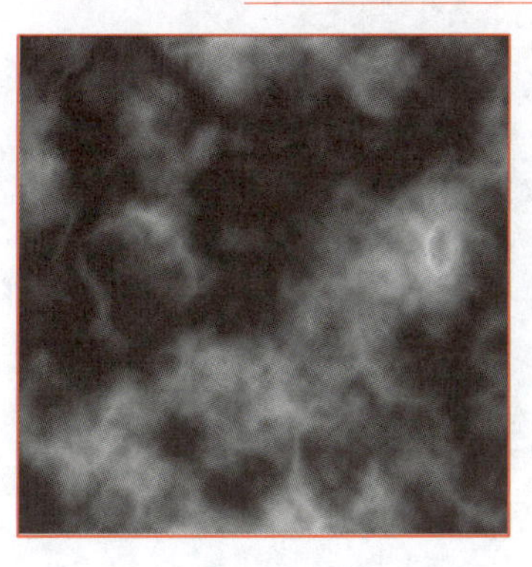

图 8-49
应用“分层云彩”滤镜后的效果

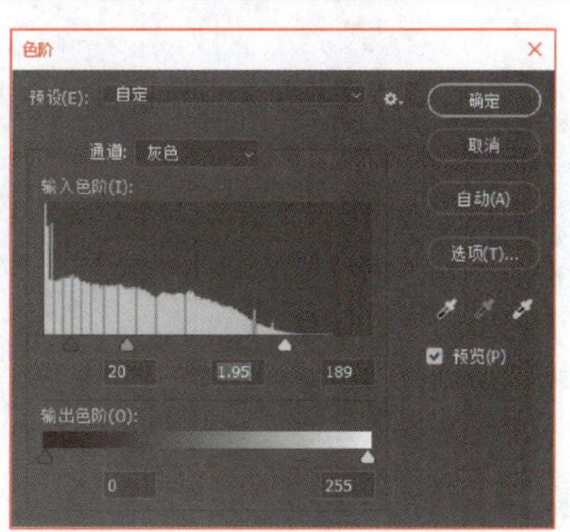

图 8-50
“色阶”对话框

④ 新建一个图层，执行“滤镜”→“渲染”→“云彩”菜单命令，把图层混合模式更改为“正片叠底”，调整色阶，将图像调亮，效果如图 8-52 所示。

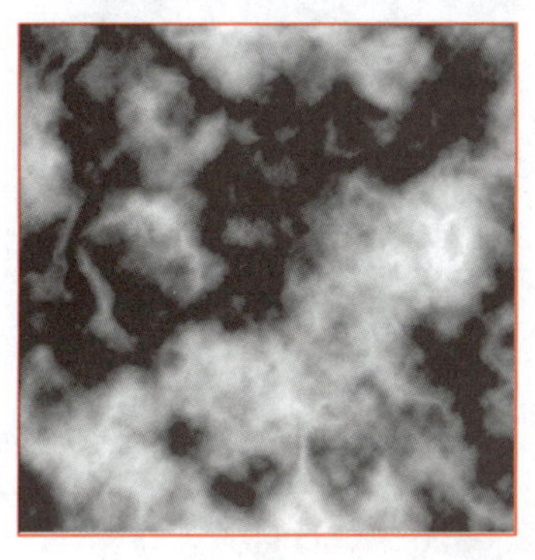

图 8-51
色阶调整后的图像效果

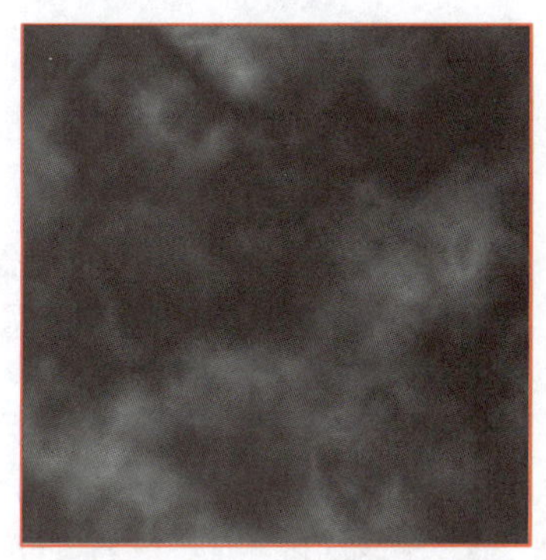

图 8-52
增加图层混合模式后的效果

⑤ 双击“背景”图层，弹出“新建图层”对话框，单击“确定”按钮，解除图层锁定，对“图层 2”填充大理石颜色，如图 8-53 所示。

图 8-53
增加背景颜色后的效果

⑥ 把“图层 0”的混合模式设置为“滤色”，使裂纹渗透到下面的图层，如图 8-54 所示。

⑦ 选择“图层 1”，执行“图层”→“向下合并”菜单命令，将“图层 1”与“图层 0”合并。

⑧ 执行“滤镜”→“风格化”→“查找边缘”菜单命令，应用“风格化”滤镜后的效果如图 8-55 所示。

⑨ 执行“图像”→“调整”→“反相”菜单命令，反相后的效果如图 8-56 所示。

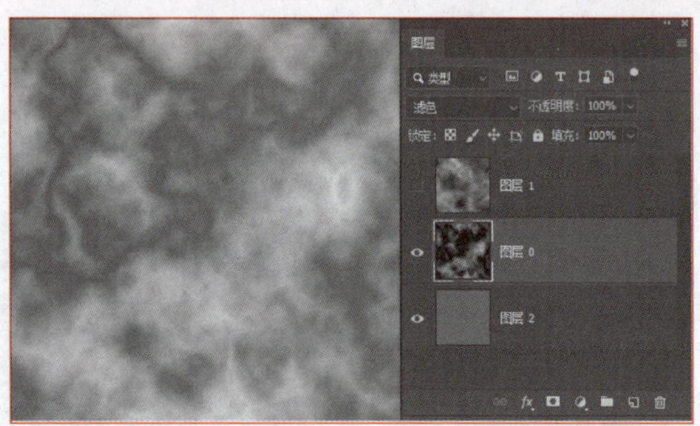

图 8-54
设置“图层 0”混合模式为“滤色”后的效果

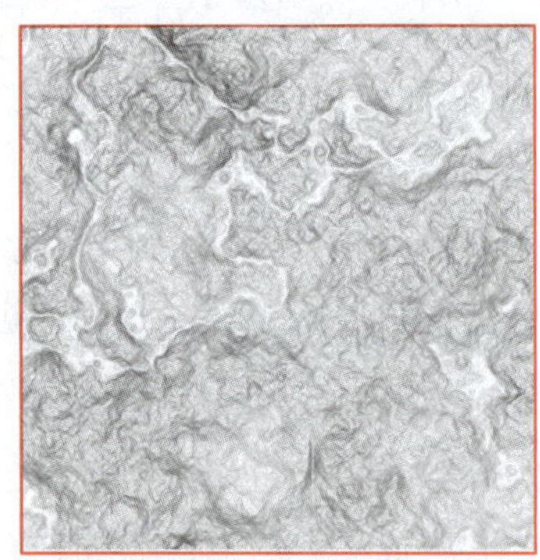

图 8-55
应用“风格化”滤镜后的效果

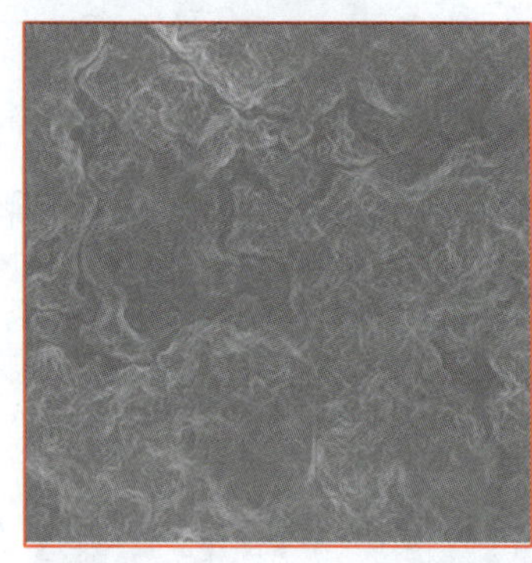

图 8-56
反相后的效果

⑩ 最后，根据需要可以调整“色相饱和度”，调整大理石的颜色部分，效果如图 8-49 所示。

任务实施：中国传统水墨画特效制作

1. 任务分析

传统水墨画在外在表现形式和内在承载思想方面都离不开中国传统文化，要想实现中国传统水墨画风格，就需要把图片转为黑白，用滤镜等增加水墨纹理，所以在处理的过程中需要注意图片的背景，水墨纹理控制范围等，还可以为烘托效果通过滤镜库与蒙版结合制作出画框的效果来烘托出整体效果。

2. 技能要点

核心技能要点：渲染滤镜里面的分层云彩、云彩等滤镜，图层的混合模式、饱和度的调整等。

微课 8-17
中国传统水墨画特效制作

3. 实现过程

水墨国画效果，需要先把图片转为黑白，再用滤镜等增加水墨纹理，在处理的过程中需要注意图片的背景，水墨纹理控制范围等。

具体实现步骤如下。

① 执行“文件”→“新建”菜单命令（或快捷键<Ctrl+N>），新建一文档，设置宽度为 440 像素、高度为 600 像素、背景为白色，执行“文件”→“另存为”菜单命令，将文档命名为“中国传统水墨画特效.psd”，打开素材图像“荷花”，将其复制粘贴到文档中。

② 执行“图像”→“调整”→“阴影/高光”菜单命令，打开“阴影/高光”对话框，

设置阴影“数量”为 90%、高光“数量”为 30%，如图 8-57 所示，单击“确定”按钮，效果如图 8-58 所示。

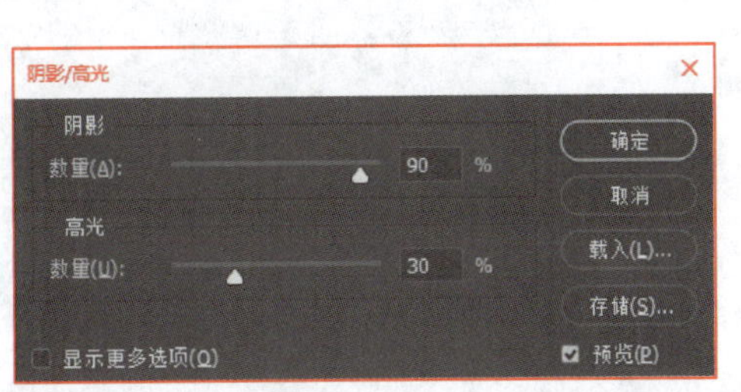

图 8-57
“阴影/高光”对话框

图 8-58
设置“阴影/高光”后的效果

③ 执行“图像”→“调整”→“黑白”菜单命令，打开“黑白”对话框，如图 8-59 所示，默认设置即可（也可以根据需要自行调整相关参数设置），单击“确定”按钮，效果如图 8-60 所示。

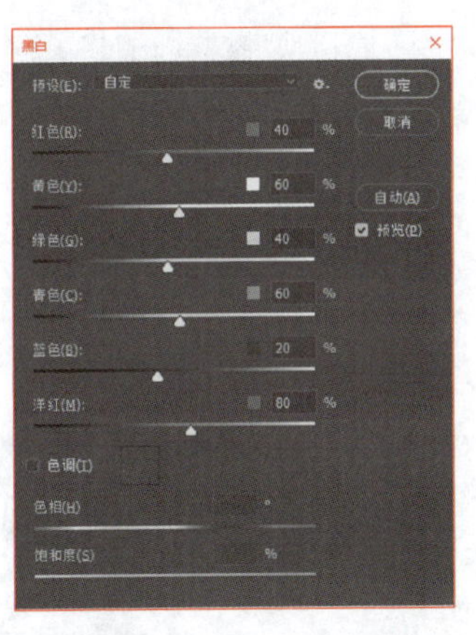

图 8-59
“黑白”对话框

图 8-60
“黑白”调整后的效果

④ 执行“选择”→“色彩范围”菜单命令，打开“色彩范围”对话框，如图 8-61 所示，设置颜色容差为 70，用吸光工具吸取图像中的黑色区域，单击“确定”按钮，效果如图 8-62 所示。

图 8-61
“色彩范围”对话框

图 8-62
“色彩范围”设置后的效果

⑤ 执行“图像”→“调整”→“反相”菜单命令（或按快捷键<Ctrl+I>），将黑色背景转为白色，效果如图 8-63 所示。

⑥ 把当前图层复制两层，设置最上面的图层混合模式为“颜色减淡”，如图 8-64 所示。

图 8-63
背景变白后的效果

图 8-64
复制图层与设置“颜色减淡”后的效果

⑦ 执行“图像”→“调整”→“反相”菜单命令（或按快捷键<Ctrl+I>），再执行“滤镜”→“其他”→“最小值”命令，效果如图 8-65 所示。

⑧ 执行“图层”→“向下合并”菜单命令（或按快捷键<Ctrl+E>），选择底层的“荷花”图层，执行“滤镜”→“滤镜库”菜单命令，在“滤镜库”对话框中选择“画笔描边”中的“喷溅”效果，设置喷色半径为 6 像素、平滑度为 4 像素，单击“确定”按钮，效果如图 8-66 所示。

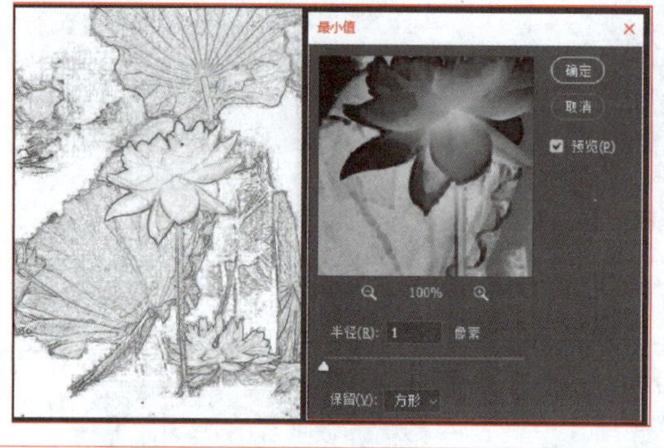

图 8-65
图层设置反相与最小值滤镜后的效果

图 8-66
底层“荷花”图层设置“喷溅”滤镜效果

⑨ 选择上层的“荷花 拷贝”图层，使用橡皮擦工具把荷叶部分擦出来，初步呈现水墨效果，如图 8-67 所示。执行“图层”→“合并图层”菜单命令（或按快捷键<Ctrl+E>），合并图层，执行“滤镜”→“滤镜库”菜单命令，在“滤镜库”对话框中选择“纹理”中的“纹理化”效果，设置纹理类型为“画布”、纹理缩放为 60%、纹理凸现为“5 像素”，单击“确定”按钮，效果如图 8-68 所示。

⑩ 执行“图像”→“调整”→“照片滤镜”菜单命令，保持默认设置（增加仿古色），效果如图 8-69 所示。

图 8-67
橡皮擦工具擦除上层荷叶后的效果

图 8-68
设置“纹理”滤镜后的效果

图 8-69
设置“照片”滤镜后的效果

⑪ 打开题款素材“荷香题款.tif”，将其复制粘贴到文档中，调整大小与位置，打开图章素材“日利.tif”，将其复制粘贴到文档中，调整大小与位置，效果如图 8-70 所示。

⑫ 打开图章素材“落款.tif”，将其复制粘贴到文档中，调整大小与位置，效果如图 8-71 所示。

图 8-70
插入题款与图章

图 8-71
插入落款图章后的效果

⑬ 执行“图像”→“画布大小”菜单命令，修改“中国传统水墨画特效.psd”文档的画布大小，设置宽为 640 像素、高 800 像素。

⑭ 在“背景”图层的上方新建一图层，命名为“照片背景”，并将其填充为浅灰色（# adabad）。执行“滤镜”→“滤镜库”菜单命令，在“滤镜库”对话框中选择“艺术效果”中的“胶片颗粒”效果，设置颗粒大小为 5，单击“确定”按钮，效果如图 8-72 所示。

⑮ 在“照片背景”图层中建立矩形选区，依据刚建立的选区建立图层蒙版。单击“照片背景”图层中的蒙版，使其四周出现边框，处于选中状态。执行“滤镜”→“滤镜库”菜单命令，在“滤镜库”对话框中选择“画笔描边”中的“喷溅”效果，设置喷溅半径为 20、平滑度为 4，单击“确定”按钮，效果如图 8-73 所示。

⑯ 给“背景”图层添加“斜面和浮雕”效果，如图 8-2 所示。

图 8-72
背景的胶片颗粒效果

图 8-73
背景蒙版的喷溅效果

任务拓展

1. 滤镜的应用技巧

在使用 Photoshop 滤镜时，有很多技巧，如果能熟练掌握，可以大大提高工作效率。

技巧 1:

滤镜处理图像时，可应用于当前选区范围、当前图层、图层蒙版或通道，如果创建了选区，滤镜只处理选区内的图像。此外，滤镜还可以处理快速蒙版。

技巧 2:

滤镜的处理效果是以像素为单位进行计算的，因此，相同的参数处理不同分辨率的图像，其效果也会不同。

技巧 3:

上次使用的滤镜显示在“滤镜”菜单顶部，按<Ctrl+Alt+F>组合键，可再次以相同参数应用上一次的滤镜。

技巧 4:

在滤镜界面中，按住<Alt>键，“取消”按钮会变成“复位”按钮，可还原初始状况。想要放大在滤镜界面中的图像预览，直接按住<Ctrl>键，单击预览区域即可放大图像；反之，按住<Alt>键，预览区域内的图像便变小。

2. 制作水墨风格画

本例将结合滤镜实现水墨风格画效果。

① 在 Photoshop 中打开素材“古镇.jpg”，如图 8-74 所示，复制图层，生成“背景 副本”图层，执行“图像”→“调整”→“去色”菜单命令，去除“背景 副本”图层的颜色，执行“滤镜”→“模糊”→“高斯模糊”菜单命令，设置半径为 5 像素，单击“确定”按钮，效果如图 8-75 所示。

② 执行“滤镜”→“滤镜库”菜单命令，在弹出的对话框中选择“画笔描边”中的“喷溅”效果，如图 8-76 所示。

③ 再执行“滤镜”→“其他”→“最小值”菜单命令，设置半径为 2 像素，效果如图 8-77 所示。

图 8-74
“古镇”素材图像

图 8-75
去色与高斯模糊后的效果

图 8-76
“喷溅”滤镜效果

图 8-77
“最小值”滤镜效果

④ 然后复制“背景 副本”图层，生成“背景 副本 2”图层，设置其混合模式为“柔光”，效果如图 8-78 所示。

⑤ 复制“背景 副本”图层，生成“背景 副本 3”图层，移至顶层，同样执行“高斯模糊”滤镜，然后设置混合模式为“柔光”、不透明度为 50%，效果如图 8-79 所示。

图 8-78
复制图层设置柔光效果

图 8-79
最终水墨风格效果

项目实训：应用滤镜制作火焰字

全面建设社会主义现代化国家，必须坚持中国特色社会主义文化发展道路，增强文化自信，围绕举旗帜、聚民心、育新人、兴文化、展形象建设社会主义文化强国，发展面向现代化、面向世界、面向未来的，民族的科学的大众的社会主义文化，激发全民族文化创新创造活力，增强实现中华民族伟大复兴的精神力量。在庆祝中国共产党成立一百周年天安门广场庆典上，青年学子的庄严宣誓：强国有我。“请党放心，强国有我”是青年一代对党和人民许下的庄重誓言，彰显着新时代中国青年的志气、骨气、底气。

微课 8-18
火焰字制作方式 1

微课 8-19
火焰字制作方式 2

请使用滤镜功能实现“强国有我”“不负韶华”两种不同火焰字的效果，如图 8-80 所示。

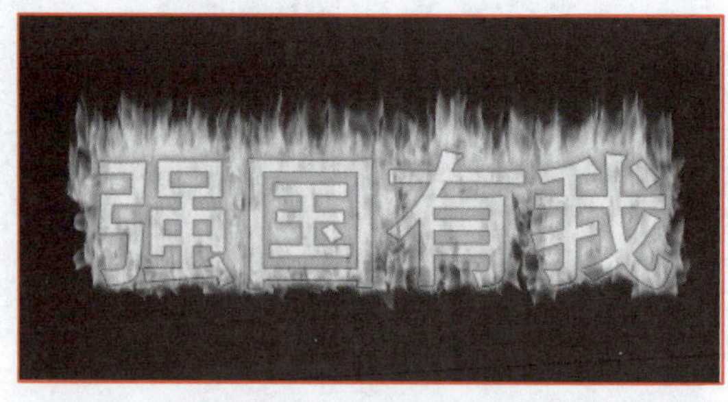

图 8-80
“强国有我”火焰字效果

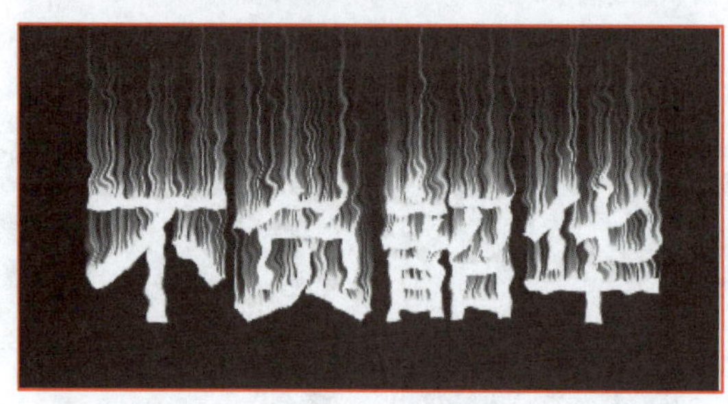

图 8-81
“不负韶华”火焰字效果

任务 9 使用时间轴与动作

Photoshop 中的动作为用户提供了一条大幅度提高工作效率的捷径，通过应用动作，能够让 Photoshop 按预定的顺序执行已经设计的数个甚至数十个操作步骤，从而提高工作效率，通过制作动画，可以增添图像的动感和趣味。

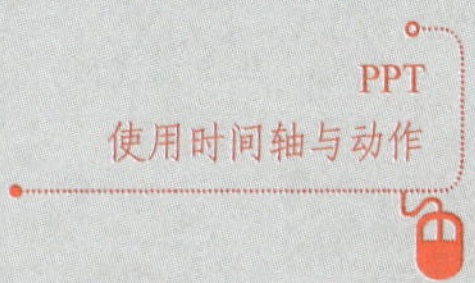

教学导航

知识目标	● 了解动画的概念与原理 ● 了解动作的概念与原理
能力目标	● 掌握动画的制作方法 ● 掌握动作创建与录制的方法 ● 掌握批处理的操作过程
素质目标	● 坚定理想信念，主动践行中华民族伟大复兴的中国梦 ● 具备分析问题、解决问题的能力
本单元重点	● 动画的制作方法 ● 动作的创建、录制、应用 ● 批处理图像的方法
本单元难点	● 动作的创建、录制、应用 ● 批处理命令的使用
教学方法	任务驱动法、讲授法、演示法、案例教学法
建议课时	4 课时

任务展示：檀香扇扇面的设计与制作

本例通过利用动作功能制作檀木香扇，从而提高效率和减轻劳动强度，效果如图 9-1 所示。

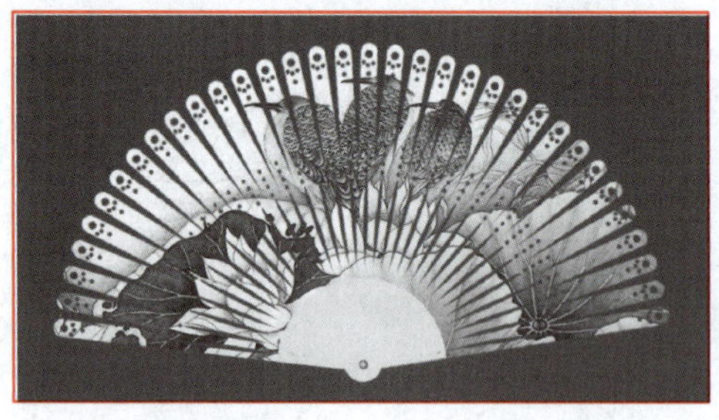

图 9-1
檀香扇扇面的设计效果

素养小贴士　中国传统文化——扇文化

中国历来被誉为“制扇王国”，传统扇文化有着深厚的文化底蕴，是中华民族文化的一个组成部分。其中，以檀香扇（江苏）、火画扇（广东）、竹丝扇（四川）、绫绢扇（浙江）最为出名，并称中国的四大名扇。

知识准备

9.1　动画简介

9.1.1　动画的原理

动画是利用人的“视觉暂留”特性，连续播放一系列画面，给视觉造成连续变化的

图画，如图 9-2 所示。它的基本原理与视频一样，都是视觉原理。

图 9-2
连续画面

“视觉暂留”特性是人的眼睛看到一幅画（或一个物体）后，图像在 1/24 秒内不会消失。利用这一原理，在一幅画还没有消失前播放下一幅画，就会给人造成一种流畅的视觉变化效果。

9.1.2 认识“时间轴”面板

微课 9-1
认识“时间轴”面板

打开素材文件夹中的素材“新年快乐.gif”，执行“窗口”→“时间轴”菜单命令，打开“时间轴”面板，如图 9-3 所示。

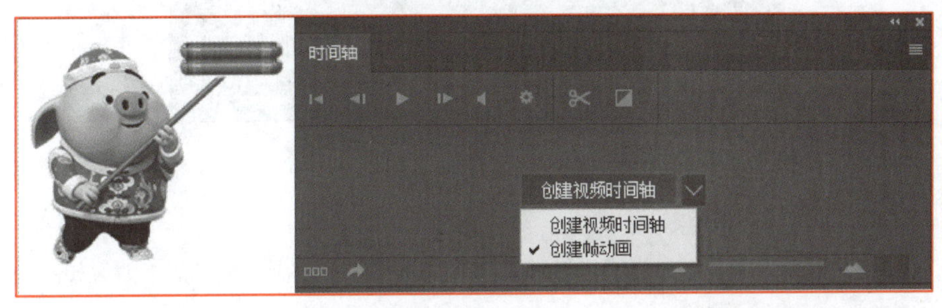

图 9-3
“时间轴”面板

单击“创建帧动画”按钮，即可进入创建“帧动画”模式，如图 9-4 所示。

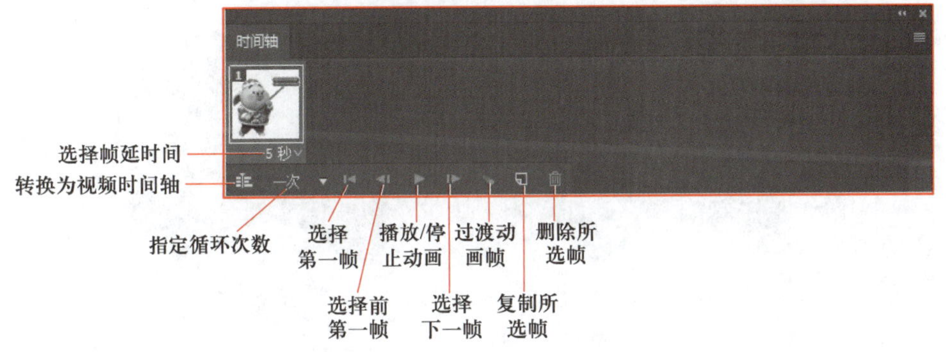

图 9-4
动画“时间轴”面板

- “选择帧延时间”按钮 5 秒：设置每一帧的播放时间。
- “转换为视频时间轴”按钮：单击该按钮，动画面板会由“帧”切换到“视频时间轴”状态。
- “指定循环次数”下拉按钮 一次：动画执行的循环次数，默认为一次。单击该按钮，将弹出一个下拉列表框，其中包括“一次”“3 次”“永远”和“其他”4 个选项。

a. 一次：选择该项后，动画只播放 1 次。

b. 3 次：表示循环 3 次。

c. 永远：选择该项后，动画将不停地连续播放。

d. 其他：选择该项后，将弹出“设置循环次数”对话框，用户可以自定义动画的播放次数。

- “选择第一帧”按钮：单击该按钮，返回第一帧的状态。
- “选择前一帧”按钮：单击该按钮，返回前一帧的状态。
- “播放动画”按钮：单击该按钮，播放动画，播放后会出现“停止”按钮。
- “选择下一帧”按钮：单击该按钮，返回下一帧的状态。
- “过渡动画帧”按钮：单击该按钮，会弹出“过渡”对话框。
- “复制所选帧”按钮：单击该按钮，会复制所选帧。
- “删除所选帧”按钮：单击该按钮，会删除所选帧。

设置循环次数为“永远”，单击“复制所选帧”按钮，会复制所选帧，再次单击，将会再次复制，连续单击“复制所选帧”按钮后的效果如图 9-5 所示。

图 9-5
设置循环次数与复制所选帧的效果

微课 9-2
剪纸说话 GIF 动画制作

9.1.3　案例：制作 GIF 动画

本例将利用两幅剪纸风格图片与时间轴制作一个虎口献福 GIF 动画，效果如图 9-6 所示。

(a) 闭嘴状态

(b) 张嘴献福状态

图 9-6
虎口献福剪纸说话 GIF 动画

具体实现步骤如下。

① 执行“文件”→“新建”菜单命令，新建一个文档，命名为“虎口献福剪纸风格 GIF 动画.psd”，设置宽度为 430 像素、高度为 430 像素、背景为“透明”。

② 打开素材文件夹中的“状态 1 闭嘴.png”，将其复制到文档中，如图 9-7 所示。

③ 打开素材文件夹中的“状态 2 张嘴.png”，将其复制到文档中，如图 9-8 所示。

④ 执行“窗口”→“时间轴”菜单命令，打开“时间轴”面板，单击“创建帧动画”按钮，进入创建“帧动画”模式。

⑤ 单击“复制所选帧”按钮，复制所选帧，如图 9-9 所示。

图 9-7
插入“状态 1 闭嘴”素材

图 9-8
插入“状态 2 张嘴”素材

图 9-9
复制当前第 1 帧后的效果

⑥ 复制所选帧后两帧的内容一样，无法实现动画效果，需要修改帧的显示内容。选择第 1 帧，在“图层”面板中单击“状态 2 张嘴”前方的“指示图层可见性”按钮，将显示状态修改为关闭状态，如图 9-10 所示。

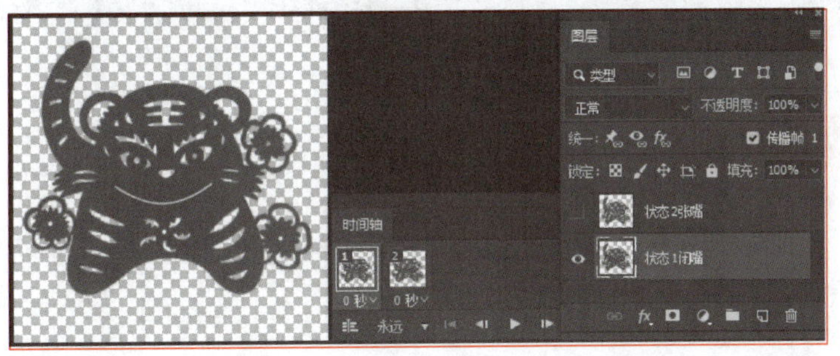

图 9-10
设置第 1 帧

⑦ 选择第 2 帧，在“图层”面板中单击“状态 2 张嘴”图层前方的“指示图层可见性”按钮，将关闭状态修改为显示状态，同时设置“状态 1 闭嘴”图层前方的“指示图层可见性”按钮，将显示按钮修改为关闭状态，如图 9-11 所示。

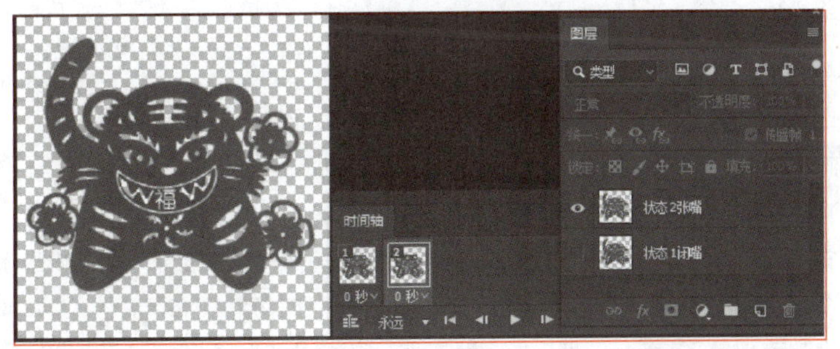

图 9-11
设置第 2 帧

⑧ 单击“播放动画”按钮，测试动画，发现老虎张嘴说话速度太快，所以单击“选择帧延时间”按钮，将“0 秒”修改为“0.2 秒”，再次单击“播放动画”按钮，动画播放正常。

⑨ 执行“文件”→“导出”→“存储为 Web 所用格式（旧版）”菜单命令，弹出“存

储为 Web 所用格式”对话框，如图 9-12 所示，默认参数即可输出 GIF 动画，单击“存储”按钮，保存名称为“虎口献福剪纸说话 GIF 动画.gif”，设置保存路径。生成的“虎口献福剪纸说话 Gif 动画.gif”动画可以应用到网络，或者插入 PPT 中。

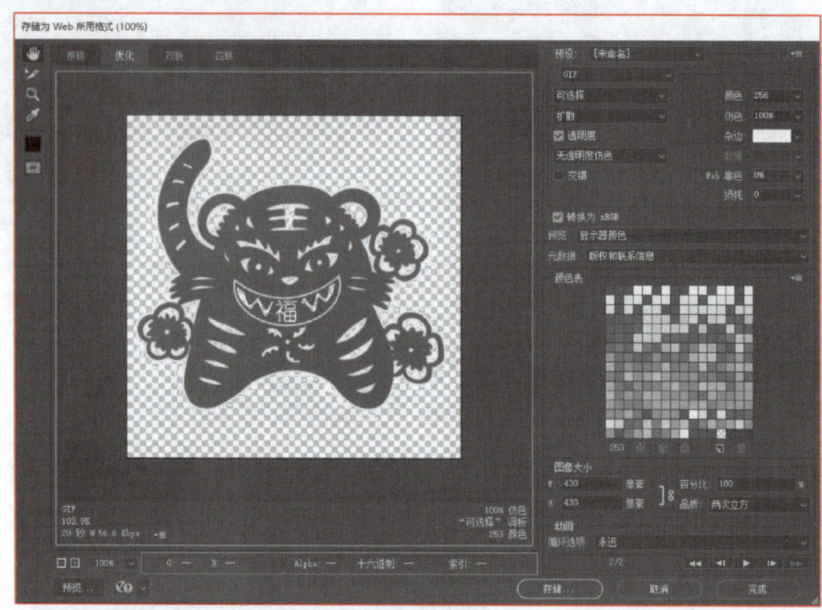

图 9-12
“存储为 Web 所用格式”对话框

9.2　动作的使用

9.2.1　动作的基本功能

“动作”实际上是一组命令，其基本功能主要体现在以下两个方面。

- 一方面将常用的两个或多个命令及其他操作组合为一个动作，在执行相同操作时，直接执行该动作即可。
- 另一方面对于 Photoshop 的滤镜，若对其使用动作功能，可以将多个滤镜操作录制成一个单独的动作。执行该动作，就像执行一个滤镜，可对图像快速执行多种滤镜的处理。

9.2.2　“动作”面板

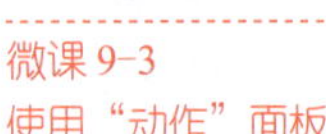

微课 9-3
使用“动作”面板

“动作”面板是创建、编辑和执行动作的主要场所，执行“窗口”→“动作”菜单命令（或按快捷键<Alt+F9>），即可打开“动作”面板。

“动作”面板以标准模式（如图 9-13 所示）和按钮模式（如图 9-14 所示）存在。

要切换标准模式与按钮模式，可以单击“动作”面板右上角的小三角按钮，在弹出的“动作”面板菜单中选择“标准模式”或“按钮模式”选项即可。

“动作”面板中的主要选项含义如下。

- “切换对话开/关”按钮：当出现该按钮时，表示动作执行到该步时会暂停。
- “切换项目开/关”按钮：可以设置允许/禁止执行动作组中的动作、选定动作或动作中的命令。

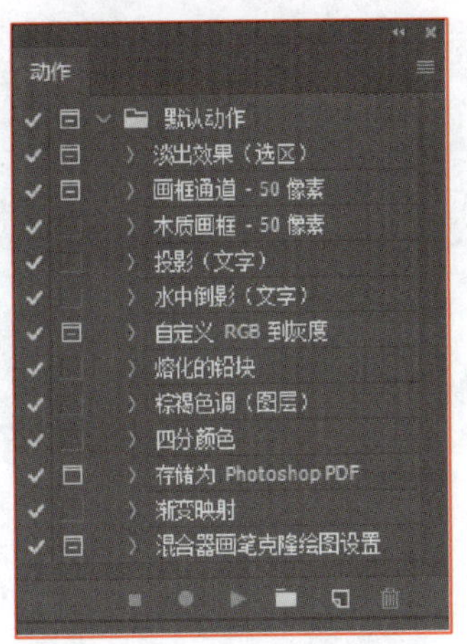

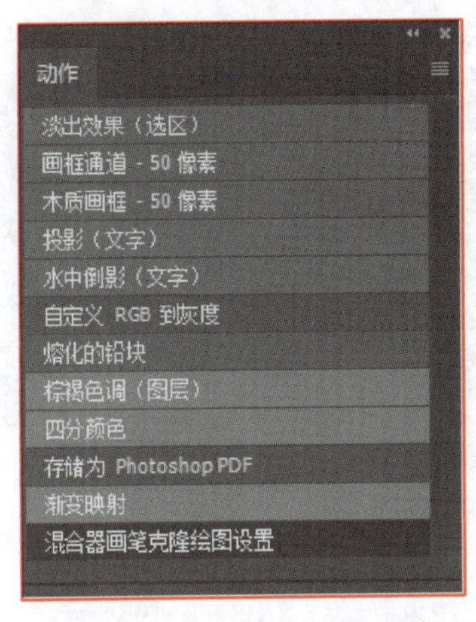

图 9-13
“动作”面板标准模式

图 9-14
“动作”面板按钮模式

- “展开/折叠”按钮：单击该按钮，可以展开/折叠动作组，以便存放新的动作。
- “创建新动作”按钮：单击该按钮，可以创建一个新动作。
- “删除”按钮：单击该按钮，在弹出的提示信息框中单击“确定”按钮，即可删除当前选择的动作。
- “创建新组”按钮：单击该按钮，可以创建一个新的动作组。
- “开始记录”按钮：单击该按钮，可以开始录制动作。
- “播放选定的动作”按钮：单击该按钮，可以播放当前选择的动作。
- “停止播放/记录”按钮：该按钮只有在记录动作或播放动作时才可以使用，单击该按钮，可以停止当前的记录或播放操作。

微课 9-4
创建与录制动作

9.2.3 创建与录制动作

使用动作之前，需要对动作进行创建和录制动作，具体操作步骤如下。

① 执行“窗口”→“动作”菜单命令，打开“动作”面板，如图 9-15 所示，单击面板底部的“创建新组”按钮。

② 弹出“新建组”对话框，在“名称”文本框中输入“组 1”，如图 9-16 所示。

图 9-15
“动作”面板

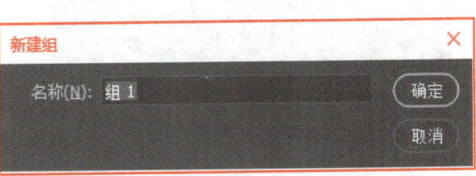

图 9-16
“新建组”对话框

③ 单击“确定”按钮，即可创建一个名为“组 1”的新组，如图 9-17 所示。

④ 执行“文件”→“打开”菜单命令，打开素材文件夹中的“竹海.jpg”，如图 9-18 所示。

图 9-17
“动作”面板

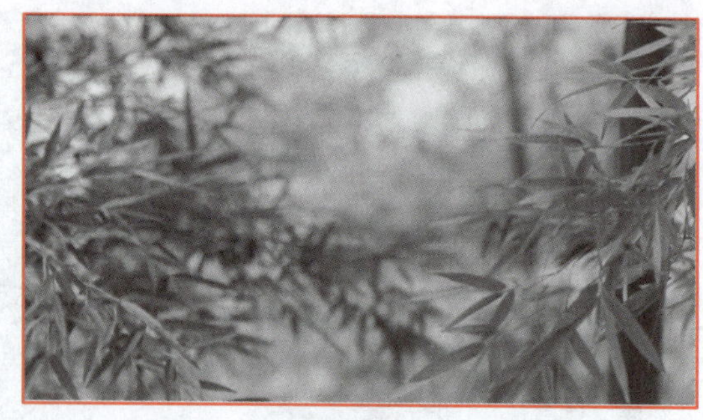
图 9-18
“竹海”素材

⑤ 展开“动作”面板，选择“自定义动作”组，单击面板底部的“创建新动作”按钮，弹出“新建动作”对话框，设置“名称”为“图像色彩调整”，单击“记录”按钮，即可开始录制动作，如图 9-19 所示。

⑥ 执行“图像”→“调整”→“亮度/对比度”菜单命令，弹出“亮度/对比度”对话框，设置亮度为-10、对比度为-50，如图 9-20 所示。

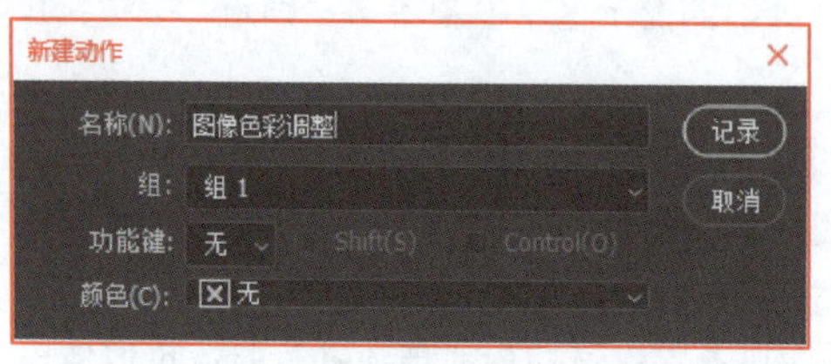

图 9-19
“新建动作”对话框

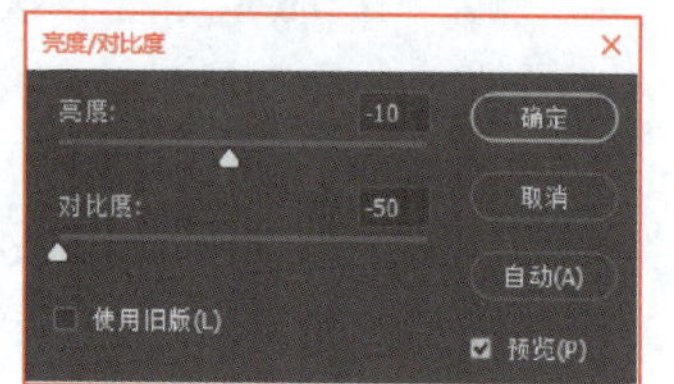

图 9-20
“亮度/对比度”对话框

⑦ 执行“图像”→“调整”→“色相/饱和度”菜单命令，弹出“色相/饱和度”对话框，设置色相为+10、饱和度为-40、明度为-15，如图 9-21 所示。

⑧ 单击“动作”面板底部的“停止播放/记录”按钮，完成新动作的录制，新建后的“动作”面板如图 9-22 所示。

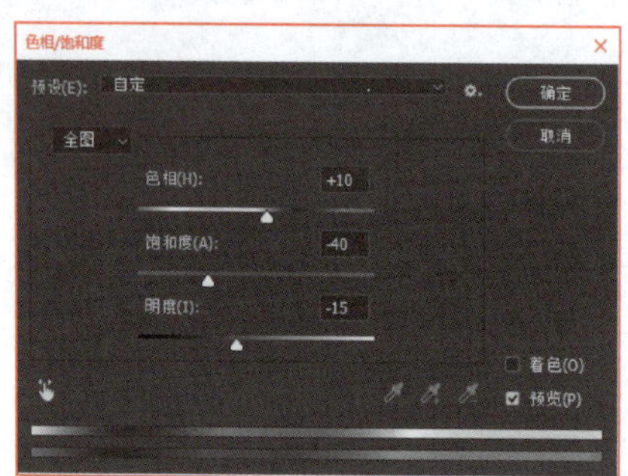

图 9-21
“色相/饱和度”对话框

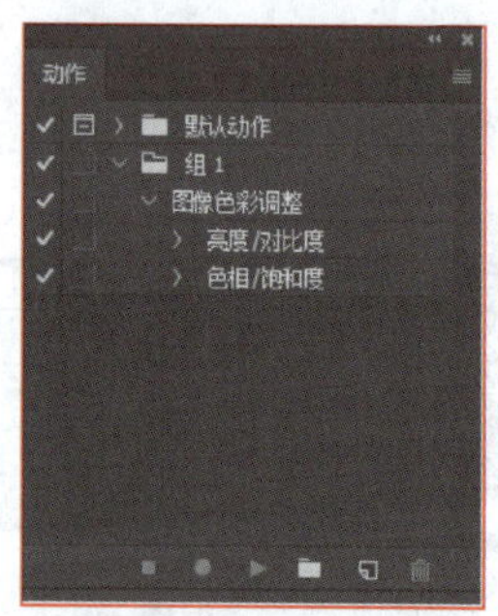

图 9-22
新建后的“动作”面板

微课 9-5
播放动作

9.2.4　播放动作

用户可以播放“动作”面板中自带的动作，用于快速处理图像，具体操作步骤如下。

① 执行“文件”→“打开”菜单命令，打开素材文件夹中的“瀑布.jpg”，如图 9-23 所示。

② 单击“动作”面板右上角的小三角按钮，在弹出的菜单中选择“图像效果”选项，这时面板中会显示具体的图像效果，如图 9-24 所示。

图 9-23
“瀑布”素材图像

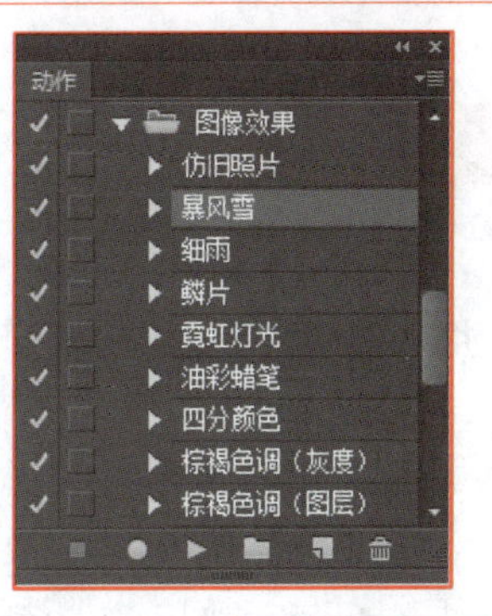

图 9-24
选择“图像效果”选项

③ 选择“图像效果”中的“暴风雪”动作，单击“动作”面板底部的“播放选定的动作”按钮，即可进行播放，效果如图 9-25 所示。

图 9-25
播放“暴风雪”动作后的效果

9.2.5 复制和删除动作

进行动作操作时，有些动作是相同的，可以将其复制，节省时间，提高工作效率，在编辑动作时，用户也可以删除不需要的动作。

复制动作的具体操作步骤如下。

① 在“动作”面板中选择“淡出效果 (选区)”动作，如图 9-26 所示。

② 单击面板右上角的三角形按钮，在弹出的菜单中选择“复制”选项，即可复制动作，效果如图 9-27 所示。

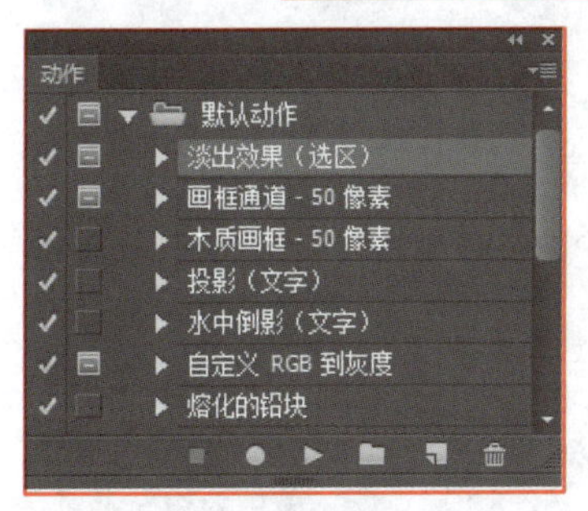

图 9-26
选择“淡出效果 (选区)”动作

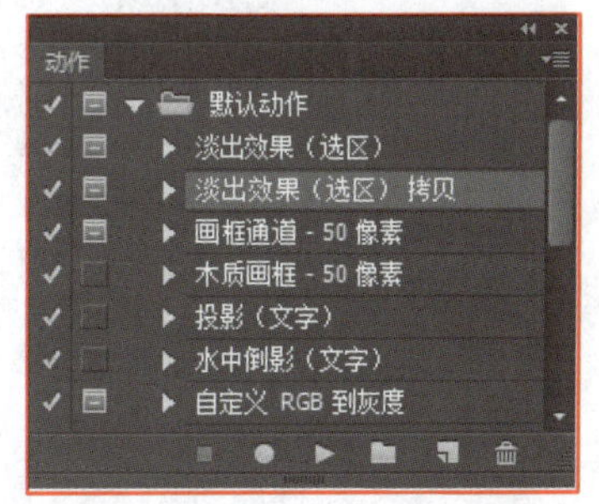

图 9-27
复制动作

删除动作的具体操作步骤如下。

① 在“动作”面板中选择“淡出效果 (选区) 拷贝”动作。

② 单击面板右上角的三角形按钮，在弹出的菜单中选择“删除”选项，在弹出的

信息提示框中单击“确定”按钮，即可删除动作。

9.3　批处理

微课 9-6
批处理图像

自动化功能是 Photoshop 为用户提供的快速完成工作任务、大幅度提高工作效率的功能。自动化功能包括批处理、创建快捷批处理、更改条件模式、限制图像等。

9.3.1　批处理图像

批处理是指一个指定的动作应用于某文件夹中的所有图像或当前打开的多幅图像，从而大大节省时间。批处理图像的具体操作步骤如下。

① 执行“文件”→“自动”→“批处理”菜单命令，弹出“批处理”对话框，在“播放”选项区域中设置“组”为“图像效果”、“动作”为“暴风雪”，设置“源”文件夹为 E 盘下的“批处理图像”文件夹、“目标”文件夹为 E 盘下的“批处理图像输出”文件夹，如图 9-28 所示。

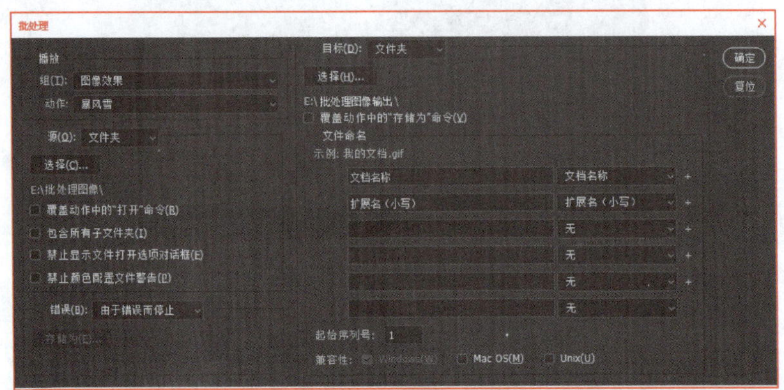

图 9-28
“批处理”对话框

② 单击“确定”按钮，即可批处理相同文件夹中的图像，效果如图 9-29 所示。

(a) 古建筑

(b) 黄山迎客松

(c) 龙脊梯田

(d) 熊猫

图 9-29
批处理“暴风雪”后的效果

“批处理”命令是以一个动作为根据，对指定图层进行处理的智能化命令，使用“批处理”命令，用户可以对多幅图像执行相同的动作，从而实现图像的自动化。在执行“自动化”命令之前，应先确定要处理的图像文件。

9.3.2 裁剪并拉直照片

在扫描图像时，同时扫描多幅可以通过“裁剪并修齐照片”命令将扫描的图像分割出来，并生成单独的图像文件。裁剪并修齐图像的具体步骤如下。

打开素材图像“城市.jpg”，如图 9-30 所示，执行“文件”→“自动”→“裁剪并修齐照片”菜单命令，即可自动裁剪并修齐图像，效果如图 9-31 所示。

图 9-30 “城市”素材图像

图 9-31 裁剪并修齐后的图像

使用“裁剪并修齐照片”命令可以将一次扫描的多幅图像分成多个单独的图像文件，但要注意，扫描的多幅图像之间应该保持 1/8 英寸的间距，且背景是均匀的单色。

9.4 综合案例：自动无缝拼接照片

微课 9-7 自动无缝拼接照片

9.4.1 效果展示

用数码相机分多次拍摄一幅较大幅面的彩色图像，如图 9-32 所示，然后使用 Photoshop 中的自动命令将其拼接成一幅完整的图像，并将完成后的图像保存输出，效果如图 9-33 所示。

(a) 素材图1

(b) 素材图2

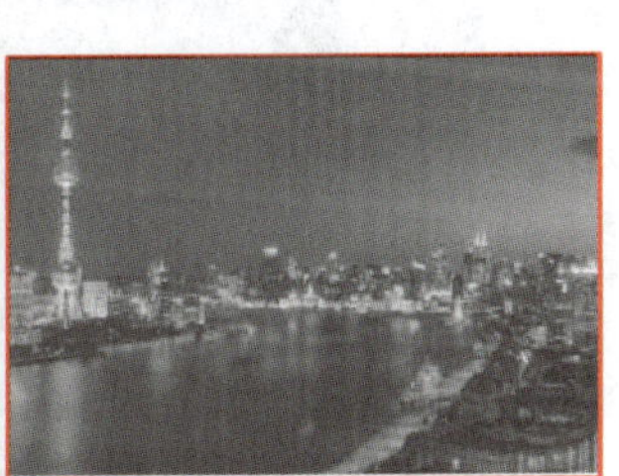

(c) 素材图3

图 9-32 拼接图像素材

图 9-33 图像拼接后的效果

9.4.2　实现过程

具体实现步骤如下。

① 执行“文件”→“自动”→“Photomerge...”菜单命令，打开“Photomerge”对话框，如图 9-34 所示。

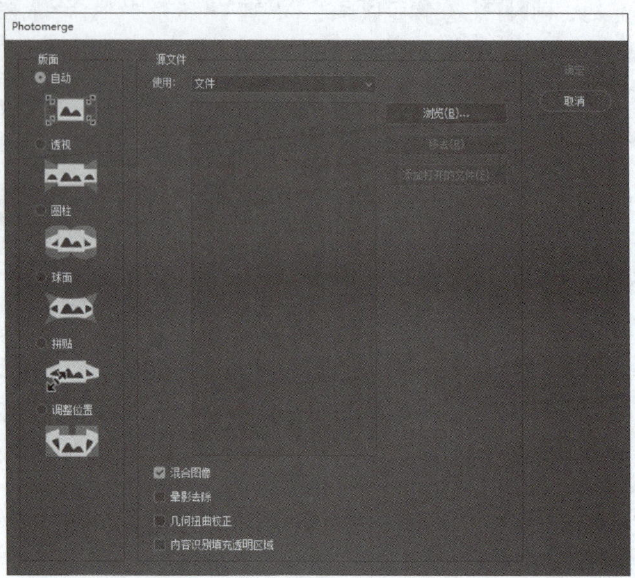

图 9-34
“Photomerge”对话框

② 单击“浏览”按钮，弹出“打开”对话框，选择素材文件夹中的 3 幅素材图片“素材 1.tif ”“素材 2.tif ”“素材 3.tif ”，单击“确定”按钮，如图 9-35 所示。

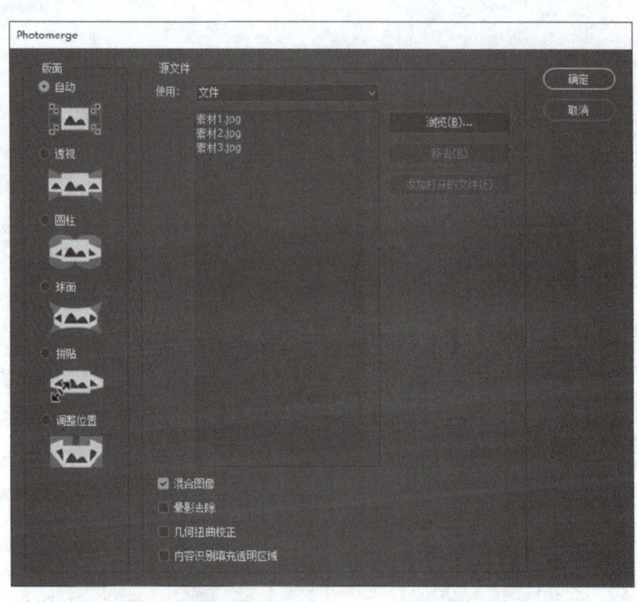

图 9-35
选择素材图片

③ 系统依次打开这 3 幅素材图片，然后 Photoshop 会自动完成拼接，效果如图 9-36 所示。

图 9-36
图像拼接后的初步效果

④ 使用裁剪工具将多余部分进行剪切，效果如图 9-33 所示，如果对色调不满意，可以进行相应调整。

任务实施：檀香扇扇面的设计与制作

微课 9-8
檀香扇扇面的设计与制作

1. 任务分析

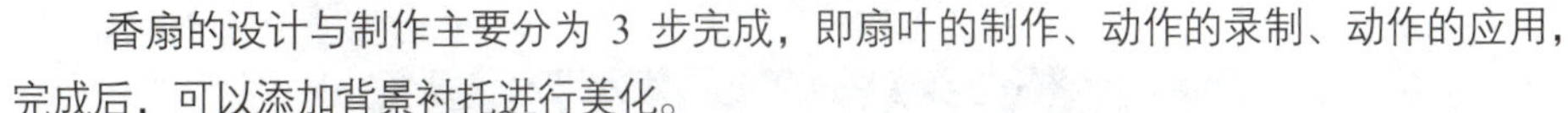

香扇的设计与制作主要分为 3 步完成，即扇叶的制作、动作的录制、动作的应用，完成后，可以添加背景衬托进行美化。

2. 技能要点

核心技能要点：形状工具的使用、动作的录制与应用、变形工具的使用、混合模式等。

3. 实现过程

具体实现过程如下。

① 打开 Photoshop，新建一个宽为 800 像素、高为 430 像素、分辨率为 72 像素/英寸的文档，命名为“香扇”，填充背景为深褐色（#531005）。

② 选择形状工具中的圆角矩形工具，设置绘制方式为“填充像素”、圆角半径为 15、前景色为浅橙色（#faecb9），绘制一个宽为 380 像素、高为 20 像素的圆角矩形，如图 9-37 所示。

图 9-37
扇叶的基本形状绘制

③ 用椭圆工具在其中绘制一些小孔（绘制椭圆选区再按删除键），并在用以制作扇子轴心的位置绘制一个褐色圆形标记，完成一片雏形扇叶的制作，如图 9-38 所示。

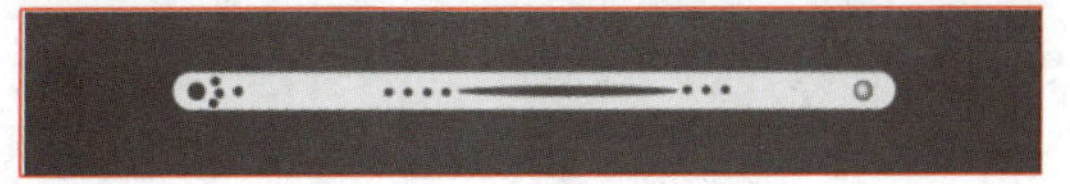

图 9-38
雏扇叶

④ 移动扇叶放在文档的左下角，以备后续操作。

⑤ 打开“动作”面板，单击“创建新动作”按钮，设置动作名称为“香扇”，按<Enter>键准备录制。

⑥ 回到“图层”面板，拖动图层 1 到“新建图层”按钮上，完成对图层 1 的复制。

⑦ 按<Ctrl+T>组合键调出变形工具，将其变形中心移到变形工具右边的中心控制点，

并按住<Ctrl+Shift+Alt>组合键（锁定中心等比例扭曲缩放），拖动工具右上角的调节点至图 9-39 所示的位置。把变形工具的中心移到扇叶的轴心，再在顶部参数栏的角度"旋转"数值框中输入 5，如果调整后的扇叶与第一个扇叶的间隔太大或太小，可以适当调整这个角度值，但这个值最好能整除 180，以便做出对称的扇形。

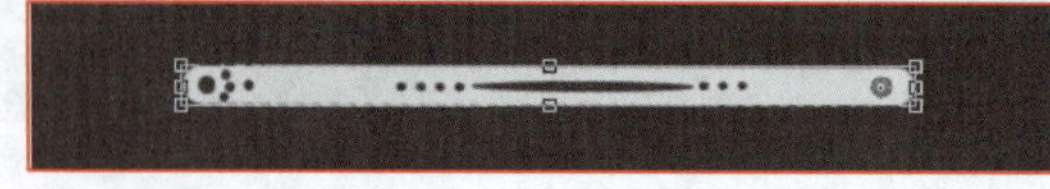

图 9-39
扇叶的基本形状绘制与变形

⑧ 回到"动作"面板，单击"停止记录"按钮，此时动作记录中有两条新增步骤。

⑨ 回到"动作"面板，单击"播放选定的动作"按钮，Photoshop 将自动对最上方的图层进行复制，并相对于被复制图形有 5 度的旋转。

⑩ 反复单击"播放选定的动作"按钮，但不要太快，继续复制其他扇叶，直到制作出一把半圆形扇子为止。为了美观，在顶层新建一个图层，制作一个轴心，效果如图 9-40 所示。

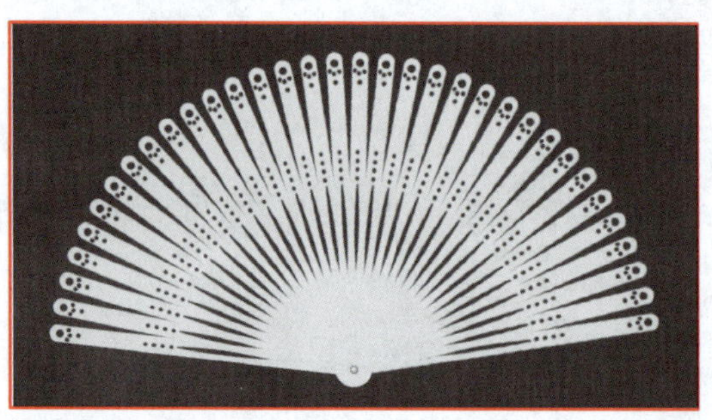

图 9-40
扇子效果

⑪ 选择绘制的扇骨图层，按<Ctrl+Shift+Alt+E>组合键盖印图层，打开素材文件夹中"荷花.jpg"，将其复制到文档中，调整大小与位置，设置混合模式为"深色"，效果如图 9-1 所示。

任务拓展

1. 动作的应用技巧

在使用 Photoshop 动作时，有很多技巧，如果能熟练掌握，可以大大提高工作效率。

技巧 1:

先按住<Ctrl>键后，在"动作"面板中所要执行的动作名称上双击，即可执行整个动作。

技巧 2:

要仅播放一个动作中的一个步骤，可以选择该步骤，并按住<Alt>键单击"播放"按钮，或单击"动作"面板下方的"播放选定的动作"按钮。要改变一个特定命令步骤的参数，只需要双击该步骤，打开相应的对话框，任何输入的新值都会被自动记录。

技巧 3:

按住<Alt>键拖动"动作"面板中的动作步骤，就能够进行复制。

> **技巧4:**
> 若要在一个动作中的某一条命令后新增一条命令，可以先选中该命令，然后单击面板中的“开始记录”按钮，选择要增加的命令，再单击“停止记录”按钮即可。
> **技巧5:**
> 若要一起执行多个动作，可以先增加一个动作，然后录制每一个所要执行的动作。

2. 制作其他风格的扇面效果

将绘制的扇骨合成到一层后，再绘制一个浅卡其色（#c48536）的背景色，效果如图9-41所示。

打开素材文件夹中的“兰花.jpg”，将其复制到文档中，调整大小与位置，设置混合模式为“深色”，效果如图9-42所示。

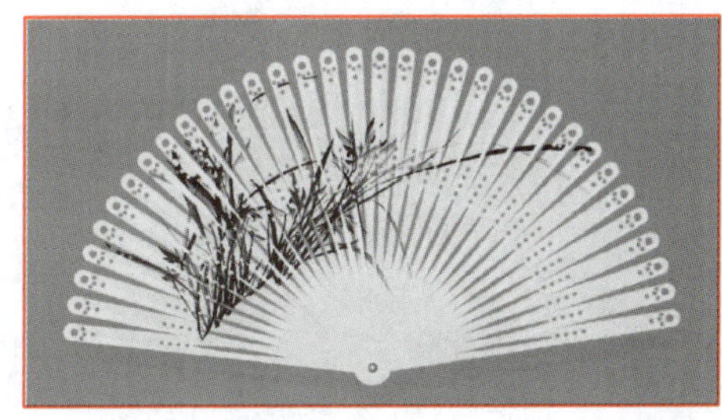

图9-41 更换背景色后的扇面效果

图9-42 “兰花”素材作为图案的扇面效果

打开素材文件夹中的“兰香雅室.jpg”，将其复制到文档中，调整大小与位置，效果如图9-43所示。

打开素材文件夹中的“荷花扇面.jpg”，将其复制到文档中，调整大小与位置，效果如图9-44所示。

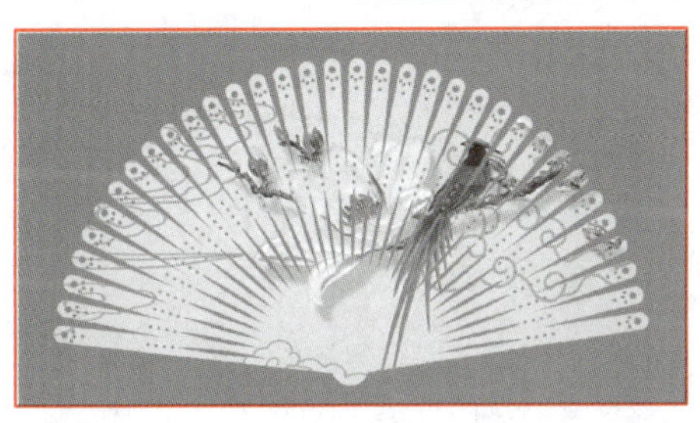

图9-43 “兰香雅室”素材作为图案的扇面效果

图9-44 “荷花扇面”素材作为图案的扇面效果

项目实训：制作动画与图案

① 利用“奔跑的狮子”素材文件夹中的5张序列图片，如图9-45所示，制作一幅“奔跑的狮子”的动画效果。

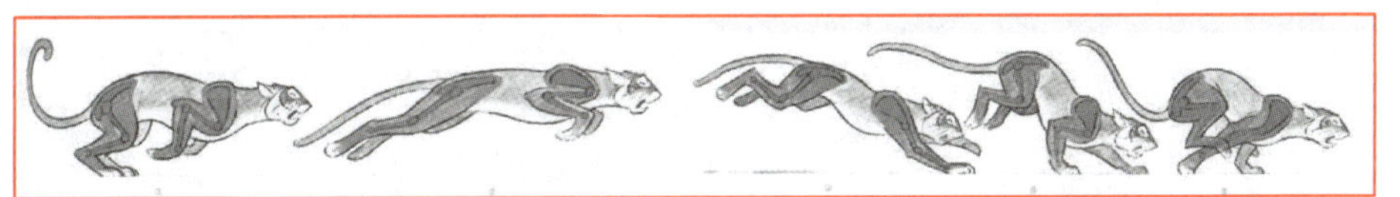

图9-45 “奔跑的狮子”素材

② 利用素材文件夹中的“时针.png”“分针.png”“秒针.png”与素材背景图片，使用动作来制作表盘刻度。例如，先绘制一条线，然后旋转线 30 度，即可实现系列的时钟刻度盘，同样的方式旋转 6 度，则可以制作出分针表盘刻度，最后添加表针与装饰，效果如图 9-46 所示。

微课 9-9
钟表表面制作

(a) 效果1

(b) 效果2

图 9-46
钟表效果

任务 10
综合实训

Photoshop 主要应用在图像、图形、Web 前端设计、电子商务、广告设计、出版等各方面。在学习了图像处理相关理论的基础上，综合 Photoshop 的图层、色彩色调的调整、路径、蒙版、通道、滤镜等功能来完成综合任务，从而达到融会贯通、举一反三的能力迁移。

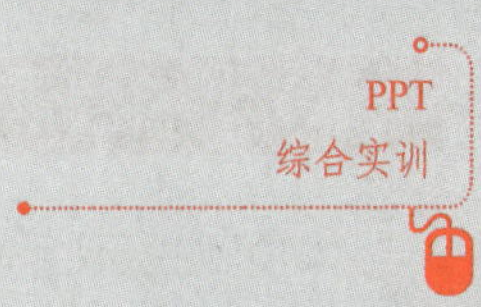

教学导航

知识目标	● 了解各行业项目设计的要求与规范 ● 项目需求的分析与理解 ● 各项技术最佳应用场景
能力目标	● 综合应用基本工具、图层、色彩色调的调整、路径、蒙版、通道、滤镜等技术 ● 综合提升发现问题、分析问题、解决问题的能力 ● 依据项目经验，提升项目迁移能力
素质目标	● 深化规范意识，提升敬业乐业的工作作风与质量意识 ● 增强综合应用能力，提升团队协作精神与沟通交流能力
重点	● 项目的分析与策划 ● 综合应用 Photoshop 各项技能的能力
难点	● Photoshop 各项技能技巧的熟练应用 ● 项目的优化与评价
教学方法	项目教学法
建议课时	14 课时

项目 1　手机 UI 界面设计制作

10.1　项目展示

本项目主要使用 Photoshop 设计与制作手机音乐播放器的界面，效果如图 10-1 所示。

图 10-1
音乐播放器界面效果

素养小贴士　认识标准

《中华人民共和国标准化法》的定义：标准，是指农业、工业、服务业以及社会事业等领域需要统一的技术要求。按照区别及优先顺序，标准可分为国家标准、行业标准、地方标准、团体标准、企业标准。其中，国家标准分为强制性标准和推荐性标准，强制性标准必须执行，行业标准、地方标准为推荐性标准。

《中华人民共和国民法典》第 511 条规定了在质量约定不明确时的标准使用顺序：质量要求不明确的，按照强制性国家标准履行；没有强制性国家标准的，按照推荐性国家标准履行；没有推荐性国家标准的，按照行业标准履行；没有国家标准、行业标准的，按照通常标准或者符合合同目的的特定标准履行。

10.2 项目分析

手机的图标设计清晰易懂，细节丰富。图形很容易地表达出一些具体、形象的信息或概念。可谓一图胜千言。图像可以灵活地表现出一些文字难以表达的信息，并且可以使用户更容易理解和记忆。本项目主要是采用扁平化的设计思路完成手机音乐播放器的界面。

核心技能要点：文字工具、钢笔工具、图形工具，路径与图形的计算等。

10.3 项目实施

10.3.1 UI 界面背景设计与制作

微课 10-1
手机 UI 界面设计

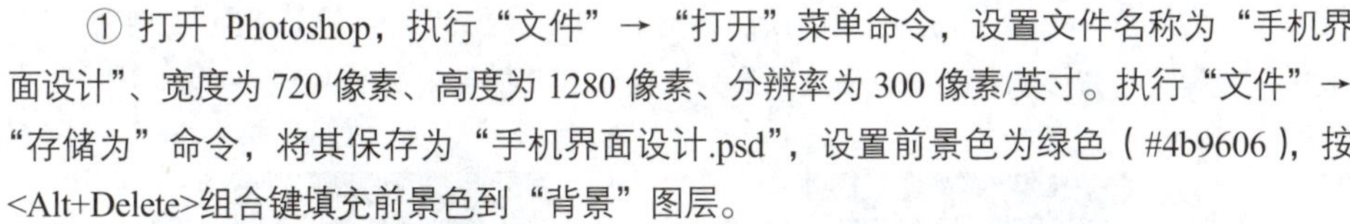

① 打开 Photoshop，执行“文件”→“打开”菜单命令，设置文件名称为“手机界面设计”、宽度为 720 像素、高度为 1280 像素、分辨率为 300 像素/英寸。执行“文件”→“存储为”命令，将其保存为“手机界面设计.psd”，设置前景色为绿色（#4b9606），按<Alt+Delete>组合键填充前景色到“背景”图层。

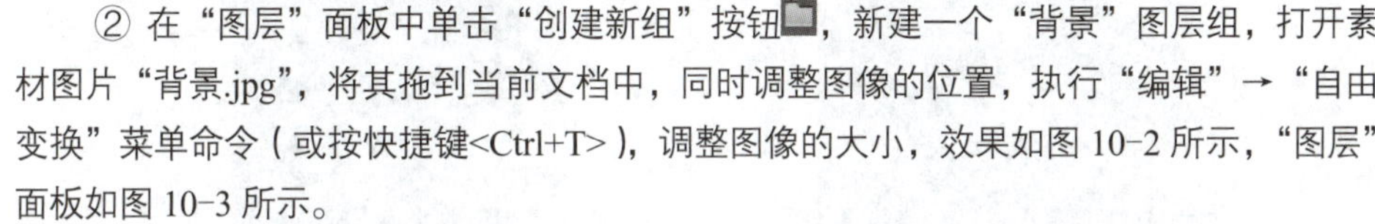

② 在“图层”面板中单击“创建新组”按钮，新建一个“背景”图层组，打开素材图片“背景.jpg”，将其拖到当前文档中，同时调整图像的位置，执行“编辑”→“自由变换”菜单命令（或按快捷键<Ctrl+T>），调整图像的大小，效果如图 10-2 所示，“图层”面板如图 10-3 所示。

图 10-2
设置背景素材

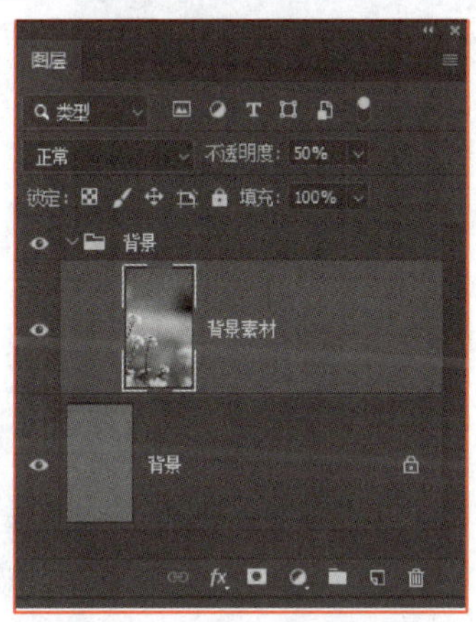

图 10-3
“图层”面板

③ 单击“图层”面板中的“创建新的填充或调整图层”按钮，在弹出的菜单中选择“照片滤镜”命令，在弹出的“属性”对话框中设置滤镜为“深祖母绿”、浓度为 50%，如图 10-4 所示，效果如图 10-5 所示。

④ 在“图层”面板中单击“创建新组”按钮，新建一个“顶部图标”图层组，单击工具栏中的“矩形工具”按钮，在其选项栏中选择工具的模式为“形状”，并设置为“黑色”，在画面顶部绘制矩形，如图 10-6 所示。

图 10-4
设置“照片滤镜”属性

图 10-5
应用“照片滤镜”后的效果

⑤ 单击工具栏中的“钢笔工具”按钮，在选项栏中选择工具的模式为“形状”，设置填充色为灰色（# a0a0a0），在画面顶部绘制三角形。再次单击“钢笔工具”按钮，在选项栏中选择“合并形状”选项，在三角形旁边绘制 3 个梯形，如图 10-7 所示。

图 10-6
绘制矩形

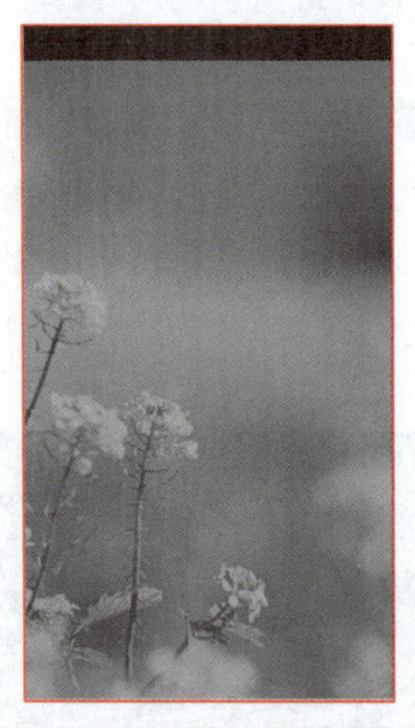

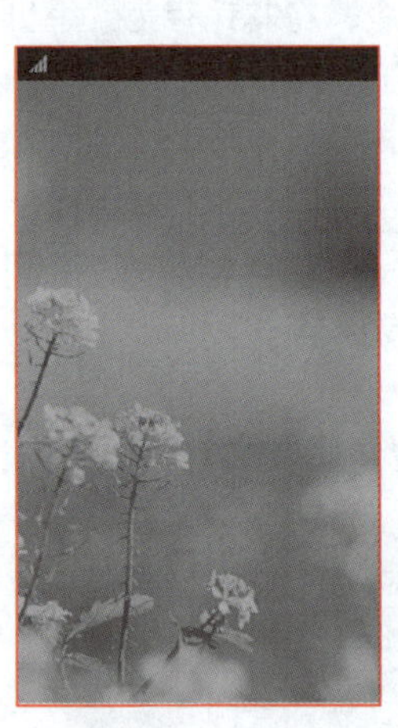

图 10-7
绘制信号图标

⑥ 单击工具栏中的“横排文字工具”按钮，在信号图标右侧输入“中国联通”，设置字体为“黑体”、大小为 30 px，调整位置；在右侧输入时间，如“10:28”，设置大小为“30 px”，调整位置，效果如图 10-8 所示。

⑦ 单击工具栏中的“矩形工具”按钮，在选项栏中选择工具的模式为“形状”，并设置为亮绿色（#3acd06），在画面顶部绘制矩形，表示手机的电量，单击工具栏中的“横排文字工具”按钮，在电量图标左侧输入“100%”，设置字体为“黑体”、大小为 30 px，效果如图 10-9 所示。

图 10-8
输入顶部文本信息

图 10-9
绘制电量信息

10.3.2　文字与图标的制作

① 在“图层”面板中单击“创建新组”按钮，新建一个“界面文本”图层组，单

击工具栏中的“横排文字工具”按钮，在信号图标右侧输入“Mp3”，设置大小为 100 px，调整位置，效果如图 10-10 所示。

② 输入“音乐播放器”，设置大小为 80 px，调整位置，效果如图 10-11 所示。

图 10-10
输入文本信息 1

图 10-11
输入文本信息 2

③ 在“图层”面板中选择文本“Mp3”，单击底部的“图层样式”按钮，在弹出的“图层样式”对话框中选择“投影”选项，设置混合模式为“正片叠底”、不透明度为 40%、距离为“8 像素”、扩展为 5%、大小为“8 像素”，如图 10-12 所示。

④ 在“图层”面板中选择文本“Mp3”，按住<Alt>键拖动“效果”图标到文本“音乐播放器”的上方，实现文本样式的复制，如图 10-13 所示。

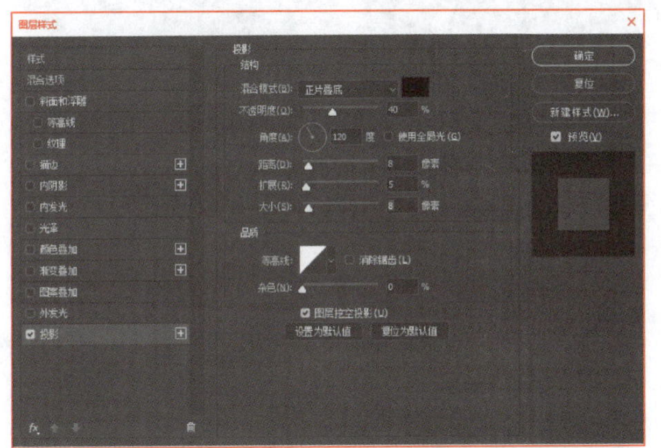

图 10-12
设置投影效果

图 10-13
文字的投影效果

⑤ 在“图层”面板中单击“创建新组”按钮，新建一个“菜单图标”图层组，单击工具栏中的“椭圆工具”按钮，在选项栏中选择工具的模式为“形状”，并设置为白色，按住<Alt+Shift>组合键在画面中央绘制正圆，如图 10-14 所示；再次单击“椭圆工具”按钮，在选项栏中选择“减去顶层形状”选项，在画面中绘制同心圆，如图 10-15 所示。

⑥ 单击工具栏中的“多边形工具”按钮，在选项栏中选择工具的模式为“形状”，设置边为“3”，取消选择“星形”复选框，选择“合并形状”选项，在画面中绘制三角形，按<Ctrl+T>组合键，旋转并调整三角形的大小与位置，效果如图 10-16 所示。

⑦ 单击工具栏中的“椭圆工具”按钮，在选项栏中选择工具的模式为“形状”，设置颜色为白色，按住<Alt+Shift>组合键在画面中央绘制正圆；再次单击“椭圆工具”按钮，在选项栏中选择“减去顶层形状”选项，按住<Alt+Shift>组合键在画面中绘制同心圆，如图 10-17 所示。

⑧ 单击工具栏中的“矩形工具”按钮，在选项栏中选择工具的模式为“形状”，选择“减去顶层形状”选项，绘制矩形删除一个矩形区域，如图 10-18 所示。同样，再次删除纵向的区域，如图 10-19 所示。

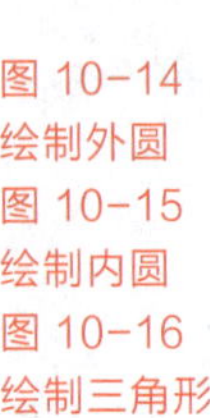

图 10-14
绘制外圆
图 10-15
绘制内圆
图 10-16
绘制三角形

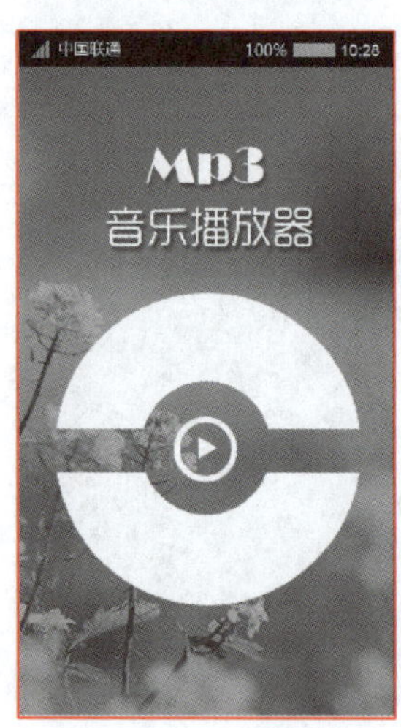

图 10-17
绘制圆环
图 10-18
删除横向矩形
图 10-19
删除纵向矩形

⑨ 选择刚绘制的圆圈，在“图层”面板中设置不透明度为 25%，效果如图 10-20 所示。

⑩ 单击工具栏中的“自定义形状工具”按钮，在选项栏中选择工具的模式为“形状”，在“形状”下拉列表框中选择“全部”选项，设置颜色为白色，选择“搜索”图标，如图 10-21 所示，绘制“搜索”图标。

⑪ 单击工具栏中的“横排文字工具”按钮，在信号图标右侧输入“SEARCH”，设置大小为 30 px，调整位置，效果如图 10-22 所示。

⑫ 单击工具栏中的“自定义形状工具”按钮，选择“主页”图标，绘制白色“主页”形状，使用“横排文字工具”输入“LOCAL”文本，样式与“SEARCH”相同；选择“信封 1”图标，绘制白色形状，使用“横排文字工具”输入“SHARE”文本，样式与“SEARCH”相同；选择“存储”图标，绘制白色形状，使用“横排文字工具”输入“DOWNLOAD”文本，样式与“SEARCH”相同，效果如图 10-1 所示。

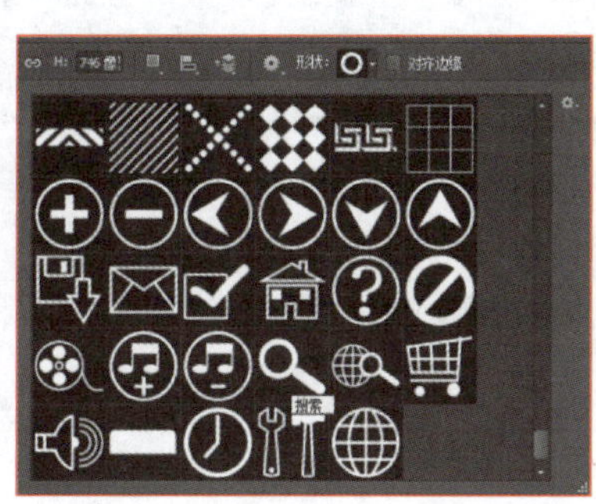

图 10-20
设置不透明度效果
图 10-21
选择“搜索”图标
图 10-22
绘制搜索图标与文本

项目 2　走进新时代婚纱照设计

10.4　项目展示

本项目使用 Photoshop 设计与制作以“走进新时代，向往美好生活”主题的婚纱照，效果如图 10-23 所示。

图 10-23
婚纱照效果图

素养小贴士　认识国家职业资格证书

国家职业资格证书是国家证书制度的一个组成部分，它通过国家法律、法令和行政条规的形式，以政府的力量来推行，由政府认定和授权机构来实施，在全国范围内通用的，对劳动者的从业资格进行认定的国家证书。它是表明劳动者具有从事某一职业所必须具备的学识和技能的证明，是对劳动者具有和达到某一职业所要求的知识和技能标准，通过职业技能鉴定的凭证，是职业标准在社会劳动者身上的体现和定位。

10.5　项目分析

婚纱照是新人在结婚前后所拍摄的照片，这些照片充分展示新人的甜蜜、幸福。通常，前期所拍摄的照片在色调、形式、所表达的含义等方面并不能完全满足需求，这就需要进行后期处理。针对各个消费群体的不同需求，形成了各具特色的婚纱处理方式。

一对新人在拍摄完实景照片后，希望将图片处理成温馨、浪漫的风格，可以选用暖色调设计，使用漂亮的蝴蝶、精致的花纹、散落的星光等元素来实现，再配以偏亮调的明暗处理，给人一种唯美、自然的视觉效果。

核心技能要点：文字工具、钢笔工具、画笔工具、路径、图层混合模式等。

10.6　项目实施

微课 10-2
主题婚纱图片中人物素材处理

10.6.1　主题婚纱图片中人物素材的处理

① 按<Ctrl+N>组合键，新建一个文件，设置宽为 1500 像素、高为 1100 像素、分辨率为 72 像素/英寸、色彩模式为 RGB、背景内容为白色。设置前景色为浅黄色(#f4b85c)，按<Alt+Delete>组合键填充前景色。

② 打开素材文件“背景.psd”，使用移动工具将背景图像拖至新建的画布中，将所在图层命名为“背景”。

③ 在该文档中，人物图像要占据画布的绝大部分空间，所以首先向画布中添加人物图像。打开素材文件“人物 1.jpg”，如图 10-24 所示，双击“背景”图层，将其转化为普通图层。

④ 使用魔棒工具，将人物从背景中选取出来，并删除背景部分。如果头发细节不够明显，可使用“魔棒工具”选项栏中的“选择并遮住”功能，通过设置“智能半径”来精确获取头发。执行“编辑”→“变换”→“水平翻转”菜单命令，将图像翻转，效果如图 10-25 所示。

图 10-24
“人物 1”素材图片

图 10-25
去除背景后的图像

⑤ 将去掉背景的图片拖到新创建的文件中，放置在画布左侧，将其所在图层命名为“人物 1”，效果如图 10-26 所示。

⑥ 单击“添加图层蒙版”按钮，为“人物 1”图层添加蒙版，设置前景色为黑色，选择画笔工具，在其工具选项栏中设置合适的画笔大小及不透明度，在图层蒙版中进行涂抹，将人物右侧的图像隐藏，效果如图 10-27 所示。

图 10-26 “人物 1”放置在场景中

图 10-27 设置蒙版后的效果

⑦ 打开素材文件“人物 2.jpg”，如图 10-28 所示，双击“背景”图层，将其转化为普通图层。

⑧ 使用魔棒工具，将人物从背景中选取出来，并去除背景部分，效果如图 10-29 所示。建议使用通道抠取细节，尤其是透明的婚纱部分。

图 10-28 “人物 2”素材

图 10-29 去除背景后的效果

⑨ 使用移动工具，将去除背景的“人物 2”素材拖至新建的画布中，并调整其大小，放置在右侧位置，将其所在图层名称改为“人物 2”，效果如图 10-30 所示。

⑩ 设置“人物 2”图层的不透明度为 70%，并利用“模糊工具”将左侧人物边缘虚化，使之很好地与背景融合，效果如图 10-31 所示。

⑪ 分别为两个人物素材图像调整颜色，利用“编辑”→“调整”→“亮度/对比度”菜单命令进行调整，如图 10-32 所示，效果如图 10-33 所示。

图 10-30
添加“人物 2”后的效果

图 10-31
调整“人物 2”后的效果

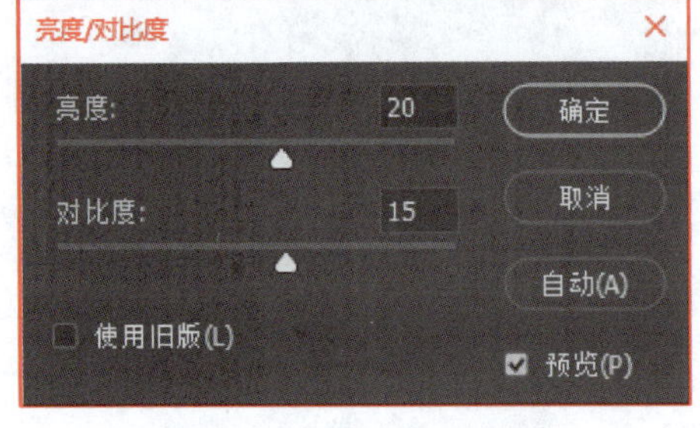

图 10-32
调整亮度与对比度

图 10-33
亮度与对比度调整后的效果

微课 10-3
主题婚纱图片中底部图像的处理

10.6.2　主题婚纱图片中底部图像的处理

① 在“路径”面板中新建一个“路径 1”，选择钢笔工具，在其选项栏中选择“路径”模式，然后在画布底部绘制一个弧形路径，效果如图 10-34 所示。

② 按<Ctrl+Enter>组合键将当前路径转换为选区，返回“图层”面板，并在所有图层上方新建一个图层，命名为“装饰 1”，设置前景色为深黄色（#b77d00），按<Alt+Delete>组合键填充前景色，按<Ctrl+D>组合键取消选区，效果如图 10-35 所示。

图 10-34
绘制的路径

图 10-35
填充后的效果

③ 下面对图像进行模糊处理。执行“滤镜”→“模糊”→“高斯模糊”菜单命令，在弹出的对话框中设置“半径”数值为 74，效果如图 10-36 所示。

④ 切换至“路径”面板，选中“路径 1”，使用路径选择工具，选中其中的路径并向上拖动一定的距离，按<Ctrl+Enter>组合键将当前路径转换为选区。返回“图层”面板，

新建一个“装饰 2”图层，按<Alt+Delete>组合键填充前景色，按<Ctrl+D>组合键取消选区。

⑤ 设置“装饰 2”图层的“填充”数值为 0，单击“添加图层样式”按钮 fx，在弹出的菜单中选择“渐变叠加”选项，在弹出的“渐变叠加”对话框中进行设置，如图 10-37 所示。

图 10-36
高斯模糊后的效果

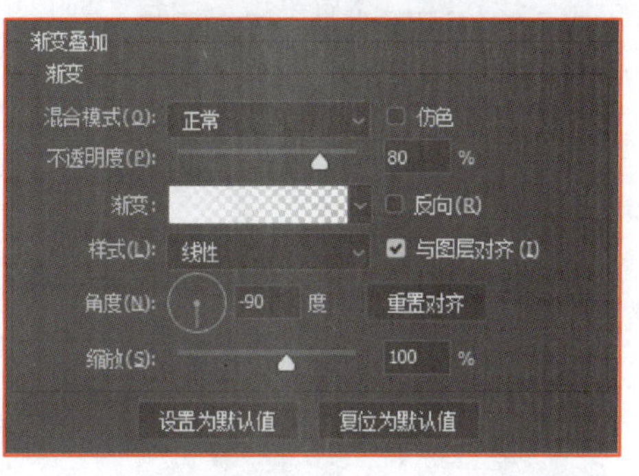

图 10-37
“渐变叠加”对话框

⑥ 在“图层样式”对话框中选择“外发光”选项，设置如图 10-38 所示，选择“内阴影”选项，设置如图 10-39 所示，效果如图 10-40 所示。

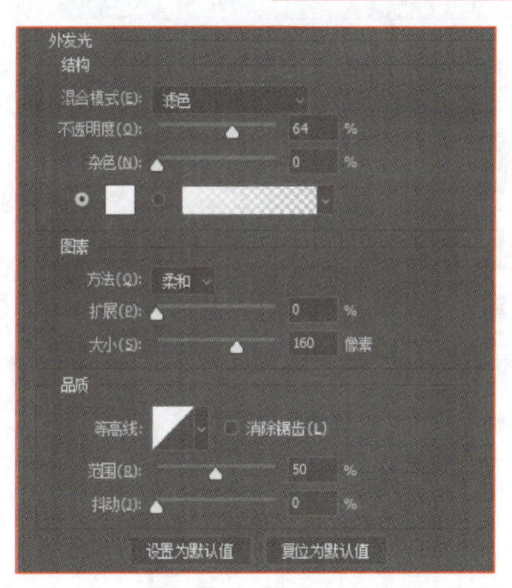

图 10-38
“外发光”设置

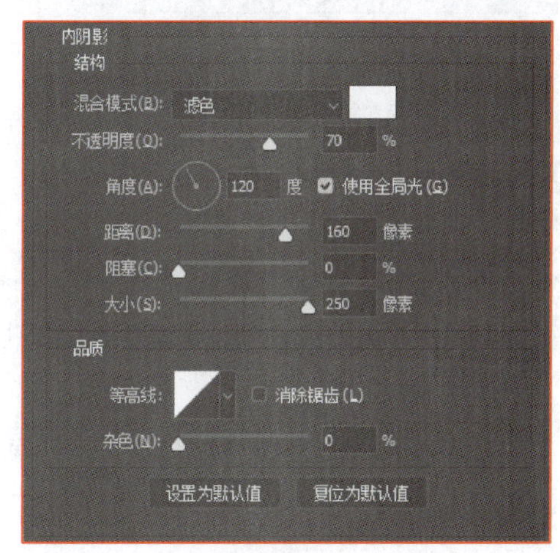

图 10-39
“内阴影”设置

⑦ 下面将结合画笔描边路径功能，在弧形图像的左侧绘制两个曲线装饰图像。在“路径”面板中新建一个“路径 2”，选择钢笔工具，在其选项栏中选择“路径”模式，然后在弧形图像的左侧绘制一条路径，如图 10-41 所示。

图 10-40
设置图层样式后的效果

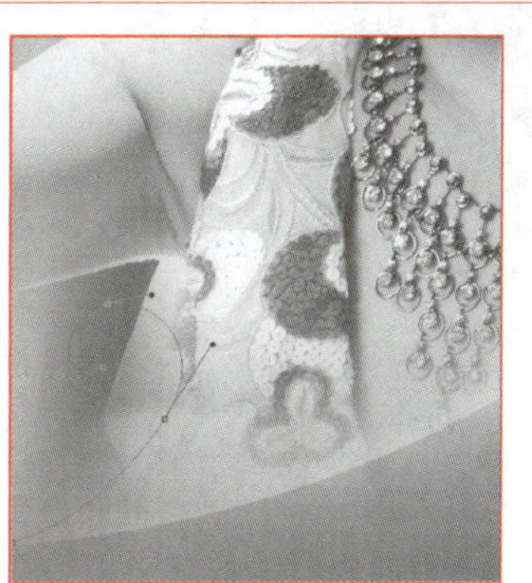

图 10-41
绘制的路径效果

⑧ 设置前景色为白色，选择画笔工具，在“画笔”面板中单击右上方的按钮，在弹出的菜单中选择“载入画笔”选项，在弹出的对话框中选择素材文件“笔刷 1.abr”，单击“载入”按钮，设置画笔的样式为“散布的枫叶”、笔刷的不透明度为 100%。

⑨ 新建一个图层，命名为“左下装饰”，在“路径”面板中单击“用画笔描边路径”按钮，然后单击“路径”面板中的空白区域，隐藏路径，效果如图 10-42 所示。

⑩ 按照第 8 步和第 9 步的操作方法，再绘制一条路径，将画笔大小调整至 45 px，再次描边路径，效果如图 10-43 所示。

图 10-42
描边为枫叶后的效果

图 10-43
制作另外一个描边效果

说明：

由于前面绘制的两段曲线图像与弧形图像之间看起来比较突兀，下面将在该范围内涂抹一些白色，使它们之间有一些过渡。

⑪ 新建一个图层，命名为“过渡”，选择画笔工具，使用普通的柔角画笔，设置适当的画笔大小及不透明度，在弧形图像左侧进行涂抹，效果如图 10-44 所示。

⑫ 新建一个图层，命名为“星星”，按照第 8 步的操作方法载入画笔，打开素材文件“笔刷 2.abr”，设置前景色为白色，使用画笔工具，选择“柔边椭圆 90”样式，设置大小为 45 px，在画布底部涂抹，绘制散点星光，效果如图 10-45 所示。

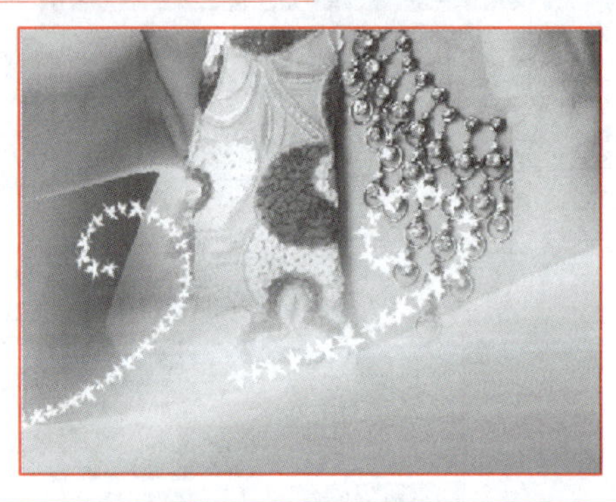

图 10-44
过渡效果

图 10-45
星光效果

⑬ 下面绘制更细小的散点星光图像，设置画笔大小为 25 px，在“画笔”面板中选中“散布”选项，设置数量为 8、数量抖动为 20%，如图 10-46 所示。再新建一个图层，命名为“枫叶”，继续在画布底部涂抹枫叶图像，直至得到类似图 10-47 所示的效果。

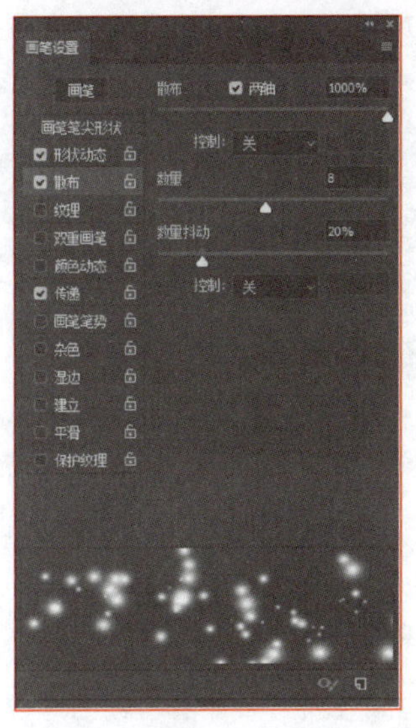

图 10-46
“画笔”面板设置

图 10-47
星光与枫叶效果

10.6.3　主题婚纱图片中装饰的处理

微课 10-4
主题婚纱图片中装饰的处理

① 选择“背景”图层，打开素材文件“素材 6.psd”，如图 10-48 所示。使用移动工具，将其拖至本例制作的文件中，将图层命名为“云彩”，然后执行“编辑”→“变换”→“旋转 90 度（顺时针）”菜单命令，旋转图像。

② 设置“云彩”图层的混合模式为“滤色”、不透明度为 40%，然后调整图像至画布中间，如果边缘没有和背景图层融合，可以使用模糊工具 对边缘进行模糊处理，效果如图 10-49 所示。

图 10-48
“云彩”素材图像

图 10-49
云彩与背景融合后的效果

③ 设置前景色为黑色，选择椭圆工具，在其选项栏中选择“形状”模式，按住<Shift>键，在弧形图像的右上位置绘制一个黑色正圆，效果如图 10-50 所示，同时得到“形状 1”图层。

④ 下面为黑色正圆添加图像。打开素材文件“人物 3.jpg”，如图 10-51 所示。使用移动工具，将其拖至刚制作的文件中，将图层命名为“人物 3”，并确认该图层位于“形状 1”图层的上方，按<Ctrl+Alt+G>组合键执行“创建剪贴蒙版”操作（也可以按住<Alt>键，将鼠标指针置于两层之间，当指针变为裁剪图形后单击，也可以“创建剪贴蒙版”）。

图 10-50
圆形效果

图 10-51
“人物 3”素材

⑤ 使用移动工具，调整“人物 3”图层中人物图像的位置及大小，直至将人物显示出来，效果如图 10-52 所示。

⑥ 下面为小圆图像增加发光效果。选择“形状 1”图层，单击“添加图层样式”按钮 *fx*，在弹出的菜单中选择“描边”选项，设置描边大小为 10 像素、颜色为粉红色（#fdb47f），其他设置为默认。然后，在“图层样式”对话框中选择“内发光”选项，设置“阻塞”为 11、“大小”为 81 像素，如图 10-53 所示。

图 10-52
添加“人物 3”效果

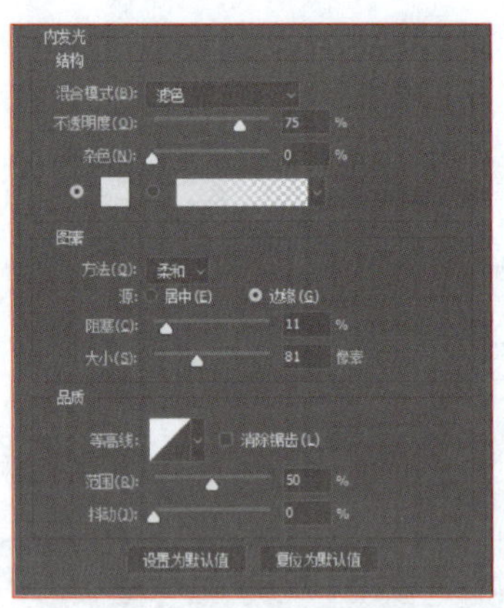

图 10-53
“内发光”设置

⑦ 接着选择“外发光”选项，设置“扩展”为 17%、“大小”为 133 像素，如图 10-54 所示，效果如图 10-55 所示。

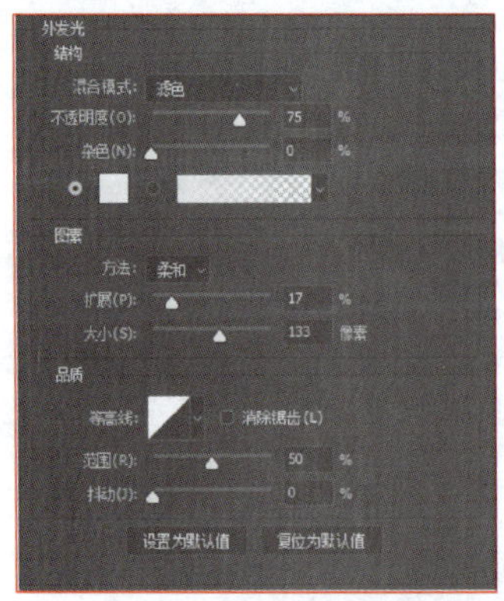

图 10-54
“外发光”设置

图 10-55
设置后的效果

⑧ 打开素材文件“走进新时代文字.psd”，如图 10-56 所示。使用移动工具，将其拖至刚制作的文件中，将图层命名为“走进新时代文字”，并将该图像移至画布中心偏下的位置，此时的文字效果如图 10-57 所示，最终效果如图 10-34 所示。

图 10-56 “走进新时代文字”素材

图 10-57 添加文字后的效果

项目 3　商务宣传册封面效果的设计与制作

10.7　项目展示

本项目主要使用 Photoshop 设计与制作商务宣传册封面，展开效果如图 10-58 所示，立体效果如图 10-59 所示。

图 10-58 封面展开效果

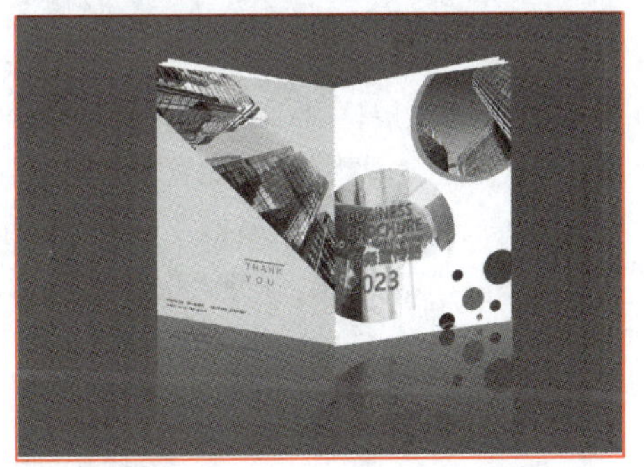

图 10-59 封面立体效果

素养小贴士　优秀设计师成长分享

优秀设计师的职业成长主要包括基础积累、技能成熟、推陈出新、传承不息。基础积累阶段一般需要快速学习、快速吸收，“模拟”他人的思路和设计成果锻炼自身技能；技能成熟阶段是从一个“生手”变为一个“熟手”的过程，通过项目经验积累技能方面趋向成熟；推陈出新阶段主要强调创新，突破自我；传承不息阶段是将超人的智慧、前瞻的思想以及崇高的理想，付诸实践并传承下去，影响更多的人，使更多人受益。

10.8　项目分析

商务宣传册的设计通常要体现企业精神、企业文化、企业发展定位、企业性质等。

重点是以形象为主、产品为辅；要体现产品的功能、特性、用途、服务等，从企业的行业定位和产品的特点出发进行设计，对产品或服务本身进行主要宣传。封面设计要简洁、清晰、大气。

核心技能要点：文字工具、钢笔工具、图层样式、变形、路径等。

微课 10-5
商务宣传册封面效果

10.9　项目实施

10.9.1　封面展开页制作

① 新建一个宽为 2400 像素、高为 1700 像素、分辨率为 300 像素/英寸、色彩模式为 CMYK 颜色，背景内容为白色的文档，将其保存为“商务宣传册.psd”，如图 10-60 所示。

② 按快捷键<Ctrl+R>打开标尺，使用选择工具拖出一条竖线，将页面两等分。使用矩形选框工具选中左半部分，填充浅蓝色（#c0e5f8），效果如图 10-61 所示。

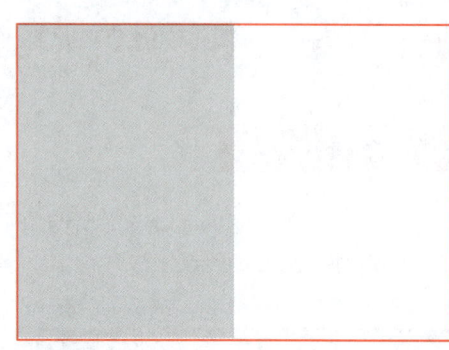

图 10-60
页面效果

图 10-61
填充效果

③ 新建图层，命名为“圆形剪切蒙版 1”，使用椭圆选框工具，按住<Shift>键绘制正圆，填充黑色，调整大小及位置，如图 10-62 所示。

④ 打开素材文件“高楼 1.jpg”，使用移动工具，将图像拖至新建的画布中，将所在图层命名为“高楼 1”，调整大小及位置，如图 10-63 所示。

图 10-62
绘制剪切蒙版

图 10-63
导入图片素材

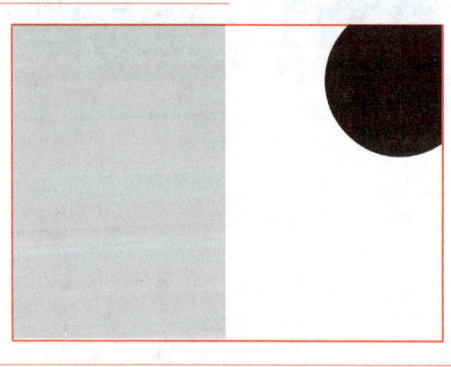

⑤ 选择“高楼 1”图层，按<Alt+Ctrl+G>组合键创建剪切蒙版，效果如图 10-64 所示。

⑥ 新建图层，命名为“轮廓”，将其移到“圆形剪切蒙版 1”图层下方，使用椭圆选框工具，按住<Shift>键绘制正圆，填充灰色（#a6a6a6），调整大小及位置，如图 10-65 所示。

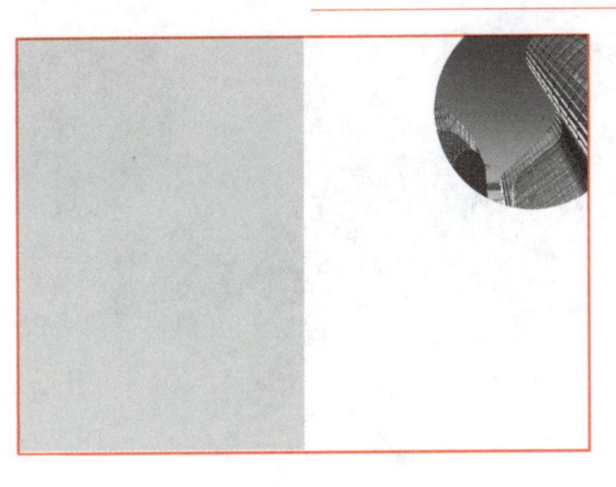

图 10-64
创建剪切蒙版

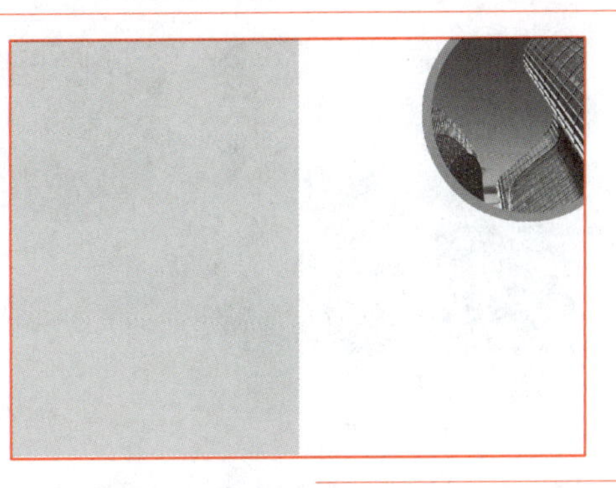

图 10-65
制作图片轮廓效果

⑦ 使用同样的方法，将素材图片“握手”导入宣传册，效果如图 10-66 所示。

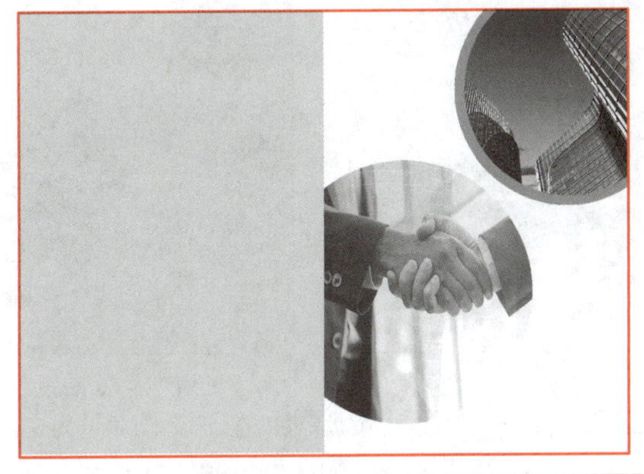

图 10-66
导入“握手”素材

⑧ 新建图层，命名为“方形剪切蒙版”，使用多边形套索工具，在页面左半侧绘制如图 10-67 所示的形状，并填充黑色，效果如图 10-68 所示。

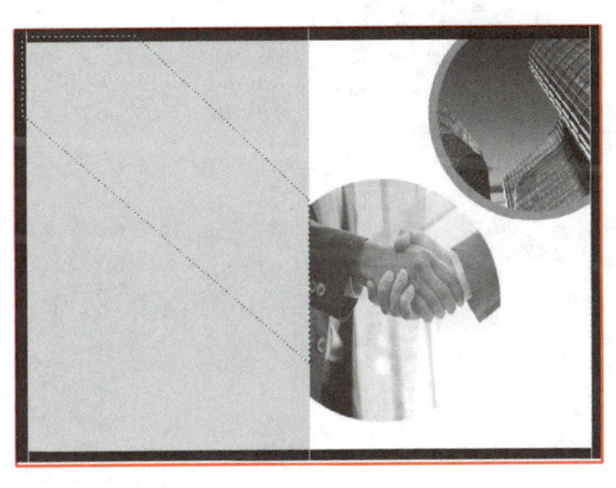

图 10-67
绘制方形选区效果

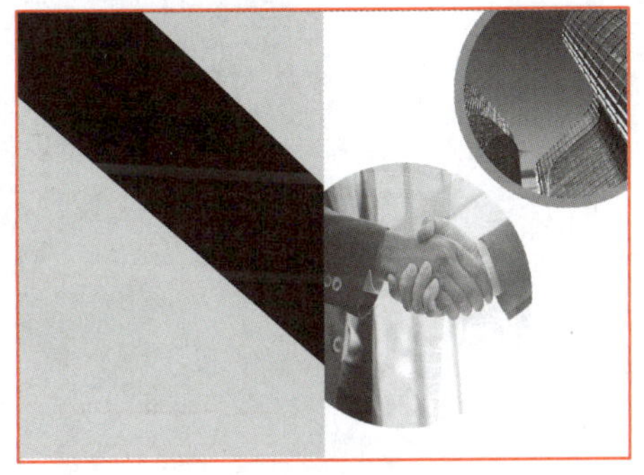

图 10-68
填充后效果

⑨ 打开素材文件“高楼 2.jpg”，使用移动工具，将图像拖至新建的画布中，将所在图层命名为“高楼 2”，调整大小及位置，如图 10-69 所示。选择“高楼 2”图层，按<Alt+Ctrl+G>组合键，创建剪切蒙版，效果如图 10-70 所示。

⑩ 新建一个图层，命名为“圆形”，使用椭圆选框工具，按住<Shift>键绘制正圆，填充灰色（#757678），调整大小及位置，如图 10-71 所示。复制出另外 5 个圆形，调整大小、位置并更改颜色，效果如图 10-72 所示。

图 10-69
导入图片

图 10-70
创建剪切蒙版

图 10-71
绘制圆形点缀

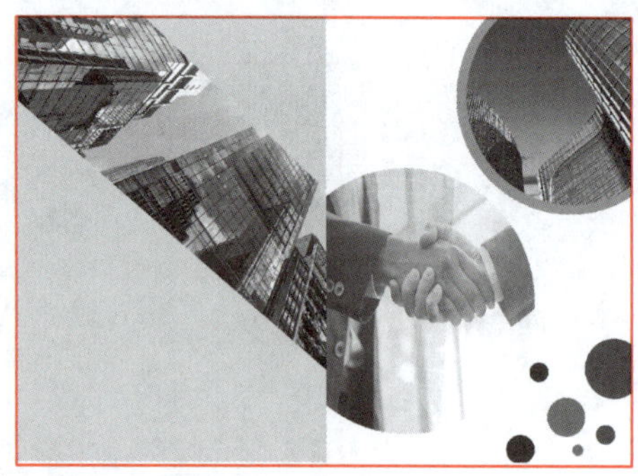

图 10-72
复制并更改大小及颜色

⑪ 使用文字工具，输入“商务宣传册”文本，设置字号为 3 点、颜色为深红色（#d5472b），用同样的方法输入“2023”“BUSINESS”“BROCHURE”“INPUT YOUR SLOGAN HERE”等文字，并为文字添加阴影效果。采用同样的方法，在封底页面插入文字“THANK YOU”，并绘制一条深红色（#d5472b）线条，效果如图 10-73 所示。

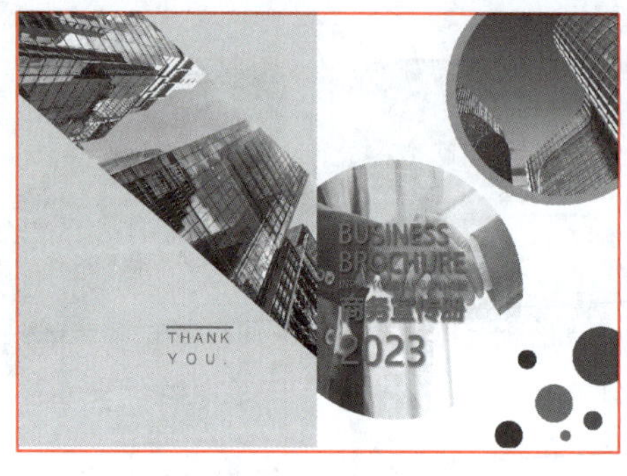

图 10-73
设置封面后的效果

⑫ 用同样的方法在封底页面输入文字“手机：86-123-1234567890　传真：86-123-1234567890”，调整文字位置，效果如图 10-58 所示。

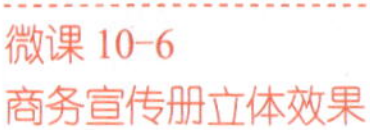

微课 10-6
商务宣传册立体效果

10.9.2　制作立体效果

具体步骤如下。

① 新建一个宽为 2400 像素、高为 1700 像素、分辨率为 300 像素/英寸、色彩模式为 RGB 颜色、背景为白色的画布，然后将画布填充为黑色，将文件保存为“封面立体效果.psd”。

② 执行“文件”→“打开”菜单命令，弹出“打开”对话框，打开前面制作的“商

务宣传册.psd”文件，单击“打开”按钮。

③ 按<Shift+Ctrl+Alt+E>组合键盖印图层，将其所在图层命名为“封面”。选择矩形选框工具，将封面右半部分选中，按<Ctrl+C>组合键复制选区，如图 10-74 所示。切换到新建画布中，按<Ctrl+V>组合键将其进行粘贴，按<Ctrl+T>组合键调整大小，效果如图 10-75 所示。

图 10-74
选择部分区域

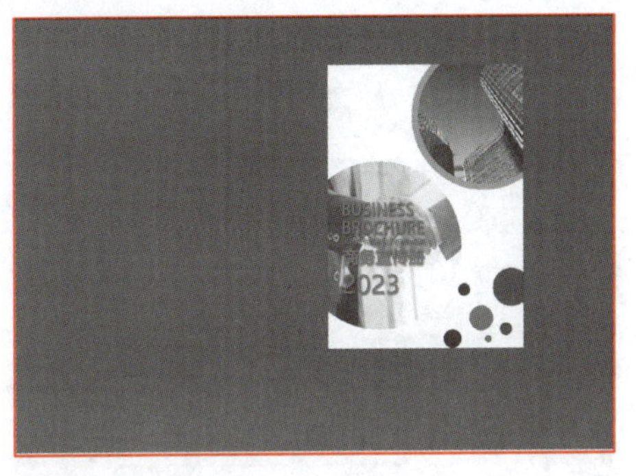

图 10-75
复制粘贴后的封面

④ 对粘贴后的图层进行斜切变形，效果如图 10-76 所示。

⑤ 参照前面的操作方法，将另一半图像复制到新建画布中，并对其进行斜切变形，效果如图 10-77 所示。

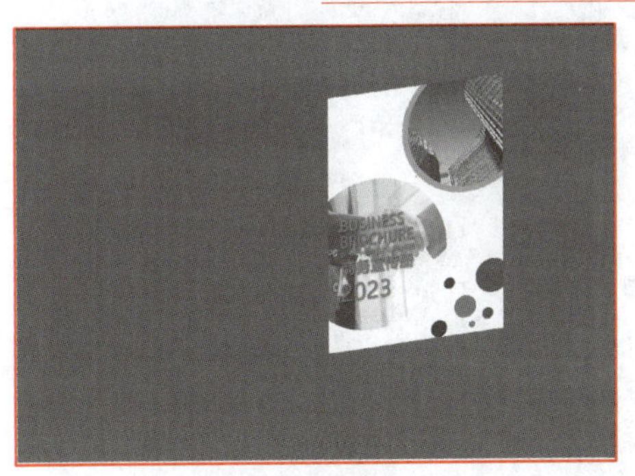

图 10-76
斜切变形后的效果

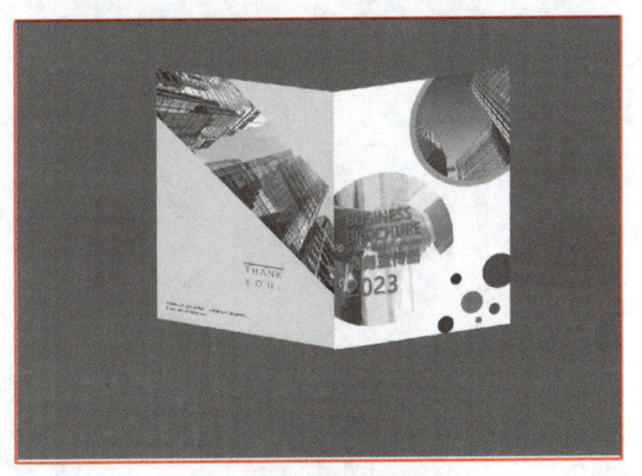

图 10-77
斜切变形后的效果

⑥ 利用钢笔工具在封面的上部绘制一条封闭路径，将封闭路径复制一份并进行水平翻转，然后将复制出的路径水平向左移动到合适位置，效果如图 10-78 所示。

⑦ 新建一个图层，按<Ctrl+Enter>组合键将路径转换为选区，并填充为白色，取消选区后的效果如图 10-79 所示。

图 10-78
绘制的路径效果

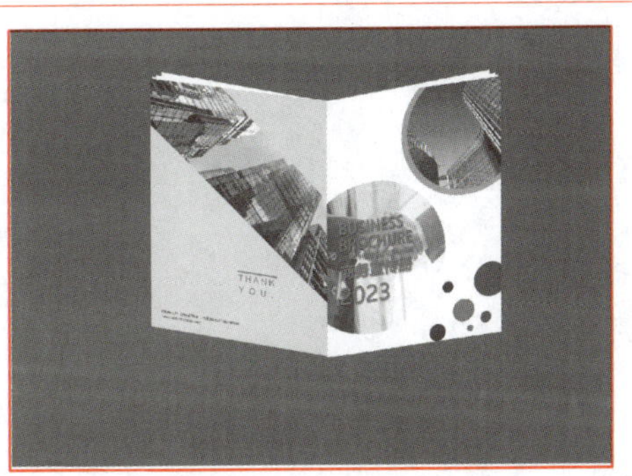

图 10-79
选区填充效果

⑧ 在“图层”面板中选中“封面”“封底”图层，将其拖到下方的“新创建图层”按钮上，将其进行复制。然后将复制出的图像垂直向下移动到合适位置，并进行垂直翻转，效果如图 10-80 所示。

⑨ 分别将复制出的封面和封底进行斜切变形，效果如图 10-81 所示，然后将封面、封底的副本图层进行合并。

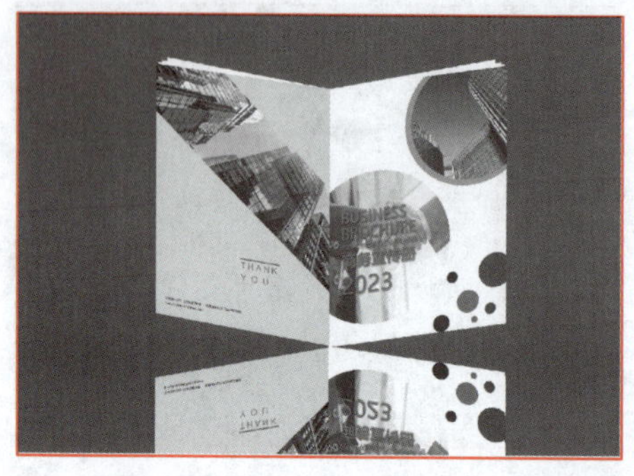

图 10-80
复制图像的效果

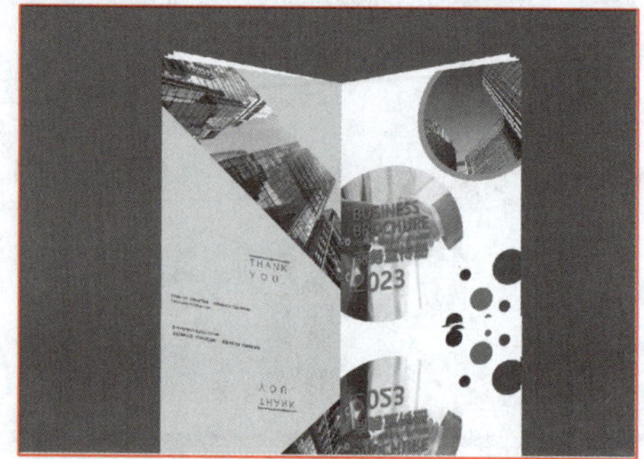

图 10-81
斜切变形后的效果

⑩ 单击“图层”面板底部的“添加图层蒙板”按钮，设置渐变填充颜色为白色到黑色。然后从图像的上方向下方拖动鼠标填充蒙版，效果如图 10-82 所示。

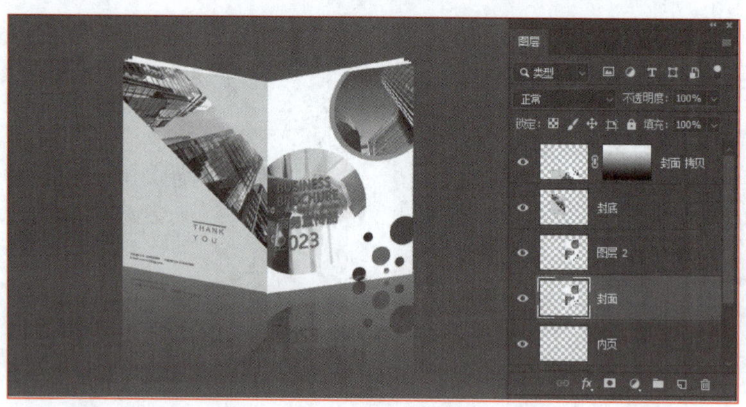

图 10-82
添加蒙版后的效果

⑪ 对整个图像进行调整，效果如图 10-59 所示。

参考文献

[1] 唯美世界，瞿颖健. 中文版 Photoshop CC 2022 从入门到精通[M]. 北京：中国水利水电出版社，2022.

[2] 李金明，李金荣. 中文版 Photoshop 2022 完全自学教程[M]. 北京：人民邮电出版社，2022.

[3] 赵鹏. 毫无 PS 痕迹[M]. 北京：中国水利水电出版社，2022.

[4] 凤凰高新教育. 中文版 Photoshop CC 2019 完全自学教程[M]. 北京：北京大学出版社，2019.

[5] 杨春元. Photoshop CC 2019 图像处理标准教程[M]. 北京：清华大学出版社，2019.

[6] 创锐设计. Photoshop CC 2019 效率自学教程[M]. 北京：电子工业出版社，2019.

[7] 时代印象. Photoshop 移动 UI 设计基础与案例教程[M]. 北京：人民邮电出版社，2020.

[8] 赵鹏. 毫无 PS 痕迹：你的第一本 Photoshop 书[M]. 北京：中国水利水电出版社，2015.

[9] 刘英杰，徐雪峰，刘万辉. Photoshop CC 图像处理案例教程[M]. 2 版. 北京：机械工业出版社，2016.

[10] 雷波. Photoshop CC 中文版标准教程[M]. 5 版. 北京：高等教育出版社，2017.

[11] 华天印象. Photoshop 淘宝网店设计与装修实战从入门到精通[M]. 北京：人民邮电出版社，2015.

[12] 罗晓琳. Photoshop APP UI 设计从入门到精通[M]. 北京：机械工业出版社，2016.

[13] Art Eyes 设计工作室. Photoshop 玩转移动 UI 设计[M]. 北京：人民邮电出版社，2015.

[14] 一线文化. 实战应用 Photoshop 网店美工设计[M]. 北京：中国铁道出版社，2015.

[15] 锐艺视觉. 中文版 Photoshop CS6 平面广告设计实战宝典 505 个必备秘技[M]. 北京：人民邮电出版社，2014.